W0233544

Die Entwicklung des deutschen Automobilbaus begann, wie sattsam bekannt, vor knapp 130 Jahren. Ihre Anfänge liegen in einer Zeit des allgemeinen Aufschwungs. Reichskanzler Otto von Bismarck hatte das deutsche Kaiserreich geschmiedet, die Eisenbahn war die Konjunkturlokomotive der gesamten Industrialisierung und galt als die eigentliche Schlüsselindustrie, nicht nur in Europa. Gefahren wurde per Kutsche, das Fahrrad war das neueste Spielzeug begüterter Stände und formidabler Sportsmänner. Weder ein Karl Benz noch ein Gottlieb Daimler hätten sich in ihren kühnsten Träumen ausmalen können, was aus ihren Erfindungen einmal werden würde. Der Kaiser glaubte weiterhin ans Pferd, und schon Anfang der zwanziger Jahre des vergangenen Jahrhunderts schien es, als ob die größten Fortschritte im Automobilbau bereits erfolgt wären. Was sollte da noch kommen?

Wie wir heute wissen: Es kam eine ganze Menge, und ein Ende davon ist nicht abzusehen. Jahr für Jahr faszinieren auf den Automobilmessen rund um den Globus die ständig neuen Spielarten dessen, was auf vier Rädern möglich ist. Gerade die deutsche Automobilindustrie ist auf diesem Gebiet führend. Gewiss, es gibt Facetten und Bereiche, die nicht optimal abgedeckt werden, und die eine oder andere Entwicklung – Stichwort Elektromobilität – wurde schlichtweg verschlafen. Diese Versäumnisse haben sich angesichts des Diesel-Skandals bitter gerächt und maßgeblich mit zur Gründung zahlreicher neuer, vor allem asiatischer Marken beigetragen, die sich nun anschicken, den Weltmarkt zu erobern. Die Elektromobilität selbst ist zwar beinahe so alt wie das Automobil selbst, hat aber erst jetzt den Durchbruch geschafft und die Tür geöffnet für eine Fülle neuer Marken und Anbieter. Leider sind diese meist außerhalb Deutschlands beheimatet, die deutschen Hersteller sind ein wenig in die Defensive geraten. Doch alle Versäumnisse ändern nichts an der Tatsache, dass deutsche Marken und Modelle in ihren Bereichen zur Spitzengruppe gehören.

Die Geschichte der deutschen Automobilindustrie ist allerdings nicht nur eine Erfolgsgeschichte, dieses Buch erzählt auch davon. Leider konnte nur ein kleiner Ausschnitt an Marken und Modellen präsentiert werden. Für mehr hat der Platz beim besten Willen nicht gereicht. Aber jede einzelne der hier vorgestellten Marken vermittelt eine kleine Vorstellung von der Fülle der Entwicklungen, die insbesondere in den Jahren nach 1945 aus deutschen Fabriken und Werkstätten auf die Straßen dieser Welt rollte. Allerdings ist gerade in den letzten beiden Jahrzehnten die Vielfalt an Varianten und Modellen förmlich explodiert, jeder Hersteller versucht, tatsächliche oder auch nur vermutete Lücken im Modellprogramm mit einem speziellen Entwurf zu schließen. Dazu kommt: Die Technik ist schnelllebiger, die Lebenszyklen kürzer und das Design globaler geworden. Außerdem wurden die gesetzlichen Anforderungen an Sicherheit und Umweltschutz ständig verschärft, was sich ebenfalls auf Technik und Design auswirkt. Daher war dieses Buch letztlich eine Gradwanderung, eine Abwägung zwischen dem, was unbedingt gezeigt werden muss und dem, was vielleicht nur wünschenswert ist. Wer also dieses Buch in der Erwartung kaufte, eine vollständige Enzyklopädie aller Marken und Modell zu erhalten, sollte es spätestens jetzt zuklappen. Alle anderen aber, die sich mit uns auf eine bunte Zeitreise durch 13 Jahrzehnte Automobilgeschichte begeben wollen, sind herzlich dazu eingeladen, mitzufahren. Langeweile wird es keine geben, versprochen.

In diesem Sinne:
Anschnallen bitte, es geht los.

OPEL

DIE PIONIERE

Das Auto wurde in Deutschland erfunden und zog eine Fülle von Neugründungen nach sich: Zwischen 1886 und 1915 wurden im Deutschen Reich nicht weniger als 183 Firmen gegründet, die sich mit der Produktion von Kraftfahrzeugen befassten oder das zumindest beabsichtigten. Viele verschwanden so schnell, wie sie gekommen waren, bei Kriegsausbruch 1914 gab es noch 68 aktive Marken. Alle wurden dann in die Rüstungsproduktion eingespannt, und als der Krieg zu Ende war, versuchten sie den Übergang in die Friedensproduktion. Viele scheiterten, und den Überlebenden ging oft in den Krisen der Weimarer Zeit das Geld aus. Die meisten dieser Firmen haben keine Spuren in der Automobilgeschichte hinterlassen, einige wenige haben wir in diesem Kapitel porträtiert.

Picknick im Jahr 1925 neben einem Benz Runabout Typ 11/40 PS. (

BENZ

Am 25. November 1844 wurde Carl Benz als Sohn eines Lokomotivführers in Karls-
ruhe geboren. Seine erste Anstellung erhielt er in Mannheim bei einer Wagenfabrik
als Zeichner und Konstrukteur, 1868 wechselte er zu einer Firma, die sich auf den
Brückenbau spezialisiert hatte, Stahlträgerkonstruktionen waren damals eines der
auffälligsten Symbole der Neuzeit. Und neuartig war auch die aufkommende Fahrrad-
mode, was einen wie Benz nahezu zwangsläufig interessieren musste.
1871 war das Deutsche Reich entstanden, und dank der reichlich ins Land fließenden
französischen Reparationszahlungen florierte die Wirtschaft. Die Zeit schien günstig
für einen Konstruktionsexperten im Stahlbau, in diesen Boomjahren gründete Benz
zusammen mit einem Partner eine erste Firma in Mannheim mit einer Handvoll
Angestellten. Verlobt hatte er sich übrigens auch – ein Glücksfall gleich in mehrfacher
Hinsicht, denn mit dem Geld seiner Braut Bertha Ringer konnte er seinen unzuverläs-
sigen Partner auszahlen und die Firma retten. Und Bertha war es schließlich auch, die
mit ihrer Fernfahrt 1888 den Beweis antrat, dass die Erfindung ihres Carl tatsächlich
etwas taugte. Für die Vervollkommnung eines Zweitaktmotors, den er bis zur Ferti-
gungsreife entwickelte, wurden Benz ab 1880 mehrere grundlegende Patente, z. B.
für die Drehzahlregulierung, erteilt. Zur Zündung des Gemisches benutzte Benz zum
Beispiel seine neu entwickelte Batteriezündung.
Im Oktober 1883 gründete er mit zwei Partnern ein neues Unternehmen, die Firma
»Benz & Co. Rheinische Gasmotoren-Fabrik«. Und diesmal gelang es ihm, sich auf
Dauer zu etablieren. Schon bald waren in der Fertigung 25 Mann beschäftigt, und es
konnten sogar Lizenzen für den Bau von stationären Gasmotoren vergeben werden.
Benz konnte sich nun ungestört der Entwicklung seines Wagenmotors widmen.
Anders nämlich als Gottlieb Daimler, der sich vor allem auf die Perfektionierung seines
Motors konzentrierte und ihn daher zunächst in ein Zweirad (den Reitwagen) und dann
in eine Kutsche einbaute, schwebte Benz eher ein komplettes Fahrzeugsystem vor.
1886 erhielt er auf das Fahrzeug mit dem liegenden Einzylindermotor das Patent Nr.
37 435 und stellte seinen ersten »Benz Patent-Motorwagen« der Öffentlichkeit vor. In
den Jahren 1885 bis 1887 entstanden insgesamt drei Versionen des Dreirades, mit
dem dritten absolvierte dann Bertha Benz 1888 die erste Fernfahrt – ohne Wissen
ihres Mannes. Bis zur Jahrhundertwende war Benz zum führenden deutschen Automobilhersteller aufgestiegen.
Doch in den Folgejahren zog der Konkurrent aus Stuttgart, Daimler, mit seinen schnel-
leren und moderneren Fahrzeugen an der mittlerweile zur Aktiengesellschaft um-
gewandelten Firma »Benz & Cie. AG« vorbei. Die Umsätze gingen rapide zurück und
veranlassten den zweiten Vorstandsvorsitzenden neben Benz, Gauß, sich Hilfe von
französischen Ingenieuren zu holen, um eine neue, konkurrenzfähige Typenreihe zu
entwickeln. Als diese neue »Parzifal«-Reihe noch in der Öffentlichkeit als französische
Konstruktion vorgestellt wurde, zog sich Benz 1903 aus dem Tagesgeschäft zurück.
Mit viel Einsatz und publikumswirksamen Autorennen (etwa mit dem Weltrekord-
Rennwagen Blitzen-Benz 1909) holt die Firma »Benz & Cie.« den technischen Rück-
stand zu Daimler, aber auch zur internationalen Automobilszene wieder auf.
Hatte Benz seit 1901 nur noch große Wagen gebaut, so gab der Autobauer ab 1911
dem Trend zu immer preiswerteren, auch für Normalsterbliche erschwinglichen Fahrzeugen nach und produzierte bis zum Kriegsbeginn erfolgreich 8-PS-Autos. Mittlerweile in »Benz & Cie. Rheinische Automobil- und Motorenfabrik AG« umbenannt, stieg
das Unternehmen noch vor Kriegsbeginn in den Bau von LKWs und Flugzeugmotoren
ein. Nach Kriegsende dann wurde wieder auf Friedensproduktion umgestellt.
In den 20er-Jahren fertigte Benz zwar konservative, aber qualitativ hochwertige
Automobile, doch die Inflation bescherte der Benz AG in Gestalt von Schapiro einen
rücksichtslosen Mehrheitseigner, dessen ruinösen Geschäftspraktiken sich das
Unternehmen nur durch Fusion mit dem Erzkonkurrenten Daimler im Jahre 1926 zu
entziehen wusste. Benz und Daimler bauten von nun an gemeinsame Fahrzeugmodelle. Ein Jahr später verließ deshalb das letzte Automobil mit Namen Benz die nunmehr
gemeinsamen Werkshallen der neu gegründeten »Daimler-Benz AG«.

Benz 6/25/40 PS Tourenwagen 1921–1924.

(Foto: © Daimler AG)

Der als »Blitzen-Benz« berühmt gewordene Rekordwagen besaß einen 21,5 Liter großen Vierzylinder, der 200 PS leistete.
(Foto: © Daimler AG)

Der aufwändig restaurierte Prinz-Heinrich-Wagen von 1910. Benz beteiligte sich mit zehn Spezial-Tourenwagen mit Kardanantrieb an diesem Wettbewerb. Der von Fritz Erle gesteuerte 5,7 l-Wagen mit 80 PS belegte den fünften Rang.
(Foto: © Daimler AG)

Mercedes-Simplex 40 PS aus dem Jahr 1902. (Foto: © Daimler AG)

Cardan-Wagen Mercedes Typ 14/30 PS von 1913. (Foto: © Daimler AG)

Der Mercedes 28/95 PS wurde von 1914 bis 1924 gebaut. (Foto: © Daimler AG)

Wie alles begann: der berühmte Daimler-Reitwagen von 1885.

(Foto: © Daimler AG)

Untrennbar mit der Geschichte des Automobils verbunden sind die Namen Gottlieb Daimler und Wilhelm Maybach. Mit dem Bau des ersten vierrädrigen Kraftwagens, der von einem funktionierenden Verbrennungsmotor angetrieben wurde, legten die beiden Männer einen entscheidenden Markstein in der Entwicklung des Automobils. In ihrer Cannstatter Werkstatt entwickelten sie 1883 den Antrieb, der den Motorenbau revolutionieren sollte: Dieser schnell laufende, kleine Motor besaß die Fähigkeit, Fahrzeuge aller Art, egal ob zu Land oder zu Wasser, fortzubewegen. Um dessen Wirksamkeit zu demonstrieren, bauten Daimler und Maybach den Einzylindermotor 1885 in den zweirädrigen »Reitwagen« und danach in eine vierrädrige Kutsche. Mit dieser »Motorkutsche«, die 16 km/h fuhr, gelang den beiden der Durchbruch auf dem Weg zum Automobil.

Die hohen Entwicklungskosten, die bisher angefallen waren, mussten durch eine kommerzielle Nutzung des Daimler-Motors wieder hereingeholt werden, und so bauten Daimler und Maybach extra für die Pariser Weltausstellung 1889 einen sogenannten »Stahlradwagen« mit Zweizylinder-V-Motor, der mit seinen 2 PS bereits 17,5 km/h schnell fuhr. Dieser Stahlradwagen stieß in Paris auf große Resonanz, für den Motor wurden Lizenzen an die Firmen Panhard & Levassor sowie Peugeot verkauft, der Daimler-Motor bildete die Keimzelle der französischen Autoindustrie.

Erste Verkaufserfolge stellten sich 1895 mit dem »Phönixwagen« ein, der über gummibereifte Räder verfügte und nach französischem Vorbild den Motor vorne eingebaut hatte. Dieser Phönixmotor, eine Maybach-Konstruktion, gehörte als Vierzylindermotor zu den modernsten Antrieben der Welt.

Den entscheidenden Anstoß zum Einbau des Motors im Auto vorne hatte der österreichische Generalkonsul Emil Jellinek gegeben, der in Nizza lebte und das Verkaufspotential des »Phönixwagens« erkannte. Seiner zahlungskräftigen, sportlichen Kundschaft an der Côte d'Azur wollte er einen Sportwagen geben, das heißt: Keine Kutsche, einen längeren Radstand und einen abgesenkten Schwerpunkt. Seine Anregungen führten im Jahr 1900 zum »Mercedes 35 PS«. Das Auto war auf den Namen seiner Tochter getauft und dieser zwei Jahre später als Wortmarke geschützt worden. Alle kommenden Automobile der Firma hießen ab jetzt »Mercedes«. Dermaßen verändert, erwies sich der Mercedes 35 PS bei Automobilrennen als schier unschlagbar und war gleichzeitig das erste Auto im modernen Sinn.

1902 – Gottlieb Daimler war zwei Jahre zuvor gestorben – vereinfachte Maybach die Bedienbarkeit des Mercedes und nannte das 40 PS starke Nachfolgemodell folglich »Mercedes Simplex«. Dieses Auto war vor allem im Motorsport erfolgreich, so z. B. beim Gordon-Bennet-Rennen 1903, daraus abgeleitet entstanden diverse Tourenwagen mit einer Leistung von bis zu 90 PS.

Den ersten Mercedes-Sechszylinder entwickelte Maybach 1905; ein solcher sollte ein Jahr später auch seine letzte Konstruktion für die Daimler-Motoren-Gesellschaft werden, bevor er aus dem Unternehmen ausschied, das maßgeblich durch ihn zu einem der führenden Autohersteller Deutschlands geworden war. Der heute weltberühmte dreizackige Stern wurde 1909 eingeführt und zierte von jetzt ab jeden Mercedeskühler. Neben den bisher vorwiegend mit Ketten angetriebenen Automobilen entstanden ab 1910 unter Daimlers Sohn Paul auch preiswertere mit Kardanantrieb; der in den Jahren 1912–1914 gebaute »Mercedes Knight« mit seinem ventillosen Schiebermotor gilt als der erste große, repräsentative Mercedes.

Die Kriegs- und Nachkriegsjahre ging auch an der DMG nicht spurlos vorüber. Obwohl zunächst durch die neue Kompressor-Technik weitere Leistungssteigerungen im Automobilbau – und damit auch weitere Erfolge im Motorsport – erzielt werden konnten, steckte nach 1918 der ganze Industriezweig in der Krise. Schon während des Ersten Weltkriegs aufgekommene Überlegungen zur Fusion mit dem großen Rivalen Benz gewannen an Kontur, nachdem die Hausbanken von Daimler und Benz von der Deutschen Bank übernommen worden waren, was letztlich zur 1926 gegründeten Daimler-Benz AG führte. Der neue Name für alle zukünftigen gemeinsamen Autos lautete »Mercedes-Benz«.

Dieser Mercedes 28/60 PS, gebaut von 1912 bis 1920, ist als Landaulet karossiert. Der Antrieb erfolgte per Kette zu den Hinterrädern.

(Foto: © Daimler AG)

DIXI

Obwohl die Eisenacher Marke »Dixi« sich ihren ausgezeichneten Ruf mit der Qualität ihrer großen, teuren Automobile erwarb, ist sie vor allem wegen eines populären Kleinwagens in Erinnerung geblieben, den die Eisenacher aber nur in Lizenz nachbauten. Und genau mit diesem Kleinwagen startete dann ein Autohersteller aus München seine eigene (Welt-)Karriere. Nach dem Ausscheiden von Heinrich Erhardt – dem nach Krupp zweitgrößten Rüstungshersteller im Deutschen Kaiserreich – aus dem gemeinsamen sächsichen Unternehmen, stellten die Eisenacher unter dem Namen »Dixi« ab 1904 ihre eigenen Fahrzeuge her. Bereits nach kurzer Zeit genossen die meist großen und teuren Dixi-Automobile ein hervorragendes Renommee.

Bis 1908 entstanden drei Typenreihen. Der »Typ R« – von 1908 bis 1914 gebaut – verkaufte sich dabei erstmals in höheren Stückzahlen. Ebenfalls zum ersten Mal wurde in dieser Reihe mit dem R5 auch ein kleinerer Wagen gebaut. Zu den Besitzern der Dixi-Luxusausführungen (z. B. U30, U35; bei Kriegsbeginn auch U20) zählten oft Persönlichkeiten aus Adel und Politik. Auch vergaben die Eisenacher mittlerweile sogar Nachbaulizenzen ins Ausland. Neben der PKW-Sparte setzten die Eisenacher ab 1910 auch das LKW-Angebot fort, das Erhardt unter dem Namen »Wartburg« begonnen hatte – nun unter dem Namen Dixi. Dieses Engagement zahlte sich bei Kriegsbeginn aus, denn nun bildete die Lieferung von Lastwagen an das kaiserliche Heer das Hauptgeschäft der Eisenacher. Diese Abhängigkeit von Lieferungen ans Militär drohte nach dem Ersten Weltkrieg zum Verhängnis zu werden, sodass die Sachsen 1921 mit der »Gothaer Waggonfabrik AG« zu den »Dixie-Werken« fusionierten. Bis 1925 versuchten sich die Eisenacher hauptsächlich mit äußerlich aufgepeppten Vorkriegsmodellen durchzuschlagen. Mit der G-Reihe (wieder große, teure Autos) entstanden ab 1921 die ersten der nun geforderten Neuentwicklungen und verkauften sich gut. Die zunehmende Verschlechterung der wirtschaftlichen Lage ermöglichte es dem Börsenspekulanten Schapiro – wie schon zuvor bei anderen Autoherstellern –, Kontrolle über die Dixi-Werke zu erlangen. Um eine Pleite abzuwenden, ließ er sie 1926 zunächst relativ erfolglos den Fremdwagen Cyklon 9/40 PS als billigsten Sechszylinder in Lizenz nachbauen. Ein Jahr später vermittelte Schapiro als zweiten Versuch den Lizenznachbau des sehr populären und erfolgreichen englischen Kleinwagens Austin Seven. Damit war die Abkehr der Eisenacher von großen und teuren Luxusautomobilen vollzogen. Der leicht veränderte Nachbau des Austin Seven kam 1928 als Dixi 3/15 PS DA 1 auf den Markt und sollte der eigentliche Klassiker der Dixi-Werke werden.

Schapiro war allerdings nicht bereit, das für eine langfristig erfolgreiche Herstellung benötigte Geld in die mittlerweile hoch verschuldeten Dixi-Werke zu investieren, und stieß deshalb den Eisenacher Automobilhersteller noch im gleichen Jahr an die »Bayrischen Motorenwerke« ab, die zu der Zeit gerade in den Automobilbau einsteigen wollten.

Die Verkäufe dieses legendären Dixi-Klassikers, den auch andere Länder in Lizenz nachbauten, konnten zahlenmäßig durchaus an die englischen anknüpfen; die Eisenacher verstanden es, ihn in der kurzen Zeit seiner Produktion vor der Übernahme durch BMW in Stückzahlen an den Mann bzw. die Frau zu bringen, die so hoch waren wie die von allen ihren früheren Modellen zusammengenommen!

Kein Wunder, dass auch BMW zunächst am Modell DA 1 festhielt und dann ab 1929 mit dem Typ DA 2 ein verbessertes Nachfolgemodell – nunmehr mit dem BMW-Logo versehen – vorstellte und damit die eigene Karriere als Autobauer ins Rollen brachte. Der Name »Dixi« war verschwunden, das Modell selbst aber erfreute sich weiterhin hoher Beliebtheit, bis die Weltwirtschaftskrise sowie veränderte Kundenerwartungen zur Einstellung seiner Produktion im Jahr 1932 führten.

Dixi Typ R8 von 1911. (Foto: Buch-t, © GLFD)

Der Dixi 3/15 DA von 1929. Dieser leicht abgewandelte Nachbau des Austin Seven sollte der Dixi-Klassiker schlechthin werden. (Foto: LSDSL, © CC)

Dixi 1922 während eines Autorennens in Berlin. Die Verzerrung des schnell fahrenden Autos (ovale Räder!) ist auf den »Rolling-Shutter-Effekt« beim Fotografieren zurückzuführen.
(Foto: Bundesarchiv Bild 183-1991-1209-503, © CC)

Brennabor Typ F wurde von 1911 bis 1914 gebaut.

Brennabor Typ S/20 PS von 1924.

Brennabor

Die 1871 von den Brüdern Adolf, Carl und Hermann Reichstein hier gegründeten Brennabor-Werke hatten zunächst die industrielle Herstellung von Kinderwagen und Fahrrädern, dann von Motorrädern aufgenommen. Auf der Grundlage des Motorrades entstand von 1908 bis 1911 erfolgreich das Dreiradfahrzeug Brennaborette (3 PS, Einzylinder). Mit der 8 PS Brennabor begann die Produktion von Vierzylinder-Fahrzeugen, darunter die Modelle 6/12 PS und ein 10/24 PS. Letzteres Auto avancierte zu einem Erfolgsmodell und trug zum guten Ruf der Marke Brennabor erheblich bei. Als Nachfrage und Umsätze immer größere Dimensionen annahmen, erweiterte man in Brandenburg 1912 die Produktionsanlagen. Kurz vor Kriegsausbruch erschien noch der Typ M3, ein Kleinwagen sehr fortschrittlicher Konstruktion, die in vielen Details vom damaligen Standard abwich. 1919 wurde ein neuer Brennabor vorgestellt, das Modell P mit 2,1 Liter Hubraum. Mitte der Zwanziger Jahre stieg Brennabor zu einem bedeutenden Automobilhersteller auf, eine Entwicklung, die jedoch nach wenigen Jahren schon wieder zu Ende ging. 1933 musste die Firma den Automobilbau einstellen. Eine letzte Hoffnung, über die Krisenzeit der Wirtschaftsflaute zu kommen, hatte einem Frontantriebsmodell gegolten, das im Oktober 1931 in Paris gezeigt worden war. Zu spät – 1933 stellte die Firma den Automobilbau ein.

Lutzmann

In Anlehnung an den Benz-Wagen stellte der Kutschenwagenbauer Friedrich Lutzmann 1894 in Dessau einen funktionsfähigen Motorwagen auf die Räder. Dem ersten vierrädrigen Lutzmann-Wagen folgten 1896–97 weitere Konstruktionen, die vom Benz-Vorbild abgingen und auch eine andere Lenkung aufwiesen, während der liegende, wassergekühlte Einzylindermotor im Wagenheck mit dem Kettenantrieb zu den Hinterrädern noch eindeutig dem des Benz Viktoria entsprach. Lutzmanns Lenkkonstruktion war komplizierter als die des Benz. Lutzmann firmierte ab 1895 als Anhaltische Motorwagenfabrik und stellte auch Fahrzeuge mit stärkeren Motoren her; sie hatten 3 bis 5 PS Leistung und ein Getriebe mit zwei Gängen. Die »Pfeil« genannten Fahrzeuge bot Lutzmann in verschiedenen Ausführungen an, auch als Limousinen.
Die Brüder Opel aus Rüsselsheim wurden aufmerksam auf den »Pfeil«, erwarben alle Konstruktionsrechte von Lutzmann und begannen mit dem Bau des Opel-Patent-Motorwagens System Lutzmann. Friedrich Lutzmann wurde anschließend Betriebsleiter der Automobilproduktion in Rüsselsheim, verlieh dem Geschäft aber keine neuen Impulse, worauf die Opel-Brüder sich letztlich von ihm und seinen Konstruktionen wieder trennten.

Den vierrädrigen Motorwagen konstruierte Lutzmann im Jahr 1894 in Dessau.

Brennabor stieg vom Hersteller von Kinderwagen und Fahrrädern zum bedeutenden Automobilproduzenten auf, überstand aber, wie so manche Mitbewerber, nicht die Weltwirtschaftskrise Ende der 1920er Jahre.
(Foto: Bundesarchiv Bild 183-1991-1209-503, © CC)

Friedrich Lutzmann am Steuer seines Motordreirades im Jahr 1895.
(Foto: © Stadtarchiv Desslau-Roßlau)

DIE VERGESSENEN

Zwischen 1919 und 1930 gab es eine weitere Welle an Neugründungen. 131 neue Pkw-Produzenten versuchten ihr Glück, und beinahe ebenso viele scheiterten im Verlauf der Weltwirtschaftskrise. Und auch durchaus renommierte und heute noch bekannte Marken überlebten nur, weil sie sich in wirtschaftlich schweren Zeiten zusammenschlossen. Nur in den seltensten Fällen geschah das aber freiwillig, die Fusion von Benz & Cie. mit der Daimler-Motoren-Gesellschaft 1926 zur Daimler-Benz AG erfolgte in erster Linie auf Druck der beteiligten Banken. Und auch der Zusammenschluss der Firmen Audi, DKW, Horch und Wanderer zur Auto Union geschah nicht aus freien Stücken; auch hier machten die Hausbanken   Druck. Wieder andere Firmen wie Adler oder Maybach verzichteten nach 1945 auf den Neubeginn und suchten neue Geschäftsfelder, während andere Marken wie Stoewer oder Röhr im Krieg untergingen.

Ein Horch 8 Typ 780 (5 Liter) Sport-Cabriolet, wie es zwischen 1932 und 1934 gebaut wurde. Gab's auch, was von außen nicht zu erkennen war, mit Zwölfzylinder-Motor. Die Typbezeichnung lautete dann vollständig: »Horch 12 Typ 670«.

(Foto: © Archiv ADAC Klassik)

ADLER

1880 gründete Heinrich Kleyer in Frankfurt am Main eine kleine Maschinenhandlung, in der er fortan aus England importierte Fahrräder verkaufte. Aber schon ein Jahr später begann er als erster Unternehmer in Deutschland damit, selbst Fahrräder – damals noch Hochräder – industriell zu produzieren. 1886 kam das erste Adler-Niederrad auf den Markt. Der Schritt zum Automobil lag nahe.

Als Hersteller von Automobilen gehörten die Adlerwerke bis 1939 zu den Großen in Deutschland und nahmen zeitweilig hinter Opel und der Auto Union noch vor Mercedes-Benz den dritten Rang in der Pkw-Zulassungsstatistik ein. 1899 erschien ein erstes Dreirad von Adler, angetrieben von einem einzylindrigen De-Dion-Motor mit 1,75 PS, der dann 1901 – entsprechend angepasst – auch das Adler antrieb.

Der Adler-Motorwagen No. 1 wurde 1900 auf einer Automobilausstellung in Frankfurt vorgestellt. Es handelte sich bei ihm um einen leichten Vis-à-Vis mit Klappverdeck, dessen De-Dion-Einzylinder einen Hubraum von 402 cm^3 besaß und 3,25 PS leistete. Der Motor saß vorne, seine Kraft wurde mittels einer Kardanwelle statt der damals üblichen Kette auf die mit einem Ausgleichsgetriebe versehene Hinterachse übertragen. Der Motorwagen No. 1 wurde knapp vier Jahre lang gebaut.

Der Ingenieur Erwin Rumpler, der im August 1902 zu den Adlerwerken gekommen war und dort das Konstruktionsbüro übernommen hatte, entwickelte 1903 die ersten Adler-Motoren, die dann ab 1904 in den Automobilen verbaut wurden. Weiter führte Rumpler den Pressstahlrahmen, die geschmiedete Vorderachse und die Schrauben-spindellenkung ein. Seine neue Typenreihe kam gut an, die Wagen waren durchweg größer und mit 8 bis 24 PS stärker als die Modelle der Vorgängerreihe.

1907 war der Automobilbau schon zum wichtigsten Geschäftszweig der Frankfurter geworden, und folgerichtig wurde denn auch die Motorradproduktion wieder eingestellt und das Wort »Fahrrad« aus dem Namen gestrichen: Die Firma hieß nun »Adlerwerke vorm. Heinrich Kleyer A.-G.«

Das Konstruktionsbüro für die Kleinautos entwickelte unter der Leitung von Otto Göckeritz zunächst einen 4/8 PS, dem bald ein 5/8 PS folgte. Ab 1909 wurden die sogenannten K-, ab 1912 dann die KL-Typen angeboten, die einen hervorragenden Ruf genossen. Ihre fortschrittliche Konstruktion, die hohe Fertigungsqualität und ein ansprechendes Äußeres waren die wichtigsten Faktoren für den Erfolg. Und der war nicht gering: 1914 liefen rund 55.000 Pkw auf den Straßen des Deutschen Reichs, und rund jeder fünfte von ihnen war ein Adler.

Nach dem Krieg gelang es rasch, an alte Erfolge anzuknüpfen. Zunächst wurden die Vorkriegsmodelle wieder aufgelegt. 1926 erfolgte eine vollständige Neuorganisati-on der gesamten Fabrik, die auf Großserienbau umgestellt wurde. Erstes Ergebnis dieser Kraftanstrengung war der Adler Standard 6 mit Ganzstahlkarosserie und hydraulische Vierradbremsen. Mit einem solchen Standard 6 gelang der Journalistin und Rennfahrerin Clärenore Stinnes die erste Erdumrundung in einem Automobil, die über zwei Jahre dauerte. 1930 entwarf der berühmte Architekt und Bauhausdirektor Walter Gropius Karosserien für die großen Adler-Wagen, die zwar auf weltweit großes Interesse stießen, aber keine Kaufinteressenten fanden.

Die nach dem schwarzen Freitag im November 1929 einsetzende Weltwirtschafts-krise zwang die Adlerwerke, ihr Programm um einen kleineren 1,5-Liter-Wagen zu ergänzen. Adler konstruierte deren gleich zwei, den Primus in Standardbauweise mit Hinterradantrieb und Starrachse und den wesentlich moderneren Trumpf mit Frontan-trieb und Einzelradaufhängung. 1934 schließlich erschienen der Adler Trumpf Junior, ein Kleinwagen mit Ein-Liter-Motor, von dem insgesamt über 100.000 Exemplare ge-baut wurden, und der Adler Diplomat, der den Standard 6 ablöste. Höhepunkt war der 1937 präsentierte Adler 2,5 Liter, der wegen seiner Stromlinienform bald »Autobahn-Adler« hieß. Er galt als die automobile Sensation des Jahres, verkaufte sich aber nicht so gut wie erwartet. Nach dem Zweiten Weltkrieg erlebte die Fahrradproduktion noch einmal einen Aufschwung, bis sie 1954 endgültig aufgegeben wurde, auch Motorrä-der und Roller, insgesamt knapp 100.000 Exemplare, wurden bis 1957 noch gebaut, doch die Automobilproduktion nahmen die Adlerwerke nicht wieder auf.

Der Adler 4,5 HP Vis-a-Vis von 1904 gehört zu den ältesten deutschen Fahrzeugen, die beim alljährlichen »London to Brighton Veteran Car Run« teilnehmen. Die erste Fahrt fand 1896 statt.

Adler Standard 6 Limousine 4 Türen, 1927. Das Bild zeigt den Wagen von Clärenore Stinnes während ihrer Aufsehen erregenden Weltumrundung.

Mit Frontantrieb und Einzelradaufhängung war der Adler Trumpf eine der modernsten Konstruktionen der 30er-Jahre.
(Foto: © Cyb4, CC-BY-SA-3.0)

Dieser Adler 9/24 PS Sport-Phaeton (1922) ist mit seinem Spitzkühler typisch für die deutschen Autos der frühen 1920er Jahre.
(Quelle: Archiv MoN)

Adler 2,5 Liter, 1937–40.
(Foto: © Archiv Motorbuch Verlag/Zumbrunn)

Nick Mason, Drummer von Pink Floyd, lenkt beim Goodwood Festival of Speed für Audi Tradtion den Auto Union Typ D Doppelkompressor von 1939. (Foto: © Audi AG)

Der Auto Union 1000 entsprach dem DKW 3=6 und war, neben dem davon abgeleiteten Coupé, der einzige Wagen, den die Firma 1958–1963 unter eigenem Namen verkaufte. (Foto: © Audi AG)

Gern gesehener Gast: Das Auto Union 1000Sp Coupé mit Dreizylinder-Zweitaktmotor und 55 PS hatte die Technik der Limosuine und eine bei Baur in Stuttgart gebaute Karosserie. Audis Tradtionsabteilung präsentiert diesen Wagen mit prominenter Gastbesetzung – wie etwa Hansi Hinterseer – immer wieder gerne bei Oldtimer-Veranstaltungen. (Foto: © Audi AG)

AUTO UNION

Die Duelle zwischen den Silberpfeilen von Mercedes und der Auto Union beherrschten den Motorsport der 30er-Jahre. Hier der Auto Union Rennwagen Typ C 16-Zylinder von 1936. (Foto: © Audi AG)

Die Auto Union entstand 1932 als Zusammenschluss von DKW, Horch, Wanderer und Audi. Als Marken blieben allerdings alle vier eigenständig, die Autos der Auto Union hießen weiterhin DKW, Horch, Wanderer oder Audi.

Der Grund für den Zusammenschluss lag in mehr oder minder großen finanziellen Schwierigkeiten der vier beteiligten Unternehmen, nicht zuletzt eine Folge der Weltwirtschaftskrise. Es gab aber durchaus auch firmeninterne Ursachen für diese Schwierigkeiten: DKW, eigentlich nur ein geschützter Markenname der von Jörgen Skafte Rasmussen gegründeten Zschopauer Motorenwerke, hatte sich unter anderem mit der Übernahme der kränkelnden Audi-Werke übernommen, stand aber als seiner-zeit weltweit größter Motorradhersteller noch relativ gut da. Horch war auf Achtzylin-der nicht nur spezialisiert, sondern auch fixiert und kam so nicht auf die erforderlichen Stückzahlen, und die Automobilsparte von Wanderer schaffte mit ihren Mittelklasse-Wagen zwar leidlich hohe Stückzahlen, aber keine Kostendeckung.

So entstand mit der Auto Union auf einen Schlag ein Automobilgigant, der in Deutschland unangefochten auf Platz zwei lag – hinter Opel. Vom Kleinwagen bis zur Luxuslimousine konnte die Auto Union – mit wenigen Lücken – das gesamte Spek-trum automobiler Kundenwünsche abdecken und war außerdem nach wie vor die Nummer 1 im Motorradbau. Es sollte allerdings noch ein paar Jahre dauern, bis die vier Marken auch äußerlich erkennbar zusammenwuchsen: Erst 1936 wurde mit dem Wanderer W51 so etwas wie eine eigenständige Auto-Union-Formensprache begrün-det, und auch bei der Technik fielen die Schranken: Motoren, Getriebe, Fahrgestelle und anderes mehr wurden jetzt durchaus auch markenübergreifend verbaut. Zu einer Verschmelzung der Marken allerdings sollte es nicht kommen, ganz im Gegenteil legte die Auto Union großen Wert darauf, die eigene Tradition und den eigenen Charakter aller vier Marken lebendig zu erhalten.

Ab 1934 fertigte die Auto Union zunehmend Fahrzeuge für die Wehrmacht. In diesem Jahr lag ihr Anteil an der gesamten deutschen Automobilproduktion bei rund 22 Prozent (Opel: 41 Prozent). Der Umsatz der Auto Union stieg von rund 65 Millionen Reichsmark im Jahr 1933 auf rund 293 Millionen Reichsmark im Jahr 1939, die Zahl der Mitarbeiter stieg in dieser Zeit von gut 4000 auf 23.000 an. Bis 1938 konnte die Auto Union ihren Marktanteil in Deutschland noch leicht steigern.

Im Zweiten Weltkrieg gab es immer wieder Bombenangriffe auf die Werke der Auto Union. Am Ende wurde Sachsen Teil der Sowjetischen Besatzungszone Deutschlands und die Sowjets bauten von den Produktionsanlagen ab, was sich noch verwenden ließ, und brachten es als Teil der Reparationsleistungen nach Russland. Am 17. August 1948 wurde die Auto Union aus dem Handelsregister in Chemnitz gelöscht. Aus den Überresten der einstmals stolzen Auto Union entstanden Volkseigene Betriebe, in de-nen MZ-Motorräder produziert wurden sowie Pkws der Marken Trabant und Wartburg.

In Westdeutschland hingegen gab es keine Produktionsanlagen der ehemaligen Auto Union AG. Wohl aber noch sehr viele DKW-Zweitakter, die die Wehrmacht nicht hatte haben wollen und die nun mit Ersatzteilen versorgt werden wollten. Und so gründeten im September 1949, angeführt von Richard Bruhn, dem ehemaligen Vorstandsvorsit-zenden der zwischenzeitlich gelöschten Auto Union AG, und dessen Stellvertreter Carl Hahn, einige Veteranen des einstigen sächsischen Automobilriesen in Ingolstadt die »Zentraldepot für Auto Union Ersatzteile GmbH«. Wenig später kam es zur Neugrün-dung der Auto Union, diesmal als GmbH. Viele ehemalige Mitarbeiter hatten sich nach Ingolstadt abgesetzt und beteiligten sich dort am Neuaufbau. In einem Werk in Düsseldorf, gekauft von Rheinmetall-Borsig, wurden neue DKW-Personenwagen F89P »Meisterklasse« und Motorräder gebaut: Es gab wieder eine Auto Union, die Automobile produzierte, aber von den vier Marken hatte zunächst nur DKW überlebt. Unter eigenem Namen verkaufte die Auto Union lediglich einen Wagen, den Auto Union Type 1000.

1958/59 ging die Auto Union in den Besitz von Daimler-Benz über, dann an Volkswa-gen. Das alte Firmenlogo, die vier Ringe, fährt jedoch bis heute am Grill jedes Audi mit und hält die Erinnerung wach an DKW, Horch, Wanderer und eben die Auto Union.

Die Auto Union lieferte in Form des Dkw Munga den ersten Geländewagen für die neu aufgestellte Bundeswehr. Er wurde 1968 durch den VW 181 abgelöst. (Foto: © Audi AG)

BORGWARD

Die Geschichte des Carl Friedrich Wilhelm Borgward beginnt am 10. November 1890 in Altona/Elbe. Er war schon im Kindesalter ein Tüftler, bereits um die Jahrhundertwende soll er ein Spielzeugauto mit Uhrwerksfeder als Antriebsquelle gebaut haben. Er wurde Schlosser, aus Geldmangel konnte er aber, als eines unter 13 Kindern eines Kohlenhändlers, kein Studium an einer Technischen Hochschule absolvieren. Das bremste ihn aber nicht, nach dem Weltkrieg trat er 1919 als Teilhaber in eine Firma mit dem hochtrabenden Namen »Bremer Reifenindustrie GmbH« ein. Die 20-Mann-Klitsche stellte Spiralfelgen mit Sprungfedern her, die anstelle der raren Gummireifen aufgezogen werden konnten. Nur einen Steinwurf entfernt lagen die Hansa-Lloyd Werke AG, auch hier war der Name wohl größer als die Fabrik. Immerhin: Die bauten ganze Autos, waren eine lokale Größe und brauchten Kühler und Kotflügel, die Borgward liefern konnte. Zum Autoproduzenten wurde er eher zufällig. Für den Materialtransport von der Werkstatt zum Lager baute er einen primitiven Dreiradkarren mit 120-Kubik-Motor und 2,2 PS Leistung. Und dieses Vehikel, angeboten für 980 Reichsmark, entpuppte sich als ideales Transportfahrzeug für Kleingewerbetreibende. Zwar hatte der sogenannte »Blitzkarren« noch keinen Anlasser und musste angeschoben werden – was bei voller Beladung mit der Nutzlast von 250 kg sicher ein interessantes Erlebnis gewesen sein dürfte –, doch das schadete dem Erfolg nicht. Mit dem Geld eines Investors wurde aus dem Blitzkarren das doppelt so leistungsfähige »Goliath«-Dreirad. Das Gefährt spülte so viel Geld in die Kasse, dass Borgward weiter expandieren konnte, seinen Kunden Hansa-Lloyd aufkaufte und erste Personenwagen baute – primitiv und erfolglos (Borgward zum Hansa 500 des Jahres 1934: »Der Wagen wurde die größte Pleite des Jahrhunderts«), aber beharrlich, weil das Geschäft mit den Borgward- und Goliath-Nutzfahrzeugen brummte. Mitte der Dreißiger war man führend bei den Ein- und Dreitonnern. Damit finanzierte Borgward seine Hansa-Personenwagen der Mittel- und Oberklasse, seine Vier- und Sechszylinderspielereien. Die waren zwar auch nicht sensationell gut, aber man kannte sie. Dafür baute Borgward ein neues Werk in Bremen-Sebaldsbrück, das 1938 in Betrieb ging. Der Selfmade-Millionär mit dem äußerst bescheidenen Lebensstil trat 1938 in die NSDAP ein und erhielt den Titel eines Wehrwirtschaftsführers. Dafür kassierten ihn die Alliierten nach Kriegsende, und seine Werke waren durch Bombenangriffe zerstört. Sein Tatdrang litt darunter nicht. Wieder in Freiheit, mischte er die westdeutsche Autobranche auf: Er baute die erste deutsche Pontonlimousine in Serie, bot Diesel-Pkw an und erfand mit dem Kleinwagen LP 300 das Segment der Kleinstwagen neu. Der Leukoplastbomber mit Zweitaktmotor und kunstlederbezogener Sperrholzkarosserie auf Holzrahmen war zwar miserabel verarbeitet (Borgward später über die ersten LP: »Die gingen so schön schnell kaputt«), andererseits war die Kundschaft froh, überhaupt ein Dach über dem Kopf zu haben, und der Lloyd war wesentlich günstiger als ein VW Käfer und hatte kaum Lieferzeiten. Für den Bau des seit 1950 verkauften Leukoplastbombers, der in seiner letzten Ausbaustufe 1957 als Alexander zum richtig properen Kleinwagen herangereift war, gründete Borgward eine dritte Marke, nämlich Lloyd, die ebenso autonom agierte wie die anderen Konzernmarken. Die Ineffizienz und geringe Produktivität dieses Konstrukts (drei Verwaltungen, drei Vertriebe) störte ihn nicht weiter: Betriebswirtschaft und Marketing interessierten ihn nicht die Bohne, und da er Alleingesellschafter war, konnte er jede neue Idee, jeden neuen Entwurf gleich umsetzen lassen. Das hatte zur Folge, dass sich sein Konzern eine Modellvielfalt leistete wie keine andere Firma. Eine kontinuierliche Modellplanung fand nicht statt, teure Experimente wie die Benzineinspritzung beim Goliath 700, eine Luftfederung beim großen Borgward oder die Entwicklung eines Hubschraubers (»weil es mir Spaß macht«) trugen ebenso zum Untergang der Marke bei wie die Tatsache, dass viele Fahrzeuge erst in Kundenhand zur Serienreife gebracht wurden – wie die Borgward Isabella, das schönste und berühmteste Fahrzeug des Bremer Automobilherstellers, oder die Arabella, bei der zu Anfang jeder Wagen für 1000 Mark nachgebessert werden musste. Die Firmengruppe geriet 1960 in erhebliche Schwierigkeiten und 1961 in Konkurs. Zur IAA 2015 soll der Name wiederauferstehen.

Die Arabella war unterhalb der Isabella angesiedelt und wurde auch nach dem Zusammenbruch der Borgward-Gruppe bis 1963 weitergebaut.   (Foto: © nakhon100, CC-BY-2.0)

Die Marke Hansa gehörte zum Borgward-Konzern, der Hansa 1500 von 1949 war Deutschlands erste Limousine mit Pontonkarosserie. Der Hansa 2400 mit seinem Fließheck wurde zwischen 1952 und 1955 gebaut. (Foto: © Lothar Spurzem, CC-BY-SA-2.0-DE)

Der große Borgward P 100 (1959-1961) war die erste deutsche Limousine mit Luftfederung. (Foto: © Lothar Spurzem, CC-BY-SA-2.0-DE)

Die Isabella war der gelungenste Borgward-Entwurf und wurde zwischen 1954 und 1962 gebaut. Im Bild eine Isabella, wie sie nach August 1958 vom Band lief. (Foto: © Lothar Spurzem, CC-BY-SA-2.0)

Der DKW Front Luxus Sport F5K 700 wurde 1936/37 gebaut.   (Foto: © Audi AG)

Der DKW 3=6 Monza wurde zwischen 1956 und 1958 auf Basis des F93 für Rennsport-
zwecke gebaut. Der GfK-Flitzer erreichte eine Höchstgeschwindigkeit von rund 140 km/h.

(Foto: © Auto-Medienportal.Net/VW)

Auf der Frankfurter Automobilausstellung 1953 präsentierte DKW den Sonderklasse mit Dreizylinder-Zweitaktmotor. Karmann entwickelte daraus ein zwei- wie ein viersitziges Cabriolet

(Foto: © Audi AG)

DKW F12 Roadster von 1964.   (Foto: © Audi AG)

Nach seinem Ingenieursstudium in Deutschland hob der Däne Jörgen S. Rasmussen gemeinsam mit einem Freund 1904 in Chemnitz die »Rasmussen & Ernst GmbH« aus der Taufe. In den folgenden Jahren und Jahrzehnten wuchs die mittlerweile in Zschopau ansässige Firma zu beachtlicher Größe. Der Kraftstoffmangel während des Krieges brachte den umtriebigen Dänen auf den Gedanken, 1917 einen ersten Dampfkraftwagen vorzustellen. Auch tauchten in diesem Zusammenhang erstmals die drei Buchstaben »DKW« als Kürzel auf, es stand für »DampfKraftWagen«. Während allerdings das Projekt »Dampfkraftwagen« aufgegeben wurde, ließ Rasmussen das Kürzel DKW für zukünftige Verwendungen schützen. Auch war sein Interesse am Automobilbau nun geweckt.

1918 bekam Rasmussen Besuch vom Motorkonstrukteur Hugo Rappe, der ihm die Produktion kleiner Zweitaktmotoren für unterschiedlichste Anwendungsbereiche vorschlug. Um das neue Produktionsfeld auszutesten, stellte Rasmussen einen Zweitakt-Kleinmotor mit 0,25 PS her, der in den Spielzeugläden als Alternative zur beliebten Spielzeugdampfmaschine dienen sollte. Seine eigentliche Bedeutung lag aber darin, dass er die Blaupause aller späteren DKW-Zweitaktmotoren darstellte. Das Kürzel »DKW« stand nun für »Des Knaben Wunsch« und zierte auch einen 1-PS-Fahrrad-Hilfsmotor von 1920, der trotz zahlreicher Konkurrenz zum Erfolg wurde. Jetzt stand DKW für »Das Kleine Wunder«. Dieser Name sollte zum Programm werden, denn Rasmussen verkaufte bald nicht mehr bloß Motoren für Zweiräder, sondern stieg ab 1922 selber in die Motorradproduktion ein. Bereits gegen Ende des Jahrzehnts waren die »Zschopauer Motorenwerke AG«, wie die Firma ab 1923 hieß, zum größten Motorradhersteller der Welt aufgestiegen.

1919 hatte Rasmussen begonnen, eine Anzahl einsitziger Elektrowagen aus der Entwicklung der Firma »Slaby & Behringer« zu vertreiben; auf dieser Basis, wenn auch mit eigenem Zweitaktmotor, entstand dann auch der erste eigene Wagen, der »Kleine Bergsteiger«. Dabei blieb es vorläufig, erst 1927/28 waren Zweitaktmotoren verfügbar, die stark genug waren, ein Auto anzutreiben. Das erste Modell der Zschopauer Motorenwerke war der DKW Typ P, ein Roadster mit 600-cm^3-Zweitaktmotor im Heck und der traditionell rahmenlosen Holzkarosserie von Dr. Slaby. Trotz seiner Mängel – der Motor war laut, durstig und defektanfällig – verkaufte er sich gut.

Um den Problemen des Typs P aus dem Wege zu gehen, entstand 1929 erstmals ein viertaktiges Nachfolgemodell, der DKW 4 = 8, doch mit ihm und weiteren, ähnlichen Modellen handelte sich Rasmussen neuen Ärger ein, ohne alle alten Probleme gelöst zu haben. Also kehrten die Zschopauer Motorenwerke zurück zum Zweitakter und stellten ab 1931 von Heck- auf Frontantrieb um – das war der Durchbruch!

Bis zu Rasmussens Ausscheiden aus dem Betrieb 1934 erschienen u. a. noch die Fronttriebler DKW Meisterklasse (1932) sowie DKW Reichsklasse (1933), Letzterer bereits mit der für Zweitakter richtungsweisenden Technik der Umkehrspülung, die sie auch zukünftig gegenüber Viertaktern konkurrenzfähig bleiben ließ.

Rasmussen hatte bereits Ende der zwanziger Jahre die Audi-Werke in Zwickau übernommen und hier auch die neuen frontangetriebenen Automobile produzieren lassen. Zu Beginn des neuen Jahrzehnts drohte neues Ungemach. Auch die Zschopauer Motorenwerke litten unter der Wirtschaftskrise, und Rasmussen war froh, sich mit seinen Erfolgsautos ein zweites Standbein geschaffen zu haben.

Doch die Sächsische Staatsbank, die schon hinter der Übernahme der Audi-Werke durch Rasmussen steckte und selbst durch viele Unternehmenskonkurse in Sachsen bereits angeschlagen war, sah nach dem nun bevorstehenden Bankrott der Horch-Werke ihre und die Rettung der Zschopauer Motorenwerke nur noch darin, dass Rasmussen die Horch-Werke liquidierte. 1932 wurden deshalb die Zschopauer Motorenwerke, die Audi-Werke sowie die Horch-Werke zusammengeschlossen zur neuen »Auto Union«, DKW war somit nur noch eine Konzernmarke. Nach 1945 baute die neue Auto Union unter dem DKW-Zeichen vor allem Motorräder, aber auch diverse Zweitakt-Automobile; der F102 von 1963 war die letzte westdeutsche Personenwagenkonstruktion mit Zweitakt-Motor.

HORCH

August Horch hatte 1896 als Betriebsleiter in der Mannheimer »Gasmotorenfabrik« von Carl Benz gearbeitet, machte sich dann aber 1899 in Köln selbstständig. Sein erster eigener Wagen, der Horch 4/5 PS, war das erste deutsche Fahrzeug mit Frontmotor und Heckantrieb. Die zweite Neuerung, die mithalf, Horchs Namen rasch zu verbreiten, fand sich in seinem zweiten Wagen: Der 10/16 PS von 1902 benutzte zur Kraftübertragung zum ersten Mal in einem deutschen Auto einen Kardanantrieb. Nach diesen beiden Zweiliter-Automobilen entstand 1903 in Zwickau, wohin er mittlerweile seinen Betrieb verlegt hatte, mit dem 22/30 PS ein Vierliter-Modell. Dieses bildete mit weiteren Vierliter-Modellen die Grundlage für Horchs weitere Konstruktionen. Im folgenden Jahr wandelte Horch seine Firma in ein Aktienunternehmen um, die »August Horch + Cie. Motorwagenwerke AG Zwickau«. Der neue kaufmännische Vorstand Jacob Holler achtete aber strikt auf die Kosten, und nachdem Horchs neu entwickelte Sechsliter-Autos weder mit Renn- (beim Kaiserpreisrennen 1907 fielen sie bereits im Training aus) noch mit Verkaufserfolgen aufwarten konnten, sorgte Holler dafür, dass der Aufsichtsrat den Gründer 1909 schasste. Horch gründete danach, ebenfalls in Zwickau, die »Audi-Werke«, nachdem er den Rechtsstreit um seinen Namen »Horch« verloren hatte.

Holler hatte von nun an im Aufsichtsrat das Sagen und behielt Horchs konservative Produktpolitik mit maßvollen Weiterentwicklungen bei. Die Automobile wurden etwas leistungsstärker, es gab neue Zwischen- und neue Einstiegsmodelle. 1912 erfolgte der Einstieg in den Nutzfahrzeugbau. Denn bereits im gleichen Jahr setzte das kaiserliche Heer auf Horchs neue Lkw-Palette, so etwa auf den 25/42 PS. Und das sollte auch während der ganzen folgenden Kriegsjahre so bleiben.

Nach Kriegsende konnten die »Horchwerke AG«, die den »August« unterdessen auch aus dem Firmennamen verbannt hatten, ihr Vorkriegsmodellprogramm erfolgreich neu auflegen – zunächst. Denn zu Beginn der 20er-Jahre wehte ein schärferer Wind auf dem Automarkt. Zum einen drängten verstärkt billige Automobile aus den USA auf den deutschen Markt. Zum anderen verschlechterte sich die Wirtschaftslage infolge der Inflation. Und nicht zuletzt war die Modellpalette von Horch mittlerweile veraltet. Holler wurde von Moritz Straus, der für den Berliner Flugmotorenhersteller Argus die Aktienmehrheit der Horchwerke AG erwarb, aus der Firma gedrängt. Der neue Chef erneuerte die Modellpalette und legte mit dem 10/35 PS einen Einheitstyp auf, der aber noch ein wenig Feinschliff vertrug. Für den sorgte dann 1924 Paul Daimler, der Sohn des Stuttgarter Autokonstrukteurs, der 1922 als Technischer Direktor zu Horch gekommen war. Der nunmehrige Horch 10/50 PS war ein Verkaufsschlager und half, 1927 den ersten deutschen Achtzylinder-Serienwagen auf den Markt zu bringen, der Horch an die Spitze der deutschen Luxuswagenhersteller katapultierte. Der Typ 350 von 1928 wurde besonders erfolgreich, galt damals als schönster deutscher Serienwagen und außerdem als sehr zuverlässig. Nebenbei besaß dieser Wagen erstmals die neue Kühlerfigur – einen geflügelten Pfeil (später wurde daraus eine geflügelte Weltkugel). Und die Einführung der Fließbandmontage erhöhte die Produktivität. Nach Daimlers Weggang 1929 arbeitete sein Nachfolger Fritz Fiedler den Achtzylinder zum günstigeren Typ 400 um. Mit der hereinbrechenden Weltwirtschaftskrise trat Horch dann die Flucht nach vorne an: Während andere Hersteller auf billigere Fahrzeuge setzten, brachte Horch den Horch 12 Typ 670, einen Zwölfzylinder-Luxuswagen mit 120 PS und einer Spitzengeschwindigkeit von 130 km/h. Wunderschön und technisch auf Spitzenleistung getrimmt, entstanden davon bis 1934 nicht mehr als 81 Stück. Dieser Misserfolg verschärfte die wirtschaftliche Situation von Horch, die Banken sorgten dafür, dass die Horchwerke AG 1932 im neu zu gründenden Automobilkonzern »Auto Union« aufgingen. Innerhalb dieses Verbundes deckte Horch dann das Luxussegment ab, in der zweiten Hälfte der Dreißiger Jahre entstanden einige der schönsten Fahrzeuge, die je in Deutschland gebaut worden sind. Im Krieg Teil der Rüstungsindustrie, geriet Horch, wie die anderen Marken der Auto Union auch, in sowjetischen Besitz und war nach 1945 Teil der DDR-Fahrzeugindustrie. Die Markenrechte liegen heute bei der VW-Tochter Audi.

Macht und Pracht: Der Horch 400, hier im Audi museum mobile, diente seinerzeit nicht zuletzt als veritable Staatskarosse. Gebaut wurde der Wagen von 1928–1931.
(Foto: © Audi AG)

Bernd Rosemeyer und sein Horch 853 Coupé von 1937 mit Erdmann-&-Rossi-Karosserie. (Foto: © Audi AG)

Der letzte Horch 1953: Einzelstück für Geschäftsführer Dr. Bruhn. (Foto:©AudiAG)

Garagengold: Horch 854 Roadster von 1939 – schon damals ein Traumwagen, heute einer der schönsten und seltensten Vorkriegs-Roadster weltweit. Der Wagen stand 2015 über die Firma Cargold zum Verkauf. (Foto: © Beuerberg-Collection)

Maybachs W5 löste 1926 den W 3 ab, der W5 SG mit Schnellganggetriebe erschien 1928. Diese SG-Getriebe reduzierte die Drehzahl im höchsten Gang. Die Höchstgeschwindigkeit lag bei 135 km/h.
(Foto: © Bahnfrend, CC-BY-SA-4.0)

Maybach DS8 Zeppelin, 1938. Den Sport-Aufbau für das 200 PS starke Zwölfzylinder-Cabriolet fertigte die Firma Hermann Spohn in Ravensburg. Daneben bot Maybach noch weitere Karosserien anderer Hersteller an.
(Foto: © Daimler AG)

Von den drei Zeppelin-Baureihen DS7, DS8 und 12 wurden rund 300 Stück gebaut. Die meisten hatten, wie dieses DS8 »Luxus-Coupé«, Karosserien von Spohn in Ravensburg. (Foto: © Daimler AG)

Dieser Maybach SW 38 überlebte den Zweiten Weltkrieg, wurde 1950 mit einem neuen 4,2-Liter-Motor bestückt und erhielt bei dieser Gelegenheit auch eine neue Karosserie im zeitgenössischen Pontonstil. (Foto: © Bahnfrend, CC-BY-SA-4.0)

Nur die wenigsten Automobilhersteller verfügten über einen eigenen Karosseriebau. Daher wurden, sofern der Kunde nicht einen Wagen aus dem Katalog orderte, dort nur Fahrgestelle produziert, welche der Käufer dann zum Karosseriebauhersteller seiner Wahl schaffen ließ. Die Aufnahme zeigt Maybach W3-Chassis vor der Überführung. Ganz links eine Pullman-Limousine, die bereits mit einem Aufbau versehen worden war. (Foto: © Daimler AG)

Wilhelm Maybach, der »König der Konstrukteure«, verließ im April 1907 die von ihm mitgegründete Daimler Motoren Gesellschaft DMG, die nach Daimlers Tod unter anderer Leitung stand. Sein Ältester, Karl, war schon im Vorjahr gegangen und hatte für ein französisches Unternehmen einen 150-PS-Rennmotor entwickelt. Vater und Sohn machten dann gemeinsam weiter, konstruierten aber nicht, wie ursprünglich geplant, Autos für Opel, sondern zuverlässige Sechszylinder-Motoren für den Antrieb von Luftschiffen. Karl, Wilhelm und Graf Zeppelin gründeten 1909 gemeinsam eine »Luftfahrzeug-Motorenbau GmbH« mit Karl Maybach als technischem Direktor. Im Mai 1910 fand die Jungfernfahrt des ersten mit einem Maybach-Motor ausgerüsteten Zeppelins statt, den Reihensechszylinder hatte Karl selbst konstruiert. Seit 1912 am Bodensee beheimatet, wandte man sich nach dem Ersten Weltkrieg – der Luftschiffbau war kein Thema mehr – dem Motorenbau für Lokomotiven und Automobile zu.

1919 stellte Karl Maybach dann einen Prototypen auf Mercedes-Chassis vor, an eine Serienfertigung dachte er nicht, Maybach sah sich als Motorenlieferant. Doch es kam anders. Der niederländische Hersteller Spyker bestellte bei Maybach gleich 1000 seitengesteuerte Sechszylindermotoren für seine C4-Luxuslimousine, übernahm aber nicht mehr als 150 Motoren davon, und noch nicht einmal die bezahlte er alle. Jetzt standen die Friedrichshafener vor der Notwendigkeit, für die überschüssigen Kapazitäten irgendeine Verwendung zu finden. Und wenn ein Maybach etwas konnte, dann war es der Bau von Automobilen: Im Februar 1921, bei der ersten großen Autoschau nach dem Krieg, rollte der erste Wagen mit dem doppelten M in die Halle am Kaiserdamm. Die Konkurrenz war beeindruckt – Maybach: »Ich werde den teuersten Wagen bauen!« – von diesem Luxusliner Typ W 3 mit seinem 70 PS starken 5,8-Liter-Sechszylinder und angeblocktem, zweistufigem Planetengetriebe. Auch die Fahrgestelle baute Maybach selbst, die Aufbauten lieferten Karosseriebauer wie Spohn, Erdmann & Rossi und andere. Bei einem Radstand von 3660 mm und einer Spurbreite von 1480 mm war der Maybach der erste Traumwagen der Weimarer Republik, der Preis für einen vollständigen Wagen kletterte leicht über die 30.000-Mark-Schwelle. In den folgenden Jahren wurden die Maybachs immer leistungsstärker, größer und teurer, die Krönung stellte die Zeppelin-Baureihe des Jahres 1930 dar.

Karl Maybachs Zeppelin-DS-Modelle gab es als Typen DS 7 und DS 8, jeweils mit V12-Motor und sieben bzw. acht Liter Hubraum und 150 bzw. 200 PS. Allein die Karosserie kostete über 33.000 Reichsmark. Die Zeppeline entstanden in Handarbeit, die Karosserieaufbauten dann nach Kundenwünschen. Jeder Maybach war ein Einzelstück, geliefert wurde, was der Kunde mochte. . Von den legendären DS-Zeppelinen wurden insgesamt nur 183 Exemplare verkauft, rund 1.800 Maybach entstanden insgesamt, 152 Automobile haben die Zeitläufe überdauert. Der Automobilbau bei Maybach endete 1941.

1960 übernahm Daimler-Benz mit der Maybach-Motorenbau GmbH auch die Markenrechte und nutzte den Namen zwischen 2002 und 2012 für die Luxus-Modelle 57 und 62. Die Bezeichnung schmückt inzwischen Topmodelle der S-Klasse-Baureihe.

Maybachs Zeppelin DS 8 war der ultimative deutsche Luxuswagen der Dreißiger. Unter der ellenlagen Haube saß ein 7,9-Liter-V12. (Foto: © Daimler AG)

STOEWER

Ihre Achtzylinder-Luxuswagen zu Beginn der 30er-Jahre zählten mit ihrem amerikanisch inspirierten und doch unverwechselbar eigenen Styling in den Augen nicht weniger Betrachter zu den schönsten und elegantesten Automobilen, die seinerzeit von einem deutschen Autohersteller gebaut wurden. Möglicherweise könnte Stoewer heute noch eine eindrucksvolle Rolle in der Automobilbranche spielen, hätte der Stettiner Autobaupionier den Zweiten Weltkrieg überlebt.

Der Vater, Bernhard Stoewer, hatte bereits zwei Werke in Stettin gegründet, als seine beiden Söhne, Emil und Bernhard Junior, eines davon übernahmen, um dort aus ihren bisherigen Automobilbasteleien ein ernsthaftes Geschäft zu machen. Stoewer Senior besaß seit 1858 eine Reparaturwerkstatt für Feinmechanik, später stellte er zusätzlich Nähmaschinen und Fahrräder her. Zur Bewerkstelligung all dieser Aufgaben war das zweite »Stettiner Eisenwerk« eigentlich gedacht gewesen, doch seine Söhne überzeugten ihn, dass die Zukunft im Automobilbau liegen würde, und so wurde daraus 1899 die »Gebrüder Stoewer, Fabrik für Motorfahrzeuge«.

Im selben Jahr stellten sie ihre erste Eigenschöpfung vor, den Großen Stoewer Motorwagen. Ihm folgten bald weitere Modelle, darunter auch Vierzylinderfahrzeuge und sogar ein Elektromobil. Die beiden Brüder schreckten auch vor ersten Versuchen mit Lastwagen und Omnibussen nicht zurück. Um 1905 bemühten sie sich, ihr mittlerweile weitgespreiztes Fahrzeugangebot zu vereinheitlichen.

Von Anfang an legte Stoewer Wert auf Qualität und fortschrittliche Technik, der Name »Stoewer« stand bald für besonders ausgereifte Konstruktionen mit langer Lebensdauer. Die Stettiner bedienten sofort die Oberklasse, nicht ohne gelegentliche Ausflüge in das Luxussegment zu unternehmen, so bereits 1906 mit einem aufsehenerregenden 60-PS-Sechszylinder. Noch publikumswirksamer war im Jahr 1911 der Einbau eines Flugzeugmotors – Stoewer war mittlerweile auch in die Herstellung von Flugmotoren eingestiegen – in den Tourenwagen F4 33/100 PS, der mit einer Geschwindigkeit von 120 km/h zu den schnellsten deutschen Autos gehörte.

Nach dem Ersten Weltkrieg setzte die neue D-Reihe diese Tradition fort. Wieder diente ein Flugzeugmotor als Antrieb für einen neuen robusten, mit fortschrittlichster Technik ausgestatteten Sportwagen, verlieh diesem D7 eine für damalige Verhältnisse sagenhafte Spitzengeschwindigkeit von 160 km/h und verwandelte die neue Luxuskonstruktion so in das schnellste Automobil aus deutscher Fertigung.

Mitte der Zwanziger beeilten sich die Stettiner, mit einer Reihe herausragender Achtzylindermodelle in Kleinserie die Nische zwischen Marken wie Adler und Horch zu besetzen. Die Optik erinnerte an zeitgenössische US-Konstruktionen; die außergewöhnlich eleganten Autos mit dem Greif als Kühlerfigur – dem Wappen der Stadt Stettin –gewannen viele Schönheitspreise. Dabei waren sie hochmodern und grundsolide gebaut, allerdings etwas untermotorisiert.

Was dieser noblen Baureihe – dem Höhepunkt der Stoewerschen Automobilproduktion – allerdings wirklich zum Verhängnis wurde, war die wirtschaftliche Lage zu Beginn der 30er-Jahre. Der Markt für derartige Luxuskarossen brach ein, und damit auch der Umsatz. Schon seit einiger Zeit hatten die Stoewer-Brüder an die Herstellung eines preiswerteren Kleinwagens gedacht, doch um die Zeit bis dahin zu überbrücken, stellten sie mit den Spitzenmodellen Gigant, Marschall und Repräsentant weiterentwickelte Sondermodelle ihrer Achtzylinder für den exklusivsten Geschmack (und Geldbeutel) her.

Als dann zu Beginn der 30er-Jahre die Fertigung von Kleinwagen anlief, hatten diese zwar einige Innovationen aufzuweisen (z. B. erster serienmäßiger Frontantrieb in einem deutschen Automobil), doch die technische Unausgereiftheit der Modelle und die vielen Veränderungen, die an ihnen vorgenommen wurden, verärgerten die Käufer und kratzten beträchtlich am bisher makellosen Image des Stettiner Autobauers, an dem seit 1916 die Stadt Stettin Mehrheitseigner war. Im Zweiten Weltkrieg in die Rüstungsproduktion eingespannt, wurde Stettin nach dem Zweiten Weltkrieg Polen zugeschlagen. Die Stoewer-Produktionsanlagen wurden demontiert und verschwanden in der UdSSR, in der ehemaligen Fabrik produzierte später Polski-Fiat.

Stoewer LT4 von 1910. (Foto: Lglswe, © GLFD)

1937 brachte Stoewer eine neue Modellreihe mit Vier- (Sedina) und Sechszylinder- (Arkona) Motoren auf den Markt. Die Fertigung endete kriegsbedingt 1940, das Werk wurde nach der Kapitulation demontiert. (Foto: © Lothar Spurzem, CC-BY-SA-4.0)

Stoewer D9 8/32 Tourenwagen von 1923. Unter der Haube saß ein 2,3-Liter-Vierzylinder mit seitlich stehenden Ventilen. (Foto: © Bahnfrend, CC-BY-SA-4.0)

Stoewer Greif Junior, gebaut von 1935 bis 1939. (Foto: Buch-t, © GLFD)

Stoewer, Stettin, gehörte zu den ganz großen Marken der Vorkriegszeit. Auch im Rennsport war die Firma höchst erfolgreich. Beim Solitude-Bergrennen 1925 ging gleich eine ganze Armada an Stoewer 10/50 PS Typ D 10 Sport-Tourenwagen an den Start.
(Foto: © Daimler AG).

Wanderer W3, 5/12 PS, Vierzylindermotor in Reihe 1,2 Liter, 12 PS, gebaut von 1914 bis 1919.
(Foto: © Audi AG)

Der Wanderer W11, hier als offener Tourenwagen, kam mit seinem 2,5 Liter großen und 50 PS starken Sechszylinder-Reihenmotor 1928 zu einem ungünstigen Zeitpunkt auf den Markt.
(Foto: © Audi AG)

Der Wanderer W45 von 1936 kombinierte den großen 55-PS-Sechszylinder aus dem W50 mit der Karosserie der kleineren Vierzylinder-Typen W40. Alle Modelle verfügten über eine Einzelradaufhängung (»Vollschwingachser«).

WANDERER

Drei Exemplare dieses Wanderer W24 wurden 1938 für die 4700 km lange Fernfahrt Lüttich-Rom-Lüttich gebaut. Die Originale sind verschollen, die Audi AG hat die drei Siegerwagen nachbauen lassen. (Foto: © Audi AG)

Am Anfang der Wanderer-Geschichte stehen zwei Fahrradenthusiasten: Johann Baptist Winklhofer aus München und Nähmaschinenhändler Richard Adolf Jaenicke fanden sich im Februar 1885 im sächsischen Chemnitz zu einer Gesellschaft zusammen, die vor allem mit dem Verkauf und der Reparatur von Fahrrädern ihr Geld verdiente. Die »Chemnitzer Velociped-Depôt Winklhofer & Jaenicke« profitierte vom einsetzenden Fahrradboom und schraubte zuerst nur wenige, dann immer mehr eigene Hochräder selbst zusammen, die den Markennamen »Wanderer« erhielten. Als der Markt die modischen und sicheren Niederräder verlangte (die im Grunde genommen unseren heutigen Fahrrädern entsprachen), waren die »Wanderer« nicht mehr zu stoppen: Um die Jahrhundertwende gehörten die Sachsen zu den wichtigsten Fahrradanbietern im Deutschen Reich, hielten verschiedene Patente – unter anderem eines für die erste deutsche Zweigang-Nabenschaltung – und bauten außerdem Werkzeugmaschinen und die »Continental«-Büromaschinen.

Der Weg zum Motorrad lag nahe. 1902 fing man damit an, knapp drei Jahrzehnte später, 1929, hörte man damit auf: Die Marke JAWA verdankt den Wanderer-Motorradkonstruktionen ihre Existenz. Vom motorisierten Zweirad war es dann aber nicht mehr weit zum Auto, und nachdem man lange genug herumgebastelt hatte, konnte man 1911 auf dem Berliner Autosalon den Wanderer 5/12 PS Typ W1 zeigen. Ein weiterer Prototyp folgte, die Serienausführung hieß W3 5/15 PS, war 1,5 m breit, 3 m lang und hatte zwei hintereinander liegende Sitze. Dieser erste Wanderer wurde der erfolgreichste, er wurde bis 1926 in verschiedenen Weiterentwicklungen rund 9000 Mal gebaut, zuletzt als W8 5/15 PS mit drei bis vier Sitzen und einer Tür auf der linken Seite. Im Krieg rüsteten die Chemnitzer (die Produktion war ins benachbarte Schönau verlegt worden, wo jede Menge Raum zur Erweiterung der Werksanlage bestand) des Kaisers Heer aus. Die beiden Gründer hatten sich inzwischen zurückgezogen, Winklhofer, zurück in München, baute im Bayerischen dann eine Munitionsfabrik auf – bis 1918 eine echte Goldgrube. Danach produzierte Winklhofer dort Ketten, die JWIS-Ketten gibt es auch heute noch.

Nach dem Krieg investierte Wanderer kräftig weiter, nur kurz zerzaust von der Hyperinflation 1923. Doch wer Mitte der Zwanziger eine Autofirma besaß, hatte ein Problem: Die ausländischen Automobilhersteller, allen voran die aus den USA, die ihre Fahrzeuge in Großserie produzierten, brachten ihre Autos für billiges Geld ins Land, die Deutschen mit ihren veralteten Fertigungsmethoden sahen steinalt aus. Wanderer machte aus der Not eine Tugend, stellte auf Fließbandfertigung um und pumpte Geld in ein neues Automobilwerk. Die erste komplette Nachkriegs-Neuentwicklung, der 1,5-Liter-Vierzylinder-Viersitzer W6 6/18 PS aus dem Jahre 1921, und deren Nachfolger W9 6/24 PS von 1923 erschienen. Sie waren solide und konventionell, aber auch richtig gut verarbeitet. Ende 1925 kam der relativ moderne W10/I 6/30 PS auf den Markt, im Folgejahr der W10/II 8/40 PS.

Mit der Weltwirtschaftskrise 1929 kam ein weiterer neuer Wanderer, das Timing hätte nicht schlechter sein können: Der Oberklasse-Sechszylinder-Typ W11 gelangte just zu einer Zeit auf den Markt, als jeder sein Geld zusammenhielt. Aus diesem Typ entstand der Typ W14, den Wanderer bei Ferdinand Porsche entwickeln ließ: Der Österreicher hatte sich gerade in Stuttgart mit seinem Konstruktionsbüro selbständig gemacht, Wanderer war sein erster namhafter Kunde. Er brachte die Sachsen in Sachen Technik auf Vordermann, entwickelte moderne OHV-Vierzylinder in verschiedenen Hubraum- und Leistungsstufen und dann, als Krönung, einen Dreiliter-Sechszylinder mit 65 PS, der auf dem Pariser Salon 1931 als W14 Sport Premiere feierte: Ein hinreißendes, rund 100 km/h schnelles Cabriolet mit Gläser-Karosserie, aber mit 12.400 Reichsmark so teuer, dass sich das keiner leisten wollte: 24 Autos wurden gebaut.

Mit seinen Fahrzeugen bot Wanderer solide Mittelklasse, kam aber auf keinen grünen Zweig, daher musste auf Druck der Gläubiger die Autosparte am 1. Januar 1932 an die Auto Union abgegeben werden – Wanderer wurde zum vierten Ring des neuen Autokonzerns und fährt als solcher noch heute am Kühlergrill eines jeden neuen Audi mit.

WEITERE MARKEN

NAG

Zu den großen Visionären der Automobil-schichte gehörte auch der Generaldi-rektor des Elektrounternehmens »AEG«, Emil Rathenau, der 1901 einen ersten kleinen Autobauer kaufte und daraus die »NAG – Neue Automobil-Gesellschaft« formte. 1903 erschienen die ersten Wagen, die von Anfang an als ausgereift und zuverlässig galten. Sogar der deutsche Kaiser fuhr NAG. 1912 zur Aktiengesellschaft umge-wandelt, begann das Unternehmen 1920 mit der Produktion des ersten Nachkriegstyps.

Bei diesem NAG Typ C 10/30 PS handelte es sich um eine aufgewärmte Vorkriegsentwicklung, es gab davon auch eine Rennversion Typ C4b. Die Zahlen waren schlecht, NAG schloss sich nach General-Motors-Vorbild mit den Automobilherstellern Brennabor, Hansa und Hansa-Lloyd zur »GDA« (»Gemeinschaft Deutscher Automobilfabriken«) zusammen. Die GDA scheiterte, NAG versuchte, durch Zukauf der Marken »Presto« und »Protos« 1926/27 zu überleben. Zwischen 1926 bis 1933 entstanden unter sehr hohen Entwicklungskosten der NAG-Protos Sechszylinder und später der NAG V8. Letzterer wurde aber in seinen beiden Ausführungen 218 und 219 lediglich 50 Mal verkauft, und der überhastet 1933 auf den Markt gebrachte kostengünstige Kleinwagen NAG Voran Typ 220 ruinierte den guten Ruf der Marke vollends: Der Mutterkonzern AEG zog 1934 bei NAG den Stecker.

Protos

Mit der Übernahme durch NAG verschwand Protos 1927 vom Markt. Das Unternehmen hatte 1900 einen ersten, sehr aufwändigen Kleinwagen präsentiert, die Weiterentwicklung von 1904 hatte einen weit weniger komplizierten Vierzylindermotor und war erfolgreicher. Es folgten diverse Sechszylindermodelle. Bei der weltweit beachteten ersten Langstrecken-rallye von New York westwärts und durch Asien nach Paris belegte eine Protos 17/35 hinter dem siegreichen Itala den zweiten Rang. Der Prestige-erfolg verhinderte aber nicht die Übernahme 1909 durch Siemens-Schu-ckert. Deren Chefkonstrukteur verpasste den Protos ein neues Kühlerde-sign und setzte dahinter neue Vier- und Sechszylindermotoren. Topmodell war der 6,8-Liter-Achtzylinder mit elektrischem Anlasser von 1913. Nach dem Krieg fasste die Marke nie wieder richtig Fuß, was zum Einstieg von NAG führte.

Röhr

Die Firma Röhr war eine Gründung des ehemaligen Flugzeugkonstrukteurs Hans Gustav Röhr, der mit innovativen Ideen den Autobau revolutionierte: Er entwickelte eine vordere Einzelradaufhängung und einen neuen, schwer-punktgünstigeren Tiefbettrahmen. Mit diesen Konstruktionsmerkmalen erschien 1927 der Röhr 8 mit Zweiliter-Achtzylindermotor und Autenrieth-Karosserie. Der »sicherste Wagen der Welt« wurde aber nur drei Jahre lang gebaut, es folgte 1930 der Konkurs und 1931 die Neugründung als Neue Röhr Werke AG mit einem neuen 3,3-Liter-Aluminium-Achtzylindertyp. Die Kleinwagen-Kunden sollte der Röhr Junior von 1933 bedienen, ein Wagen nach Tatra-Lizenz mit luftgekühltem 1,5-Liter-Vierzylinder-Boxermotor. 1935 kam es erneut zum Konkurs. Produktionseinrichtungen und Tatra-Lizenz gingen an Stoewer, Stettin.

Protos Typ C 10/30 PS von 1925 mit offener Tourenwagen-Karosserie. Charakteristisch für den Hersteller war die Kühlermaske. (Foto: © Buch-t)

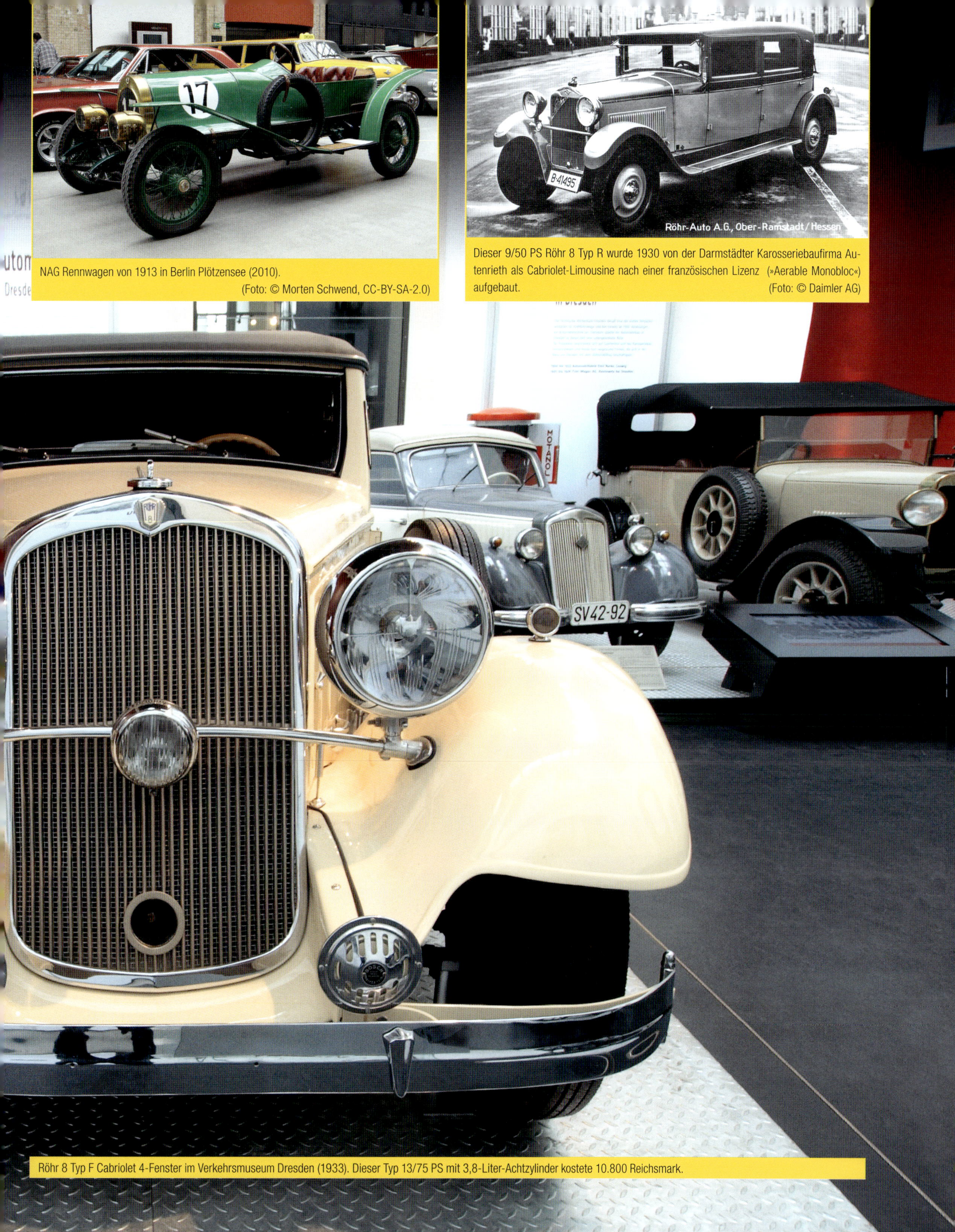

NAG Rennwagen von 1913 in Berlin Plötzensee (2010).

(Foto: © Morten Schwend, CC-BY-SA-2.0)

Dieser 9/50 PS Röhr 8 Typ R wurde 1930 von der Darmstädter Karosseriebaufirma Autenrieth als Cabriolet-Limousine nach einer französischen Lizenz (»Aerable Monobloc«) aufgebaut.

(Foto: © Daimler AG)

Röhr 8 Typ F Cabriolet 4-Fenster im Verkehrsmuseum Dresden (1933). Dieser Typ 13/75 PS mit 3,8-Liter-Achtzylinder kostete 10.800 Reichsmark.

DIE KLEINSTEN

Das Kriegsende und die sich nach 1948 wieder normalisierende Wirtschaft führten zur dritten großen Gründungswelle in der deutschen Automobilgeschichte. Die Vorzeichen waren aber anders, daher schlugen auch die Wogen der Begeisterung weit weniger hoch als zuvor: Knapp 30 Firmen warfen ihre Hüte in den Ring, und die meisten suchten im Bau von Klein- und Kleinstwagen ihr Glück. Zwei Drittel davon wiederum waren eigentlich Motorradhersteller, die sich mit ihren primitiven Kleinstwägelchen ein Stück vom großen Kuchen der Massenmotorisierung abschneiden wollten. Wie schon andere Marken Jahrzehnte davor, setzten sie dabei auf Zweitaktmotoren, die sie bei renommierten Motorenproduzenten wie Fichtel & Sachs oder auch ILO einkauften. Nachdem der Volkswagen aber ins Rollen gekommen war, verschwanden diese Asphalt-Blasen in Rekordzeit wieder von der Bildfläche.

Der vielleicht bekannteste Kleinstwagen der Fünfziger war wohl der Kabinenroller der ehemaligen Flugzeugfabrik Messerschmitt. Die Besatzung saß hintereinander, die Kuppel wurde wie bei einem Jagdflugzeug geöffnet, indem man sie zur Seite hob. Heute ein extrem gesuchter Klassiker. (Foto: © Bonham's Auctions)

BRÜTSCH

Egon Brütsch wurde 1909 als Sohn einer Stuttgarter Industrieellenfamilie geboren. Daher war genug Kleingeld vorhanden, um dem Rennsport zu frönen, auch in der ersten Nachkriegszeit, in der er einen Maserati-Motor in seinen Monoposto setzte. Brütsch baute anschließend Miniaturrennwagen für Kinder reicher Leute und wandte sich dann dem sogenannten »Kleinstwagenproblem«zu. An Motorfahrzeugen für diejenigen, die sich kein Auto leisten konnten, dokterten damals viele herum, Brütsch aber beschritt Neuland: Sein Entwurf, der »Spatz 200«, verfügte über eine Kunststoffkarosserie und war somit das erste deutsche Fahrzeug aus dem neuen Werkstoff. Brütsch entwickelte eine zweiteilige Kunststoff-Karosserie, die mit einem Stoßband zusammenfügt wurden. Dies erlaubte eine außergewöhnlich kostengünstige Bauweise, und noch mehr sparte Brütsch durch die Tatsache, dass seine Mini-Roadster kein Fahrgestell aufwiesen, sondern die Achsen direkt in der Bodenwanne lagerten. Im Dezember 1954 fand sich ein Interessent für dieses Vehikel, der Bohrmaschinenfabrikant Harald Friedrich (Alzmetall) erwarb den Prototypen gegen Zahlung von 20.000 Mark für den Prototypen und einen Lizenzvorschuss von 5000 Mark. Für jeden gebauten Spatz sollte Brütsch dann eine Lizenzzahlung in Höhe von 35 Mark erhalten. Nach gar nicht mal so ausgiebigen Probefahrten erwies sich schnell die Untauglichkeit der von Brütsch entwickelten Konstruktion. Es kam zu Rechtsstreitigkeiten; neben der Einmalzahlung sind wohl keine weiteren Lizenzgelder geflossen, wiewohl der Spatz dann als Victoria eine Wiederauferstehung erlebte.

Brütsch machte indessen unverdrossen weiter. Er entwickelte in rascher Folge weitere Kunststoff-Flitzerchen in Schalenbauweise, mit stabilerem Stahlrohrrahmen, wo auch die Räder angelenkt waren. Die potentiellen Partner der Fahrzeugbau Brütsch hielten sich aber zurück, weder der einsitzige, dreirädrige Zwerg mit der Technik des DKW Hobby Motorrollers mit seiner stufenlosen Riemen-Automatik noch die Mopetta mit dem 50-Kubik-NSU-Motor, die steuer- und versicherungsfrei hätte laufen dürfen, waren lizenzfähig. Das verkleidete Moped sollte sogar schwimmfähig sein, da aber der Motor außen lag, hätte dieser den Einsatz in der Badewanne kaum überlebt. Die Mopetta war zwar nicht fahrfertig, aber klein, originell und außergewöhnlich günstig: Sie sollte 750 Mark kosten. Der Frankfurter Opel-Händler Georg von Opel wollte daraufhin die Mopetta als »Opelit« in Serie bauen, dann aber mit Horex-Technik; bei Horex sollte das Vehikel auch gebaut werden. Die offizielle Begründung für den Ausstieg von Opel aus dem Projekt wurde mit Rechtsstreitigkeiten mit der Adam Opel AG erklärt; mutmaßlich waren es aber die Schwierigkeiten mit der Abstimmung und auch die Kosten. Parallel zur Mopetta schuf Egon Brütsch die Rollera, die wiederum eine verkleidete Version des Motorrollers sein sollte mit ähnlichem Konstruktionsprinzipen. Wiewohl etwas stärker motorisiert, war auch diese Konstruktion untauglich und -verkäuflich. Brütsch focht das nicht an. Nachdem Victoria mit dem Spatz auf den Markt gekommen und der Bruch nicht mehr zu kitten war, konterte Brütsch mit ähnlichen Kunststoff-Roadstern auf Stahlrahmen, dem »Bussard« (gezeigt auf der IFMA 1956) und dem »Pfeil« mit einem hinten hochklappbaren Hardtop; zeitweise liefen sogar Prototypen mit Flügeltüren. Letzte Entwicklung war der »Volkszweisitzer« von 1957, wiederum ein Kunststoff-Autochen mit Motorradmotor. Immerhin: Das Gefährt war so gelungen, dass ein indonesischer Interessent Brütsch den Auftrag gab, das Vehikel zur Serienreife zu bringen. Brütsch legte ein vollwertiges Fahrzeugkonzept vor, das auf dem neuen Fiat 500 von 1957 basierte. Er baute darauf einen Kunststoff-Zweisitzer mit kleinen Heckflossen, in Zweifarben-Lackierung und mit gewölbter Frontscheibe. Natürlich liefen auch bei diesem Projekt die Kosten aus dem Ruder; der Indonesier verzichtete, Daraufhin gab Brütsch den Autobau auf.

Brütsch Mopetta von 1957.

(Foto: © MBV /Zumbrunn)

Rahmen und Karosserie dieses Sportwagens von 1954 sind Brütsch-Konstruktionen, Fahrwerk, Motor, Getriebe und weitere Technik stammte vom Ford 12 M.
(Foto: Archiv MBV)

Der Brütsch V2 von 1957, der Volkszweisitzer von Egon Brütsch.   (Foto: Buch-t, © CC)

Der Brütsch Spatz 200 war das erste deutsche Auto (sofern man diese Bezeichnung wählen möchte) aus Kunststoff. Die zweiteilige Schale wurde an der umlaufenden Stoßleiste zusammengefügt.
(Foto: Dr. Paul Simsa)

Das Fuldamobil S-7 erhielt gegenüber seinem Vorgängermodell eine aerodynamische Kunststoff-Karosserie. (Foto: © Archiv Motorbuch Verlag/Zumbrunnt)   (Foto: © MBV / Zumbrunn)

Das Fuldamobil S-7 von 1963, hier ein Lizenzbau der schwedischen Firma Fram King.   (Foto: © Archiv Motorbuch Verlag/Zumbrunn)

FULDAMOBIL

Die Anfänge des Fuldamobils reichen zurück bis in das Jahr 1950, als der Fabrikant Karl Schmitt mit dem Prototyp eines rund drei Meter langen Kleinwagens debütierte. Seinen ersten Auftritt hatte das Gefährt im Fuldaer Karnevalszug, solange bis der Motor überhitzte. Es besaß einen Rohrrahmen, nur drei Räder und eine Karosserie aus Stahlblechen über einem Holzrahmen. Glatte Karosserieflächen, eine relativ kleine Front und ein kaum zerklüfteter Unterboden ermöglichten dem leer 310 Kilogramm wiegenden Auto eine Höchstgeschwindigkeit von 65 km/h.

1951 folgte die zweite Version, mit einem 250er-Zweitakt-Einzylinder von Baker & Pölling (75 km/h), wiederum drei Rädern, drei Vorwärtsgängen im Hurth-Getriebe und Kunstleder-Bespannung über einem Holzgestell, das auf einem Zentralrohrrahmen ruhte. 26 Coupés und 22 Roadster fanden Abnehmer.

Die Dreirad-Technik geriet allerdings in die Kritik, weshalb 1956 zwecks besserer Traktion und erhöhter Fahrsicherheit mit dem Typ S-4 zusätzlich eine serienmäßige Vierrad-Version erschien. Von 1952 bis 1955 gab es den Typ N-2 mit einem zweitaktenden 350er-Einzylinder von Fichtel & Sachs. Bereits 1954 debütierte das Modell S-1 mit Ilo-Motor und 9,5 PS Leistung. Das Leergewicht stieg auf 375 Kilogramm, die mögliche Höchstgeschwindigkeit lag nun bei 80 km/h.

1957 änderte sich das Fuldamobil mit dem Modell S-7 gravierend: Stahlrohrrahmen und Sperrholz-Bodenplatte blieben, aber darüber spannte sich nun eine modern wirkende, aerodynamisch ebenfalls günstige Kunststoff-Karosserie. Das zweitürige Coupé firmierte nun offiziell als 2+2-Sitzer. Es wurde vom gleichen 191-cm^3-Zweitakter angetrieben, der auch im Messerschmitt-Kabinenroller verbaut war.

1965 erreichte das Fuldamobil mit dem 10 PS starken 200er-Viertaktmotor von Heinkel eine Höchstgeschwindigkeit von 85 km/h. Bis 1969 wurden immerhin 260 Exemplare verkauft. Erstaunlich ist, dass das Fuldamobil trotz seiner offensichtlichen aerodynamischen Schwächen 1954/55 nicht nur von der NWF (Nordwestdeutscher Fahrzeugbau in Wilhelmshaven) in 701 Exemplaren als Lizenzbau gefertigt wurde, sondern auch im Ausland: In Holland wurde es als Bambino gebaut, in Schweden entstand es bei FramKing, in Großbritannien baute es York Nobel, in Griechenland wurde es bis 1975 als Attica 200 hergestellt. In Deutschland wurden in fast 20 Jahren rund 2900 Fuldamobile gebaut.

Die Gesamtbauzeit des S-7 lief von 1957 bis 1969. Bis dahin wurden rund 700 Exemplare gebaut. (Foto: © Archiv Motorbuch Verlag/Zumbrunn)

HEINKEL/ KLEINSCHNITTGER

HEINKEL

Der eigenbrötlerische Flugzeugkonstrukteur Heinkel (1888–1958), ein sturer Schwabe aus dem Remstal, war einer der fähigsten deutschen Flugzeugkonstrukteure. Er hatte 1922 an der Ostsee die Ernst Heinkel Flugzeugwerke Warnemünde gegründet, die sich bis 1945 zum größten und wichtigsten Flugzeughersteller Deutschlands entwickelt hatten. Nach dem Zusammenbruch konnte Heinkel erst 1950 in seinem letzten verbliebenen Werk in Stuttgart-Zuffenhausen wieder tätig werden. Seine Heinkel AG entwickelte und fertigte zunächst im Fremdauftrag verschiedene Motoren und Getriebe, so für DKW, Saab, Veritas und Tempo – bevor man mit 1953 mit dem Großroller Tourist einen ersten großen Erfolg landete. Als zehn Jahre nach Kriegsende in Deutschland der Flugzeugbau wieder erlaubt wurde, erwarb Heinkel in Speyer ein Werk. Dort lief dann auch Heinkels Beitrag zum Wirtschaftsaufschwung vom Band, sein Rollermobil. Diese Heinkel-Kabine stützte sich auf die Antriebstechnik des robusten Tourist-Rollers mit 175, später dann 198 beziehungsweise 204 ccm. Modern waren die OHC-Einzylinder-Viertaktmotoren auf jeden Fall. Allerdings war die »Kabine« von Anfang an ein Zuschussgeschäft, trotz aller Exporterfolge. Je nach Exportland und Steuergesetzgebung gab es Ausführungen mit drei und vier Rädern, in jedem Fall obligatorisch war der Fronteinstieg, weshalb man der Heinkel-Kabine immer wieder vorwarf, nur eine Isetta-Kopie zu sein. Damit allerdings täte man dem rastlosen Ingenieur Heinkel unrecht, seine Asphaltblase hatte eine selbsttragende Karosserie, von einem Isetta-Klon konnte schon deshalb keine Rede sein. Die Kabine – ein Prototyp war 1955 gezeigt worden – bot zwei Erwachsenen und zwei kleineren Kindern durchaus Platz. Neben dem 175-ccm-Modell kam zur IFMA noch ein 200-ccm-Modell heraus, der Typ 154. Durch dessen viertes Rad musste das Fahrzeugheck etwas breiter gehalten werden, wobei die beiden Hinterräder so nahe beieinander standen (Spurweite hinten 220 mm), dass man von einem Zwillingsrad sprechen konnte. Das 10-PS-Modell kostete DM 2750,-. 1957 wurden der Dreirad-Typ, 1958 auch der größere Typ 154 eingestellt und die Produktionsanlagen und -rechte an der Kabine an Trojan verkauft.

KLEINSCHNITTGER

Kabinenroller, Isettas und Goggomobile gehörten in den Fünfzigern zum Straßenbild, doch aus der Masse dieser Skurrilitäten stach ein Wägelchen hervor, das noch kleiner und bemerkenswerter als all die anderen Fahrzeuge war.

Der Kleinstwagen war nach seinem Erbauer benannt. Paul Kleinschnittger hatte bereits 1939 mit der Entwicklung eines Kleinwagens begonnen. Der fahrbare Untersatz hatte zwar nur einen Scheinwerfer und keine Winker, wirkte aber so interessant, dass sich nach 1945 ein Finanzier fand. Das neue Unternehmen siedelte sich auf einem ehemaligen Wehrmachtsgelände im sauerländischen Arnsberg an. Der 50-Mann-Betrieb produzierte zwischen 1950 und 1954 einen sehr kleinen, sehr offenen Zweisitzer mit Notverdeck und Frontantrieb. Gestartet wurde von Hand, ein Scheibenwischer wurde als ebenso überflüssig erachtet wie ein Rückwärtsgang. Der 70 km/h schnelle Zweisitzer mit den tiefen Türeinschnitten hatte eine Aluminiumkarosserie und bot tatsächlich zwei Personen Platz. Mit einem Gewicht von 170 Kilogramm war dieser »fahrende Regenschirm«, so ein damaliger Spitzname, durchaus ein ernstzunehmender Kleinstwagen-Entwurf.

Auf der Internationalen Fahrrad- und Motorradausstellung 1956 kündigte Kleinschnittger eine neue Fahrzeugfamilie an, nunmehr mit selbsttragender Stahlkarosserie, Rückwärtsgang und einem 14,8 PS starken 250er-Zweitakttwin aus dem Hause Ilo. Der Wagen sollte rund 300 Kilogramm wiegen und 100 km/h schaffen. Allerdings war längst klar, dass diese Pläne nur mit viel Optimismus umzusetzen waren: Die Produktion des F 125 war 1954 praktisch aus-, die Zeit der Kleinstwagen -abgelaufen, was natürlich am Käfer lag. Der neue F 250 ging nie in Serie, und die Firma im Sauerland musste im August 1957 Konkurs anmelden.

Die Heinkel Kabine wurde von 1956 bis 1958 in Speyer gebaut. Anfangs besaß sie einen Motor mit 175 cm³, später waren es 204 bzw. 198 cm³.   (Foto: Stahlkocher, © GLFD)

Auch der Kabinenroller hatte einen Fronteinstieg, allerdings mit starrer Lenksäule.

Sehr klein, sehr offen, aber immerhin mit einem Notverdeck ausgestattet: Der Kleinschnitt-ger F 125, ein »fahrender Regenschirm« ohne Scheibenwischer, schaffte 70 km/h.

(Foto: Softeis, © GLFD)

Der Kleinschnittger F 250 S wurde auf der IAA im Herbst 1955 vorgestellt. Der dreisitzige Kleinstwagen mit 250er Ilo-Motor und 15 PS sollte eine Spitzengeschwindigkeit von 100 km/h erreichen. Die rechte Tür war nur von innen zu öffnen. Er sollte 2985 Mark kosten.

(Foto: Archiv Verlagsarchiv)

Die britische Firma Trojan hatte schließlich Produktionsanlagen und Rechte an der Kabine erworben. Von ihr stammte denn auch dieses Exemplar von 1962. (Foto: Jonny Hansson, © CC)

Die letzte Generation des Messerschmidt-Kabinenrollers: der TG 500. (Foto: Dr. Paul Simsa)

Kabinenroller KR 175, aufgeklappt. (Foto: Mytho 88, © GLFD)

Der KR 200, das verbesserte Nachfolgemodell des KR175, verfügte u. a. über Stoßdämpfer und Innenraumheizung. (Foto: Akela NDE, © CC)

MESSERSCHMITT

Im April 1947 eröffnete der Flugzeugingenieur Fritz M. Fend im bayrischen Rosenheim eine technische Fertigungsstätte. Neben mancherlei kleinen Lohnaufträgen bastelte Fend dort ein dreirädriges Versehrtenmobil für einen Kunden. Fends erste Kunden waren Versehrte mit Prothesen und/oder Krücken Das funktionierte so gut, dass der Versehrtenverband gleich 50 Stück von diesem Typ bestellte.

Als nach der Währungsreform 1948 wieder Fahrradhilfsmotoren zur Verfügung standen, investierte er in den Ankauf eines solchen Aggregats und setzte es in das Heck seines Versehrten-Dreirads. Dem Vehikel mit dem Victoria-Hilfsmotor folgte eine Ausführung mit 100er-Sachs-Motor. Der Einsitzer mit der Bezeichnung »Flitzer 100« war ein erster Erfolg, der große Durchbruch glückte Fend mit dem im April 1949 gezeigten Flitzer mit dem 4,5 PS starken Zweitaktmotor von Motorfahrrad-Hersteller Riedel und drei gleichgroßen Acht-Zoll-Rädern.

Die Nachfrage war für ihn aber nicht zu bewältigen, es fehlte der Platz ebenso wie das Geld: der Mitdreißiger klopfte bei den Messerschmittwerken in Regensburg an. Dort war man nicht auf Anhieb begeistert, wünschte eine zweite Sitzgelegenheit, eine anständige Optik und noch weitere Verbesserungen, die die Konstruktion zu einem vollwertigen Autoersatz machen sollten. Das Ergebnis aller Bemühungen wurde dann als »Kabinenroller« bezeichnet und im Februar 1953 ausgeliefert. Der »Messerschmitt KR 175« hatte einen 175 Kubikzentimeter großen Einzylinder-Zweitaktmotor von Fichtel & Sachs mit einer Leistung von neun PS und einer seitlich wegklappenden Einstiegshaube, angeblich die Cockpithaube des Jagdflugzeugs Me 109 – »Menschen in Aspik« spottete damals der Volksmund.

Auch wenn der Tagesausstoß des Zweisitzers mit dem Klappdach alsbald auf über 20 Fahrzeuge anstieg: Ausgereift waren die Kabinenroller nicht. Dennoch: »Die Grundidee des Kabinenrollers ist goldrichtig«, lobte die ADAC Motorwelt im Juli 1954, die auch Straßenlage, Wendigkeit und Beschleunigung als vorbildlich bezeichnete. Die Schwachstellen der Konstruktion wurden in der laufenden Serie behoben, der Monatsausstoß stieg zeitweise auf 1200 Exemplare an.

Im März 1955 erschien das Nachfolgemodell KR 200; zu den großen Fortschritten gehörten das verbesserte Platzangebot für den Beifahrer, der stärkere Motor, die Verbesserungen am Fahrwerk und hier insbesondere der Einbau von Stoßdämpfern, die Innenraumheizung – und der Scheibenwischer mit Elektroantrieb. Die Spitze stieg auf 95 km/h, gutgehende Karos knackten auch die 100-km/h-Marke. Dazu kam eine gefälligere Optik. Dennoch hatte der Karo seinen Zenit überschritten, trotz aller Versuche, das Konzept noch am Leben zu erhalten: Zur IFMA 1956 war der FMR KR 201 Roadster (laut Messebericht auch als Me 201 bezeichnet) erschienen, ein preisgünstiges Einstiegsmodell, das keine 2000 Mark kostete. Klappverdeck und Seitenscheiben kosteten extra, die Schlangenleder-Ausstattung war allerdings nur beim Ausstellungsstück zu sehen. Die Messerschmitt-Werke hatten sich zu dem Zeitpunkt allerdings bereits wieder dem Flugzeugbau zugewandt. Messerschmitt trennte sich von seiner Kabinenrollerproduktion; Fend und ein Zulieferbetrieb übernahmen Rechte und Anlagen, um gemeinsam ab Januar 1957 die Produktion unter der Bezeichnung »Fahrzeug- und Maschinenbau GmbH Regensburg« (FMR) weiterlaufen zu lassen. Im September 1957 brachte Fend mit dem vierrädrigen »Tiger« einen Kabinenroller mit 400- oder 500-Kubik-Motor zur Frankfurter Automobilausstellung IAA. Das vierte Rad am Wagen hatte erhebliche Änderungen an der Hinterachskonstruktion mit sich gebracht, Fend entwickelte dafür eine Dreiecklenker-Konstruktion, die unglaubliche Kurvengeschwindigkeiten erlaubte. Im Heck kreischte ein Zweizylinder von Fichtel & Sachs, der dem rund 300 Kilogramm schweren Tiger ein Spitze von knapp 140 km/h ermöglichte. Sein hitziges Temperament bescherte ihm allerdings ständig thermische Probleme und viele Motorschäden. Auch ansonsten lief es nicht rund, Lastwagenhersteller Krupp hatte sich den Namen Tiger für seine Hauber schützen lassen, aus dem Fend Tiger wurde der Tg 500. Geholfen hat es ihm nicht: 1964 endete die Karo-Geschichte nach rund 30.000 gebauten Fahrzeugen. Der Versuch, den Schritt vom Roller- zum vollwertigen Automobil zu vollziehen, war gescheitert.

Der TG 500 hatte vier Räder – eins mehr als seine Vorgänger.

SMART

Smart ist eine noch recht junge Automarke, deren Entstehungsgeschichte bis zum Beginn der 70er-Jahre zurückreicht. Da arbeitete das Mercedes-Benz Design Center in Irvine (USA) bereits am Thema »Auto der Zukunft« und war auf der Suche nach einer automobilen Lösung für den Stadtmenschen.

Der Mercedes-Benz-Entwickler Johann Tomforde entwarf dazu ein erstes Konzept eines 2,5-m-Autos. Weil zu dieser Zeit aber noch niemand wusste, wie sich in einem solch kleinen Gefährt mercedestypische Sicherheitsstandards verwirklichen lassen, dauerte es noch 25 weitere Jahre, bis dieser Entwurf auf der IAA im September 1997 als »smart city-coupé« seine Premiere feierte. Am 27. Oktober 1997 lief das erste smart city-coupé der Vorserie im eigens dafür errichteten Werk in Hambach vom Band, der Verkauf startete am 3. Oktober 1998 in fünf europäschen Ländern. Angeboten wurde es in sogenannten smart towers, gläsernen Türmen, die in den Zentren von zunächst rund 60 europäischen Städten errichtet worden waren und die innovative Markenkonzeption widerspiegeln sollten.

Zu den Käufern gelangte das Modell in den drei Varianten pure, pulse und passion. Alle waren sie 2,50 m lang, 1,51 m breit und 1,52 m hoch. Charakteristisch und das Erkennungsmerkmal des smarts war von Anfang an die farblich von den übrigen Karosserieteilen abgesetzte tridion-Sicherheitszelle, die für hohe Stabilität und im Verbund mit anderen Maßnahmen für eine passive Sicherheit sorgte, wie sie sonst nur bei viel größeren Fahrzeugen anzutreffen ist. Angetrieben wurde der Kleine von einem 598 cm³ großen Dreizylinder mit Turbolader, der in den verschiedenen Modellvarianten 45 (pure), 55 (passion) bzw. 61 PS (pulse) leistete. Serienmäßig verfügten alle Varianten über die ursprünglich gar nicht vorgesehene Fahrdynamikregelung trust plus, ein etwas abgemagertes ESP, das ab 2003 durch ein vollwertiges ESP ersetzt wurde. Diese nachträgliche Verbesserung war notwendig geworden, nachdem das city-coupé beim Elchtest mehrfach umgekippt war. 1999 gab es das city-coupé dann auch mit einem Dreizylinder-Diesel, der über Common-Rail-Direkteinspritzung verfügte, 799 cm³ Hubraum hatte und 41 PS leistete. Wiederum ein Jahr später kam der smart als Cabrio auf den Markt. Basierend auf dem city-coupé, bot das Cabrio Offenfahren in drei Stufen: Mit elektrisch geöffnetem Faltverdeck, mit zusätzlich mechanisch geöffnetem Heckverdeck und schließlich noch mit abmontierten seitlichen Dachholmen. Wem das dann immer noch nicht ausreichend Frischluft versprach, der musste sich noch zwei Jahre gedulden: 2002 gab es das Sondermodell smart crossblade – Offenheit auf maximalem Level, ohne Dach, ohne Türen und ohne Windschutzscheibe.

fortwo, roadster und forfour

Ebenfalls 2002 erhielten nicht nur die beiden ersten smart-Modelle neue Namen (smart fortwo Coupé bzw. Cabrio), auch das Unternehmen wurde umbenannt und hieß fortan kurz und bündig smart GmbH. Im Januar 2003 kam ein umfassend modellgepflegter fortwo auf den Markt. Die Benziner hatten nun wie der unverändert angebotene Diesel 698 cm³ und leisteten 50 bzw. 61 PS, der 41 PS starke Diesel blieb unverändert. Ab April 2003 ergänzten noch smart roadster und smart roadster-coupé die Modellpalette. Sie sollten die Dynamik des smart-Konzepts beweisen. Das galt um so mehr für die entsprechenden Brabus-Varianten, die dann jeweils über 101 PS verfügten. Der Erfolg blieb aber weit hinter den Erwatungen zurück. Ende 2005 endete die Produktion von Roadster und Roadster-Coupé nach insgesamt 43.000 Exemplare.

Etwas erfolgreicher agierte der 2004 erstmals angebotene forfour, ein vollwertiger Viersitzer auf kleinster Fläche. Den Fünftürer gab es als Benziner mit zwei Dreizylindern (1124 cm³ und 75 PS oder 1332 cm³ und 95 PS) oder einem Vierzylinder (1,5 l, 109 oder 122 PS). Als Diesel war der forfour mit einem 1493 cm³ großen Dreizylinder versehen, der wahlweise 68 oder 95 PS auf die Straße brachte. Auch vom forfour gab es 2005 zwei Brabus-Modelle, die mit ihrem jeweils 177 PS starken Vierzylinder-Turbo für eine Höchstgeschwindigkeit von 211 km/h gut waren.

Mit dem Bau dieses Kleinwagens betrat Mercedes-Benz völliges Neuland. Der Absatz blieb zunächst weiter hinter den Erwartungen zurück, lange Jahre war die Marke das Sorgenkind des Konzerns – neben Maybach. (Foto: Daimler AG)

Der Smart forfour war das Schwestermodell zum Mitsubishi Colt. Der Viersitzer war kein Erfolg. (Foto: Daimler AG)

Mercedes-Benz NAFA (Nahverkehrsfahrzeug) aus dem Jahr 1982.   (Foto: Daimler AG)

Das Mini-Stadtauto MCC von Mercedes-Benz aus dem Jahr 1994.   (Foto: Daimler AG)

Der Smart Roadster wurde zwischen 2003 und 2005 gebaut; er agierte nie so erfolgreich, wie sich seine Väter das gewünscht hätten.   (Foto: Daimler AG)

Mit »car2go« setzte die Daimler AG auf ein Mietwagen-Konzept für Ballungsräume; bei der »car2go edition« handelte es sich um das erste serienmäßig produzierte Carsharing-Fahrzeug weltweit. Dort liefen auch die ersten Elektro-Smart im Versuchbetrieb – wie hier am Windansea Beach in La Jolla, San Diego. (Foto: Daimler AG)

Die dritte Smart-Generation entstand in Zusammenarbeit mit Renault. Wie gehabt, verließ der Cityflitzer in drei Karosserievarianten das Smart-Werk im Elsass. Die Verkaufserfolge blieben aber stets hinter den Erwartungen zurück, sodass diese Generation die letzte war, die es mit konventionellem Verbrennungsmotor gab. In der vierten Generation 2020 setzt die Daimler AG voll auf den Elektroantrieb. (Foto: © Daimler AG)

Immer für eine Überraschung gut: Smart legte 2013 unter dem Motto »Elektrisierend. Elektrisch.« die »Smart fortwo edition by Jeremy Scott« auf. Das Designerstück gab's aber auch als Verbrenner. (Foto: © Daimler AG)

Doch war auch dem forfour kein langes Leben beschieden: Nach etwa 100.000 Exemplaren endete die Produktion im Sommer 2006 schon wieder.

2nd generation

2007 kam der smart fortwo der zweiten Generation auf den Markt. Und der war für den Kleinen deutlich größer geworden: Mit dem gleichen Konzept, aber in zahllosen Details erheblich verfeinert, schickte sich der smart fortwo an, jetzt auch den US-Markt zu erobern. 19 Zentimeter hatte er in der Länge zugelegt, der Radstand war um sechs Zentimeter gewachsen, und der neue smart versprach seinen Insassen damit so viel Platz wie auf den Vordersitzen einer C-Klasse. Immerhin: sieben Zentimeter mehr Beinfreiheit wurden gemessen und ein Plus im Gepäckabteil von 70 Litern. Im Heck des smart arbeitete jetzt ein zusammen mit Mitsubishi neu entwickelter Dreizylinder mit 1,0 l Hubraum, der wahlweise 61 oder 71 PS leistete, eine ebenfalls angebotene Turboversion brachte es gar auf 84 PS, und die Brabus-Variante setzte sich mit 98 PS an die Spitze. Auch ein Turbodiesel stand wahlweise zur Verfügung, der Dreizylinder schöpfte aus 0,8 l Hubraum 45 bzw. 54 PS.

Die vielleicht einschneidendste Verbesserung aber war dem Getriebe zuteil geworden. Die oft und lautstark kritisierten Schaltpausen des Vorgängers waren bei dem neuen automatisierten Fünfgang-Getriebe, das gemeinsam mit Getrag entwickelt worden war, erfreulich kurz, und der Fahrer konnte jetzt, wenn er denn wollte, beim Schalten sogar Gänge überspringen. Aber natürlich stand ihm auch weiterhin ein Vollautomatik-Modus zur Verfügung. Das änderte aber nichts daran, dass der Smart ein Akzeptanzproblem hatte und sich als Belastung für die Bilanzen des Gesamtkonzerns erwies: Die Aktionäre waren unzufrieden, daher wurde in der dritten Generation versucht, Kosten zu senken und durch Zusammenarbeit mit Renault (Twingo) die Wirtschaftlichkeit zu erhöhen.

3nd generation

2014 kam die dritte Generation auf den Markt. Der smart fortwo wurde in nahezu allen Bereichen verbessert und deutlich komfortabler. Viele Designmerkmale, beispielsweise die Scheinwerfer, Kühlluftgitter im Frontbereich und die bei Fans so gefeierte tridion Sicherheitszelle wiesen die Baureihe 453 als echten Smart aus. Das typische Heckmotorkonzept der Zweisitzer wurde erstmals auch im viersitzigen smart forfour angeboten, was bedeutete, dass der Renault Twingo zum Hecktriebler mutierte. Trotz der zusätzlichen Sitze konnte der forfour quasi auf dem Teller wenden: Eine Straße musste nicht breiter sein als 8,65 m (Bordstein zu Bordstein), um diesen Viertürer zu wenden. 2016 folgte das smart fortwo cabrio. Sein Clou war das »tritop« Faltverdeck: Auf Knopfdruck verwandelte sich der Winzling vom geschlossenen Zweisitzer zu einem Auto mit großem Faltschiebedach bis hin zum Cabriolet mit komplett geöffnetem Verdeck.

Für den Antrieb aller drei smart Modelle sorgen unter anderem moderne Dreizylinder-Benzinmotoren mit 71 und 90 PS, die Kraftübertragung war Sache eines Fünfgang-Schaltgetriebes oder einer Doppelkupplungs-Automatik.

Alle Modelle als Elektromobile erhältlich

Seit 2017 gab es alle drei Karosserieversionen zudem auch als elektrisch angetriebene Modelle. Die Marke war damit der weltweit einzige Autohersteller, der seine Modellpalette sowohl mit Verbrennermotoren als auch voll batterieelektrisch anbieten konnte: Angesichts von Dieselkrise und Innenstadtsperrungen für Verbrenner schien das der richtige Weg zu sein, um die Marke aus der Krise zu bringen. Seit 2017 ist smart in den USA, Kanada und Norwegen ausschließlich elektrisch unterwegs, ab 2020 soll es auch in Deutschland und Westeuropa ausschließlich smart mit batterieelektrischem Antrieb (smart EQ fortwo und smart EQ forfour) geben. Der Rest der Welt soll kurz darauf folgen.

VICTORIA/ZÜNDAPP

Victoria

Egon Brütsch, Erbe einer Strumpfwarenfabrik, Rennfahrer und Erfinder aus Stuttgart, beschäftigte sich seit 1954 mit der Entwicklung von Kleinwagen mit zweiteiliger Kunststoff-Karosserie. Die bekannteste Weiterentwicklung hieß Spatz, erschien 1956 und wurde bei den Bayerischen Automobil-Werke (BAG) gebaut. 1957 übernahm dann BAG-Partner Victoria, ein Motorradwerk in Nürnberg, den Bau, ersetzte den bisherigen 0,2-Liter-Einzylinder-Zweitakter von Fichtel & Sachs mit 10 PS durch einen eigenen 250er mit 14 PS und verkaufte ihn bis 1959 unter eigenem Namen.

ZÜNDAPP

Vorläufer des Janus war der von Flugzeugingenieur Claude Dornier (jr.) entwickelte Delta. Die Idee war nicht besonders neu (Heinkel und Messerschmitt waren schon vorher darauf gekommen), die Umsetzung dagegen schon: Die Dornier-Mannschaft, unbelastet von irgendwelchen automobilhistorischen Traditionen, ging mit frischen Ideen ans Werk.

Der Janus-Vorläufer debütierte auf der IAA 1955 und verblüffte gleich mehrfach, vor allem aber durch seine ungewöhnliche Sitzanordnung. Der viersitzige Kleinwagen besaß vorn und hinten je eine nach oben schwingende Tür, die Passagiere saßen Rücken an Rücken. Der Motor (ein Ilo mit 197 Kubik) saß in Wagenmitte zwischen den Sitzen. Der Mittelmotor bescherte dem Mobil eine besonders ausgeglichene Gewichtsverteilung. Das Rollermobil besaß völlig symmetrische Karosserieteile, das Design glänzte denn auch eher durch Zweckmäßigkeit als durch Schönheit. Der »Dornier Delta« ging jedoch nie in Serie, die Firma Zündapp kaufte die Lizenz des Wagens und entwickelte daraus den »Janus«.

Die Firma Zündapp, 1917 gegründet, litt besonders unter der Krise auf dem Zweiradmarkt der Mittfünfziger-Jahre. In der ersten Hälfte des Jahrzehnts durch den Motorradboom verwöhnt, suchte die Firma unter ihrem Chef Neumeyer händeringend nach einem Ersatz für die wegbrechenden Umsätze im Zweiradgeschäft. Als nach der IAA Dornier mit seinem Delta dann auf Käufersuche ging, griffen die Nürnberger zu. Vom »Delta« übernahmen sie im Prinzip nur das Konzept, der Rest war neu.

Im März 1957 war der nunmehrige »Janus« dann serienreif. Für Vortrieb sorgte eine 245 Kubik großer Einzylinder-Zweitakter samt angeblocktem Ziehkeilgetriebe. Vier Fahrstufen und ein Rückwärtsgang standen zur Verfügung; Elektrostarter und Kühlgebläse waren ebenso serienmäßig wie Hydraulikbremsen, belüftete Bremstrommeln und vier einzeln aufgehängte Räder (vorn Schwingen, hinten Pendelachsen): Von seinen Eckpunkten her war Zündapp mit dem Janus ein vielversprechendes Konzept in ansehnlicher Verpackung gelungen. Der Geräuschpegel war durch den innenliegenden Motor allerdings eine echte Zumutung, und mit der Rücken-an-Rücken-Anordnung (die an alte Flugzeuge erinnert) mochte sich auch nicht jedermann anfreunden. Außerdem war der Janus, bei voller Zuladung von 400 Kilogramm, mit seinen 14,5 PS überfordert. Die Zündapp-Techniker arbeiteten daher bereits an stärkeren Ausführungen mit 400, 500 und 600 Kubik, diese kamen allerdings nicht über das Versuchsstadium hinaus.

Zündapp, inzwischen in finanzieller Schieflage, verkaufte am 1. Juli 1958 sein Nürnberger Werk an die Firma Robert Bosch und verlegte den Firmensitz an den Standort München. Bei der Gelegenheit wurde auch gleich die Janus-Fertigung eingestampft, ebenso wie die Arbeiten an einem wunderschönen Sportcoupé mit Pininfarina-Karosserie. Die letzten Janus wurden im Oktober 1958 fertig, die Ersatzteilversorgung übernahm dann die Hans Glas GmbH in Dingolfing. Zündapp konzentriert sich anschließend wieder ganz auf den Zweiradbau, verpasste aber Ende der Siebziger den Anschluss an die Weltspitze: Wieder kam man zu spät, und der Käufer sorgte für die Höchststrafe: 1984 war Zündapp Geschichte.

Der Spatz hatte zwei Nachteile: er war zu teuer und stellte sich als leicht brennbar heraus. (Foto: © Archiv Motorbuch Verlag/Zumbrunn))

Der Spatz mit seiner zweiteiligen Kunststoff-Karosserie wurde von verschiedenen Herstellern in 1588 Exemplaren gebaut. (Foto: © Archiv Motorbuch Verlag/Zumbrunn))

Der von Brütsch ursprünglich als Dreirad gebaute Spatz wurde durch Victoria zum vierrädrigen Mobil.

Schnittzeichnung eines Zündapp Janus. (Foto: © Zündapp)

Aufgeklappte Front- und Hecktür an einem Zündapp Janus. (Foto: © Zündapp)

Auch wenn die drei jungen Damen alle durch die geöffnete Fronttür schauen: Im Zündapp Janus saßen die hinteren Mitfahrer mit dem Rücken zu den vorderen. (Foto: © Zündapp)

DIE MEISTVERKAUFTEN

Autofahren war bis in die Dreißiger Jahre hinein das Privileg der Reichen gewesen. Die meisten der deutschen Hersteller bedienten in erster Linie diese Zielgruppe. Natürlich war den Firmenbossen klar, dass in der Masse der Arbeiter und Angestellten ein viel größeres Absatzpotenzial schlummerte, doch fehlte es an tauglichen Konzepten, um brauchbare und erschwingliche »Volkswagen« anbieten zu können. Einen ersten, sehr gelungenen Versuch starteten die Lokomotivbauer aus Hannover mit dem »Kommissbrot«, der eine Weile sehr populär war. Das Dixi-Werk in Eisenach hingegen konnte sich die Lizenzrechte am Austin Seven sichern, der den Einstieg von BMW in den Autobau bildete. Ford hatte von Anfang an auf Großserienproduktion gesetzt, und auch Opel fand früh das richtige Rezept, um die Massen zu motorisieren. Und dann war noch der Volkswagen, der seine ganz eigene Geschichte schrieb. In diesem Kapitel versuchen wir einen raschen Überblick über die wichtigsten Marken und Modelle zu geben.

Es gibt noch immer kaum ein besseres Symbol für den deutschen Autobau als den »Volkswagen Typ 1«, den Käfer. In diesem Fall muss vom »Superkäfer« gesprochen werden, denn der VW 1303 hatte einen größeren Vorderwagen mit Panoramascheibe. (Foto: © Schwab, Slg. Kuch)

HANOMAG

Im Zeitalter der Industrialisierung nach 1850 war der Eisenbahnbau die Zugmaschine der wirtschaftlichen Entwicklung Deutschlands. Zuerst stammten die Lokomotiven aus England, bald bauten die Deutschen ihr rollendes Material im eigenen Lande. Zu den größten Anbietern gehörte die »Eisengießerei und Maschinenfabrik Georg Egestorff« aus Hannover, aus der dann in den 1870er Jahren die »Hannoversche Maschinenbau Actien-Gesellschaft« entstand. Die Hannoveraner bauten nicht nur Lokomotiven, sondern auch stationäre Dampfmaschinen, Pumpen und Heizanlagen, sogar mit Verbrennungsmotoren wurde experimentiert. Ab 1912 begann man – inzwischen war der Name auf das handlichere »Hanomag« verkürzt worden – mit der Herstellung von Landmaschinen, und mit dieser Vergangenheit lag der Schritt zum Personenwagenbau nahe: Die Zielgruppe ist einfach größer.

Der Ingenieur (und spätere Hanomag-Chefkonstrukteur) Carl Pollich entwickelte in den 1920ern dann für seine Arbeitgeber einen Kleinstwagen, der als »Komissbrot« bekannt werden sollte. Der Zweisitzer baute auf einem Leiterrahmenchassis auf und hatte im Heck einen kopfgesteuerten Einzylinder-Viertaktmotor mit 499 Kubik, der quer vor der starren Hinterachse eingebaut. Stoßdämpfer gab es keine, hinten fanden sich lediglich Schraubenfedern, vorne Querblattfedern. Das Gewicht des offenen Zweisitzers (der nur eine Tür hatte) lag bei 320 Kilogramm, die Spitze lag bei 60 km/h. Der Hanomag 2/10, wegen seiner Pontonform im Volksmund auch »Kommissbrot« genannt, war einfach, robust und mit 2175 Mark (1927) auch vergleichsweise günstig; knapp 16.000 Stück entstanden.

Enttäuschend konventionell dagegen waren die Nachfolger des Kommissbrots, die zwischen 1929 und 1931 gebauten Hanomag 3/16 PS und 4/20 PS mit 751, 797 und 1100 Kubik großen Vierzylindermotoren und Differenzial, angeblocktem Dreiganggetriebe und verschiedenen Stahlblech-Aufbauten über einem Hartholzgerippe. Auch die rund 12.000 Mal gebauten Nachfolgetypen 3/17 PS und 4/23 PS (1931–1934) boten ebenso wie die Garant- und Kurier-Typen (1934–1938) lediglich solide Hausmannskost, waren aber Indiz dafür, dass die mit Finanznöten kämpfende Firma ihre Zukunft auf der Straße sah: Den Lokomotivbau stellte man 1931 ein und begann, in den Lastwagenbau zu investieren.

Personenwagen, Lastwagen, Schlepper und dann die Rüstungsproduktion bildeten das Kerngeschäft. Mit den Jahren entfernte sich Hanomag vom Kleinstwagen-Gedanken, der Hanomag 1,3 Liter von 1939 war eine moderne, stromlinienförmige Konstruktion, die das Zeug dazu gehabt hätte, dem Volkswagen den Rang abzulaufen; der Hanomag Sturm war eine Sechszylinder-Limousine für die besseren Kreise und der Hanomag Rekord ein Pionier auf dem Gebiet des Diesel-Pkw. Technische Meisterleistung hin, ausgereifte Konstruktionen her: 1941 wurde die Serienfertigung von Personenwagen ein- und ganz auf Rüstungsproduktion umgestellt.

Nach dem Krieg hatte sich das mit den Haubitzen und Granaten erledigt. Jetzt waren wieder Schlepper angesagt und Lastwagen für den Wiederaufbau. Pollichs größter Wurf – er blieb bis 1962 Chefkonstrukteur von Hanomag – war der Schnelllastwagen L 28; kein Glück hatte sein zur IAA 1951 präsentierter Personenwagen Hanomag Partner mit Dreizylinder-Zweitaktmotor (wiewohl er dafür auch einen Zweizylinder-Boxermotor in der Schublade gehabt hätte) und selbsttragender Ganzstahlkarosserie. Der Partner mit Einzelradaufhängung und fünf Sitzen (Dreierbank vorne) hatte eine amerikanischen Tendenzen nachempfundene Pontonkarosserie, fiel beim IAA-Publikum aber durch – und das wollte schon etwas heißen in einer Zeit, da jeder fahrbare Untersatz heiß begehrt wurde. Die Hannoveraner ließen daraufhin die Finger vom Personenwagengeschäft und widmeten sich den größeren Kalibern. Das Unternehmen ging 1952 in der neu gegründeten Rheinstahl-Union auf, nach einer Reihe von Namensänderungen und Umfirmierungen war die Rheinstahl-Hanomag AG dann bis 1971 im Schlepperbau tätig. Nach diversen Transaktionen, Kooperationen und Gemeinschaftsentwicklungen hatte der Mutterkonzern Rheinstahl bereits 1970 seine Nutzfahrzeugsparte (zu der auch Henschel gehörte) an Daimler-Benz abgetreten. In Hannover entstehen heute die Komatsu-Radlader.

Der Hanomag 1,3 Liter von 1938 sah von hinten dem Käfer ziemlich ähnlich. Dabei hätte er womöglich sogar das Zeug dazu gehabt, diesem den Rang abzulaufen.

(Foto: Dr. Paul Simsa)

Das Hanomag Sturm Cabriolet von 1934 war ein gediegener Sechszylinder mit 2,25 Litern Hubraum und 55 PS. (Foto: Lothar Spurzem, © CC)

Der Hanomag Kurier von 1935 mit 1,1-Liter-Motor leistete 23 PS und war nur als geschlossene Limousine zu haben. (Foto: Chiemsee Man)

Hanomag 2/10 PS von 1927. Der im Volksmund »Kommissbrot« genannte Kleinwagen wurde von 1925 bis 1928 gebaut. (Foto: Christian Jäger, © CC)

Im langen Schatten des T-Modells: der Typ A. Sein Erscheinen war die Sensation des Jahres.
(Foto: Ford-Werke GmbH)

Der »Eifel« stellte eine beliebte Basis für Aufbautenhersteller dar. Eifel-Spezialist Wolfram Düster, Krefeld, weiß von zehn verschiedenen Kabriokarosserien. Dieses zweisitzige Cabrio stammt von Gläser, Dresden.
(Foto: Ford-Werke GmbH)

Den ersten Taunus präsentierte Ford 1939 unmittelbar vor Ausbruch des Zweiten Weltkriegs. Natürlich konnte der »Buckeltaunus« nicht in Serie gehen, das war erst 1948 möglich. Er wurde bis 1952 gebaut und dann durch den »Weltkugel-Taunus« 12 M abgelöst.
(Foto;: © Ford-Werke GmbH)

Der Ford 12M wurde zwischen 1952 und 1962 gebaut. Hier die letzte Ausführung, gebaut zwischen 1959 und 1962. (Foto: © Lothar Spurzem/cc-by-sa 2.0)

Eine Fertigung in Deutschland hatte Firmengründer Henry Ford bereits in den Jahren vor dem Ersten Weltkrieg erwogen, diese aber erst danach verwirklicht. Die deutschen Ford Werke AG wurden als »Ford Motor Company« am 18. August 1925 ins Handelsregister von Berlin eingetragen. Zunächst ging es um die Einfuhr von 1000 Fordson-Traktoren; am 2. Januar 1926 richtete Ford dann einen Montagebetrieb und ein Ersatzteillager in gemieteten Hallen am Berliner Westhafen ein. Ab August schließlich wurde dann auch produziert und montiert – natürlich der unverwüstliche Einheitstyp, das T-Modell. Vier Jahre später, im Oktober 1930, legte Henry Ford I in Köln den Grundstein für das neue Werk am Rhein. Auch Köln war zunächst nicht mehr als ein Montagewerk mit Teilfabrikation, gewann aber in der Dreißigern an Eigenständigkeit.

Es entstanden »deutsche« Fahrzeuge wie der Eifel, der V8 und der Taunus, doch erst im Januar 1952 kam mit dem Taunus 12 M eine weitgehende Eigenkonstruktion auf die Straße, zwar mit Vorkriegs-Technik, aber moderner, selbstragender Pontonkarosserie und vorderer Einzelradaufhängung. Mehrfach überarbeitet und modellgepflegt, lief der Taunus dann bis 1962. Größere technische Änderungen hatten sich nicht ergeben, lediglich das Kühlergesicht des stets nur zweitürig angebotenen Kölners hatte sich mit schöner Regelmäßigkeit geändert. Die weitere Entwicklungslinie dieser Mittelklasse-Baureihe teilte sich Mitte der Fünfziger, was nicht unbedingt gleich am Namen zu erkennen war: Nach 1957 gab es Taunus-Modelle für den kleineren – Ford »Weltkugel« – und größeren – »Barock-Taunus« – Geldbeutel. Erstere führte über diverse Verästelungen zum berühmten »Knudsen«-Taunus, letztere zum Granada.

Der Taunus verkörperte die Blech gewordenen Siebziger

Die kleineren Vierzylinder-Modelle (die es dann aber auch mit sechs Töpfen gab) liefen 1970 erstmals wieder unter der Traditionsbezeichnung »Taunus« vom Band, ohne irgendwelche Zahlenkürzel wie »12 m« oder »15 m«. Diese Generation, technisch nun wirklich keine Avantgarde, gefiel mit einer neuen Karosserielinie mit Blechwulst auf der Nase (»Knudsen-Nase«) und flotter Karosserielinie, in der manche eine Verwandtschaft zum Ford Mustang erkannt haben wollten. Fahrerisch waren weder Motor noch Fahrwerk eine Offenbarung, und das lässt sich mit Fug und Recht auch vom kantigeren Nachfolger vom Modelljahr 1976 behaupten, so, wie es eigentlich für alle Ford seit Anbeginn der Automobilfertigung galt, und ganz besonders für die großen europäischen Ford. Dem ersten, dem Taunus 17 M im Straßenkreuzer-Design folgte 1960 der P3-Taunus (»Badewanne«). Der war ein wahrer Kulturschock für alle Traditionalisten, die neue »Linie der Vernunft« entsprach technisch dem Vorgänger. Optisch aber war sie revolutionär. Bis 1964 gebaut, löste ihn die wesentlich konventioneller gezeichnete Generation P5 und P7 ab, die es auch mit V6-Motoren gab. Die Serie lief 1972 aus, nun übernahmen die barock gezeichneten Granada/Consul-Typen den Staffelstab. Der Granada war als Spitzenmodell mit drei verschiedenen Sechszylinder-Triebwerken in drei verschiedenen Karosserieformen und in drei verschiedenen Ausstattungen lieferbar. Gemeinsames technisches Highlight war die neue Hinterachse-Konstruktion mit Einzelradaufhängung, größte Pluspunkte das verschwenderische Platzangebot, die Ausstattung und der Preis. Und Fords Einstieg in die Luxusklasse wurde zu einem vollen Erfolg. Die Rüsselsheimer erbebten unter dem Granada-Ansturm bis in die hinteren Starrachsen. Im ersten Jahr verließen über 100.000 Granada-Exemplare die Produktionshallen in Köln-Niehl, Fords Marktanteil in jenem Segment stieg auf über fünf Prozent. Dass es nicht noch mehr wurden, lag nicht nur an der wirtschaftlichen Situation, sondern auch am nur allmählich wachsenden Karosserieangebot, das schließlich eine Stufenhecklimousine mit zwei oder vier Türen sowie das zweitürige Fließheck-Coupé umfasste. Robust, zuverlässig und ausgereift, mit befriedigendem Federungs-

Die 1970 bis 1976 gebaute Taunus-Generation verdankt dem Wulst auf der Haube ihren Spitznamen: Wenn vom »Knudsen-Taunus« die Rede ist, ist der hier gemeint.

FORD

komfort und unproblematischen Fahreigenschaften waren sie alle, und diese Tugenden gab Ford auch seinem 1976 gezeigten Nachfolger mit auf den Weg. An dem war in erster Linie die auf 4,72 Meter gewachsene Karosserie neu. Die optische Entschleunigung führte zu einer wesentlich sachlicheren Form, zu klaren Kanten und größeren Fensterflächen: »Hat dem Granada gut getan«, lobte die Presse, auch wenn jetzt eine hohe Ähnlichkeit zum Taunus herausgekommen war. Plattform und Antriebsstrang indes entstammten nahezu unverändert dem bisherigen Granada-Programm, neu hinzu gekommen waren lediglich eine 135 PS starke Vergaser-Version des bekannten 2,8-Liter-Einspritzers mit bis zu 160 PS. Dafür fielen die 2,6- und 3,0-Liter-V6 aus dem Programm. Von Anfang an stand der Granada II als zwei- und viertürige Limousine sowie als fünftüriger Kombi (»frei vom gewerblichen Beigeschmack«) zur Verfügung, das Coupé verschwand in der Versenkung. Auch so hatten Granada-Interessenten noch die Wahl zwischen 63 möglichen Kombinationen, darunter erstmals auch einem bei Peugeot eingekauften Diesel.

Dem Granada folgte der Scorpio. Wie der Taunus-Nachfolger Sierra war auch dieser völlig gegen den Strich gebürstet und zunächst nur mit Schrägheck zu haben, verschreckte der 4,67 Meter lange Kölner aber die konservative Klientel durch seine progressive Optik, und das straften die Käufer mit Ablehnung. Wer sich nicht davon abhalten ließ, erhielt einen üppig ausgestatteten Langstreckenexpress mit verschwenderischen Platzverhältnissen im Innern (»mit dem Wort „groß" nur unzureichend beschrieben« – auto motor und sport) und serienmäßiger Wohlfühl-Atmosphäre: »Der neue Scorpio ist von Grund auf gut.« Da half auch nicht, dass dieser Fehler mit der nächsten Auflage korrigiert wurde: Ford und Oberklasse, das ging einfach nicht zusammen, alle Versuche endeten 1998 mit dem Auslaufen der Scorpio-Modellreihe.

Keine Angst vor neuen Formen

Formal revolutionär, wenn auch technisch konservativer und vor allem wesentlich erfolgreicher agierte der Nachfolger des verschnarchten Taunus: Der Mittelklasse-Modellwechsel 1983 brachte den Sierra hervor. Fords Aufbruch zu neuen Ufern war unkonventionell gezeichnet und mit sensationellem cW-Wert gesegnet, nach der Badewanne von 1963 war das der zweite außergewöhnliche Ford-Entwurf in zwei Jahrzehnten: »Der beste Ford, den es je gab«, schrieb die Presse, mit sensationeller Optik, üppigen Platzverhältnissen und tollen Sitzen. Aus der Vielzahl an Sierra-Modellen stechen natürlich die Sportversionen hervor, der zwischen 1983 und 1985 bei Karmann gebaute dreitürige XR4i, der auch in die USA geliefert wurde (2,8 Liter, 150 PS), ebenso wie der Sierra Cosworth mit 204 beziehungsweise 220 PS und Allradantrieb – ein begnadeter und fähiger Renntourenwagen, der den BMW-Dreiern mehr als ein Mal das Leben schwer machte.

Die Modellreihe stand bis 1993 im Programm und wurde dann vom Mondeo abgelöst, dem langweiligsten Auto der Neunziger. Der Mondeo war Fords »Weltauto«, sollte also auf allen Kontinenten verkauft werden können. Daher einigte man sich gestalterisch auf den kleinsten gemeinsamen Nenner, und der lautete eben, ein möglichst unauffälliges und universell akzeptables Fahrzeug zu entwickeln. Fords Multitool gab es mit Stufen-, Schräg- und Kombiheck sowie Motorleistungen von 88 bis 205 PS, und nach dem Facelift 1996 hatte er sogar ein wenig an optischer Beliebigkeit eingebüßt. Immerhin verkaufte Ford alle drei Karosserievarianten zum gleichen Preis, und diese Strategie sorgte um die Jahrtausendwende herum für stabile Absatzzahlen. Das neue Jahrtausend brachte neue Motoren und einen neuen Mondeo, der zumindest in ersten Vergleichstests auch Gegner wie Audi A4 und Mercedes C-Klasse distanzieren konnte. Mit einer Außenlänge von gut 4,70 m war der Mondeo die größte Ford-Limousine im Angebot für Europa. Die heutigen Mondeo erreichen beinahe die Fünfmeter-Marke und wiegen mindestens 1,5 Tonnen. Das Motorenspektrum reicht von 150 bis 180 PS, und

Der erste Mondeo war noch als Weltauto geplant gewesen. Gerade die erste Generation 1993-1996 galt als Inbegriff des gesichtslosen Langweiler-Autos.(Foto: Ford-Werke GmbH)

Nirgendwo gab es mehr Zylinder für weniger Geld: Wer auf Sechszylinder-Prestige, Ausstattung und Platzangebot Wert legte, war mit dem Granada gut bedient. Im Bild ein Granada GXL von 1972. (Foto: © Ford-Werke GmbH)

Mit dem Scorpio als Granada-Nachfolger begann Fords langer Rückzug aus der Oberklasse. Im März 1985 kam er auf den Markt und wurde zunächst nur mit Schrägheck angeboten. Und das mochten die Kunden nicht. (Foto: © Ford-Werke GmbH)

Mit der zweiten Generation verabschiedete sich Ford 2001 von der Weltauto-Idee. Er wurde in Europa für Europa entwickelt und überzeugte durch gute Qualität. Topmodell war der Mondeo Turnier ST. (Foto: Ford-Werke GmbH)

Die dritte Generation vom Juni 2007 legte in jeder Beziehung zu und erreicht schon beinahe Oberklasse-Abmessungen. Wie alle Ford der Neuzeit hatte auch dieser ein überragendes Fahrwerk. (Foto: Ford-Werke GmbH)

Mehr als nur ein Facelift: der Scorpio 1995. »Die neue Abstimmung von Federung und Dämpfung hat die beim alten Modell üblichen Roll- und Stampfbewegungen weitgehend eliminiert«, berichtete auto motor und sport . (Foto: © Ford-Werke GmbH)

Unkonventionell gezeichnet und mit sensationellem cW-Wert gesegnet, stand der Sierra bis 1993 im Programm. Aus der Vielzahl an Modellen sticht der Sierra Cosworth mit 204 bzw. 220 PS und Allradantrieb hervor. (Foto: © Ford-Werke GmbH)

Kein Cabriolet ohne Henkel: Vom Ritmo bis zum offenen Golf, keines der Viersitzer-Cabriolets verzichtete auf den versteifenden Bügel. Der Escort aber – hier in XR3i-Variante – war das optisch ausgewogenste.
(Foto: Ford-Werke GmbH)

Die teuerste Möglichkeit, Focus zu fahren: Focus RS, 2002. Die auf 5000 Exemplare limitierte Sonderserie kostete 30.000 Euro.
(Foto: Ford-Werke GmbH)

Fließende Formen, charakteristische Rundungen und der neue Fischmaul-Kühlergrill prägten die Optik des Escorts des Modelljahres 1995. Jetzt endlich war der Escort so gut, wie er von Anfang an hätte sein sollen. Nach Produktionsanlauf des Focus' wurde der bisherige Escort als »Classic« weiter gebaut. (Foto: Ford-Werke GmbH)

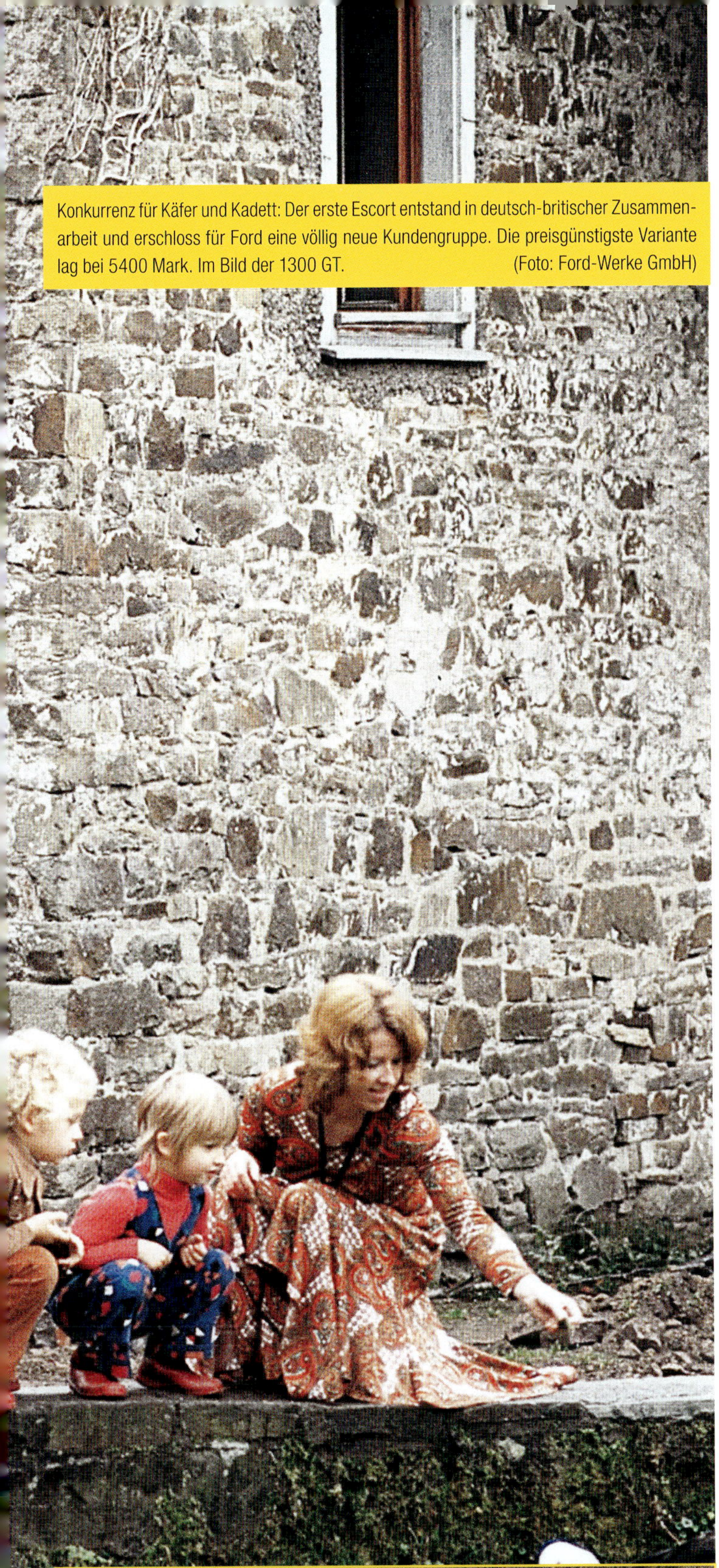

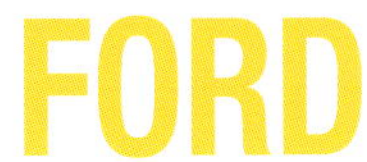

Konkurrenz für Käfer und Kadett: Der erste Escort entstand in deutsch-britischer Zusammenarbeit und erschloss für Ford eine völlig neue Kundengruppe. Die preisgünstigste Variante lag bei 5400 Mark. Im Bild der 1300 GT. (Foto: Ford-Werke GmbH)

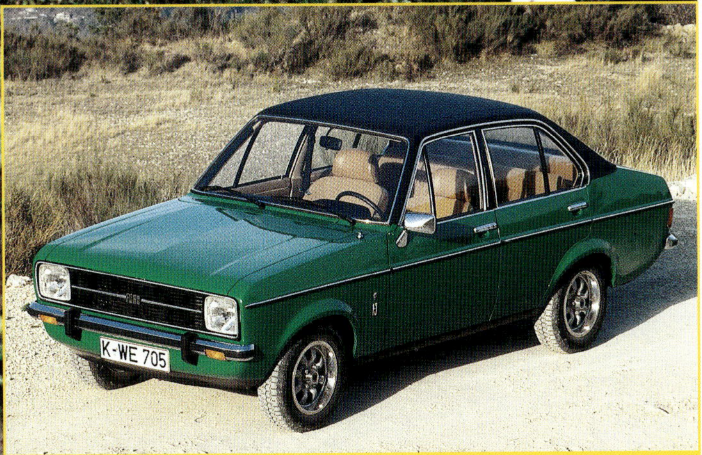

Rund 80 Prozent aller Käufer entschieden sich für den 1,3-Liter-Escort mit 54 PS. Die eckigen Scheinwerfer gab es ab der GL-Ausstattung, das Vinyldach bei den Ghia. (Foto: Ford-Werke GmbH)

besonders motivierte Ford-Freunde greifen zum 187 PS starken Mondeo Hybrid. Laut Liste kostet ein Mondeo mindesten 26.300 Euro – angesichts des Gebotenen sicher ein fairer Preis, doch angesichts des Käuferschwunds in der klassischen Mittelklasse vielleicht ein wenig ambitioniert. Das sieht bei den Kompakten anders aus.

Der Ewige Dritte

In der Golf-Klasse (die damals noch nicht so hieß) war Ford seit 1968 mit dem Escort vertreten, den die britische Ford-Dependance konzipiert hatte. Die erste Generation wurde zwischen 1968 und 1975 gebaut und bot viel Auto fürs Geld. Lieferbar mit zwei und vier Türen sowie als zweitüriger Kombi, war der Wagen mit seiner eher britischen Linienführung (»Hundeknochen«-Kühler) weder besonders attraktiv noch sonderlich innovativ – Motor vorn, angetriebene hintere Starrachse: Einfacher Standard, aber in heißer RS-Form ein echter Kompaktsportler. Zwei 1100er und drei 1300er-Aggregate standen zur Verfügung, das Leistungsspektrum reichte von 40 bis 72 PS. Als Grundmodell kostete der Escort 5394,60 Mark, und viel mehr als vier Räder und einen Motor gab es dafür nicht. Was die Ausstattung anging, so gab sich der Escort zugeknöpft. Alles, was nicht unbedingt sein musste, stand auf der Aufpreisliste. In jedem Fall gab's eine direkte Lenkung, die überdurchschnittlich gute Heizung, den knapp geschnittenen Innenraum und die mäßige Verarbeitung obenauf. In England wurde der Escort auf Anhieb zu einem Bestseller, in Deutschland dagegen sah er gegen den Opel Kadett und später den Golf kein Land, trotz der Dumpingpreise: Das Grundmodell mit 40-PS-Motor kostete 1968 nur 5395 Mark.

Die zweite Escort-Auflage von 1975 punktete in erster Linie mit ihrer neuen, schnörkellosen Karosserie, nicht mit technischen Sperenzchen – wie auch, schließlich steckte unterm Blech der alte Hundeknochen. Der Rückgriff sollte Geld sparen und attraktive Endpreise ermöglichen, tatsächlich aber war der in Saarlouis gebaute Escort nicht so zuverlässig wie erwartet, was ihn auf die Dauer doch ziemlich teuer machte. Die frühen Modelle litten unter zahlreichen Kinderkrankheiten, vor allem der Motor machte Ärger. Im ersten Jahr waren diese Ford eine einzige Baustelle.

Fahrverhalten und -komfort waren indes deutlich besser geworden, obwohl sich der Fahrwerksaufwand in arg überschaubaren Grenzen hielt. Schließlich gehörten Starrachse und Blattfedern Mitte der 70er-Jahre nicht mehr unbedingt zum letzten Stand der Technik. Etwas mehr Fahrwerks-Feinschliff hätte dem blechernen Langweiler allerdings nicht geschadet. Gewiss, die Ausstattung galt zwar als überdurchschnittlich gut und die Funktionalität als tadellos, dennoch: »Biedere und brave Transportmittel ohne jeden fahrerischen Reiz«, urteilte die Presse im Jahrzehnt der Fönfrisuren.

Anfang der Achtziger erfolgte die Umstellung auf Frontantrieb. Die dritte Escort-Generation war keine rein europäische Angelegenheit mehr, sondern eine, bei der auch die amerikanische Konzernzentrale mitmischte. Die Amerikaner benötigten nämlich einen konkurrenzfähigen Kompaktwagen mit Frontantrieb und moderner Technik: Aus dem europäischen Escort wurde das erste Weltauto des Konzerns, auch wenn der US-Escort mit hiesigen Escort nicht viele Gemeinsamkeiten aufwies. Die dritte Generation erschien während ihrer zehnjährigen Laufzeit in unzähligen Varianten und Motorausführungen; es gab sie als Schrägheck-Limousine mit zwei und vier Türen, als Stufenheck-Viertürer (»Orion«), als Kombi und Kleinlieferwagen mit zwei und dann vier Türen sowie als Karmann-Cabriolet. Spitzenmodell war der dreitürige RS Turbo mit 132 PS. Letztlich war die dritte Escort-Generation ein gelungener Entwurf, mit ausreichend Platz, guter Handlichkeit und noch besserer Verarbeitung, kurzum: die dritte Escort-Generation hatte mit den beiden vorangegangenen nicht mehr das Geringste zu tun. Was damals Escort war, heißt seit 1998 Focus und mischte die Kompaktklas-

FORD

se durch ihr überragendes Fahrwerk auf. Die geniale Schwertlenker-Hinterachse war eine Sensation, sorgte für eine bis dato unbekannte Kurvenfreudigkeit und führte dazu, dass VW und Co in Sachen Fahrdynamik gewaltig nachlegten: Ford definiert bis heute die Maßstäbe in diesem Segment. Im Herbst 2018 neu aufgelegt, ist der mittlerweile 4,37 m lange Golfklasse-Ford eines der meistverkauften Autos weltweit, auch wenn er in Deutschland am Wolfsburger nicht vorbeikommt.

Kölner Kleinkünstler

Während der Focus in vierter Auflage in den Auslagen steht, ging der 1976 gezeigte Fiesta im Juli 2017 in bereits achter Generation an den Start. Wie nahezu jedes Auto eines jeden Herstellers hat er in den letzten Jahrzehnten in jeder Beziehung zugelegt: Das beginnt bei der Länge (3,56 m früher, 4,04 m heute), reicht über die Leistung (Basis früher 40 PS, heute 70 PS) und ist beim Gewichtsvergleich (730 kg zu 1110 kg) noch längst nicht zu Ende. In Sachen Ausstattung, Fahrdynamik und Sicherheit trennen die einzelnen Generationen Welten, nur eines hat sich in all den Jahren nicht geändert: Ford bietet viel Autos fürs Geld.
Zu den beliebtesten und bemerkenswertesten Ford-Modellen der Neunziger avancierte der Fiesta-Ableger Ka, benannt nach der Schlange im Dschungelbuch. Die sympathische Knutschkugel begründete nicht nur ein neues Marktsegment, das »Sub B«-Segment, sondern gab mit ihrem »New Edge«-Design die Richtung des Ford-Stylings für das nächste Jahrzehnt vor. Der knuffige, 3,62 Meter lange Dreitürer war auf Anhieb ein Erfolg, dass es den Frauenversteher stets nur mit zwei ziemlich antiquierten 50- und 60-PS-Motoren gab, tat seiner Beliebtheit keinen Abbruch. Blöd nur, dass die mit Fiesta-Technik ausgestattete motorisierte Einkaufstasche, die im spanischen Ford-Werk Valencia gebaut wurde, bei aller Fortschrittlichkeit in der Konstruktion unter einem Geburtsfehler litt, der ihm mit schöner Regelmäßigkeit jede Tüv-Statistik verhagelte: Der lausige Rostschutz, wegen dem der sympathische Kleine in Rekordzeit zerfiel. Auch der nette Stoffdach-Roadster (»Street Ka«) machte da keine Ausnahme. Die Abwrackprämie hat vielen Ka den Garaus gemacht, der Rost erledigt den Rest. Die nächsten Ka-Generationen wurden dann parallel zum Fiat 500 in Polen gebaut. Sie sind solider, ernsthafter und erwachsener geworden. Besser sind sie sowieso, doch leider nicht mehr so charmant.

KÖLNS LÄNGSTE SCHNAUZE

Fords Modellangebot der Siebziger komplettierte der sportlich angehauchte Capri. Neben dem nur kurzzeitig verkauften und in Italien zusammengeschraubten Ford OSI auf 26-M-Basis hatten sich Sport und Ford lange Jahre gegenseitig ausgeschlossen. Das änderte sich erst nach der Präsentation des Capri. Zwischen 1969 und 1987 gebaut, kombinierte diese deutsch-englische Gemeinschaftsentwicklung robuste Großserientechnik, klassische Sportwagenoptik, ein kleinfamilientaugliches Platzangebot und volkstümliche Preise. Die V4- und V6-
Motoren stammten aus dem Taunus-Programm, das Angebot reichte vom Basis-1300er mit 50 PS bis zu dem auf Rundstreckenrennen und im Tourenwagensport eingesetzten RS 2600 mit 150 PS. Formal zumindest entsprach er mit der langen Schnauze und dem kurzen Heck ganz den Erwartungen der jugendbewegten Kundschaft. Fords Sport-Coupé wurde beinahe 18 Jahre lang nach diesem Strickmuster gebaut. Immerhin wurde über die Jahre
das Blech gefältet, die optischen Spielereien, Schnörkel und Details, welchen nur in den wenigsten Fällen konstruktive Bedeutung zukam, geglättet. Die Baureihe lief bis 1984, wurde aber in Saarlouis für den britischen Markt noch bis 1987 produziert. Spitzenmodell war der 2,8 Turbo gewesen mit 188 PS bei 5500/min. Er blieb bis ohne Nachfolger. Die Coupés, die danach kamen, waren Ableger der

Im Herbst 2018 ging die vierte Generation an den Start. Die ST-Ausstattung bescherte dem Focus 17-Zoll-Alus, ein Sportfahrwerk sowie eine entsprechende Optik. Und, nicht zu vergessen, WLAN. (Foto: Ford-Werke GmbH)

Auf Fiesta-Basis: Der Ford Ka von 1996 war der erste Ford im New-Edge-Design.
(Foto: Ford-Werke GmbH)

Der Ford Ka der zweiten Generation wurde im Februar 2009 eingeführt und läuft parallel zum Fiat 500 im polnischen Fiat-Werk Tychy vom Band. Auch die Motoren stammen von den Italienern.
(Foto: Ford-Werke GmbH)

Groß geworden: Der Fiesta des Jahres 1976 wirkt geradezu schwächlich gegenüber seinem bulligen Ur-Enkel, der im Oktober 2008 eingeführten siebten Generation.
(Foto: Ford-Werke GmbH)

Mitte 2019 gab Ford einen ersten Ausblick auf ein neues kleines SUV. Dafür reaktivierte man die Bezeichnung »Puma«, die in den 90ern das Fiesta-Coupé schmückte.

Großraumlimousinen wie der S-Max (hier in der feinen Vignale-Ausführung) verloren gegenüber den SUVs massiv an Boden: Vans waren Ende der 2010er Jahre nicht mehr gefragt.

Die sechste Mustang-Generation war die erste, die weltweit verkauft wurde. Eingeführt 2015 und 2018 aufgefrischt, war die Sportwagen-Ikone als Coupé wie auch als Cabriolet zu bekommen. Preislich trennte die beiden Karosserievarianten 4500 Euro, der Unterschied zwischen Turbo-Vierzylinder und V8-Motor betrug 7100 Euro.

Der Ranger von 2012 wurde 2019 aufgefrischt. Er war der meistgebaute Pickup in Deutschland und in der Variante »Raptor« mit 213 PS auch der stärkste.

diversen Limousinen-Baureihen – siehe Puma – oder aber Mazdas mit Ford-Pflaume und merkwürdigen Namen wie »Probe« oder »Cougar«. Erfolgreich waren sie alle nicht, und echte Sportwagen schon gar nicht. Sie sind längst schon im Dunkel der Automobilgeschichte verschwunden. Im Zeitalter von Diesel-Krise und Klimawandel sind Spaßautos selten geworden, Ford hat aber, anders als die Konkurrenz, immerhin zumindest noch eines im Programm. Und das dann nicht nur als Coupé, sondern auch als Cabriolet.

Mustang!

Gut, Kritiker mögen nun einwenden, dass der Mustang kein deutsches Auto sei, sondern bestenfalls ein eingedeutschtes. Jawohl, stimmt, keine Frage. Aber eins, das in sechster Generation seit 2015 auch in Deutschland beim Händler an der Ecke zu haben ist und in bester Ford-Tradition steht: Viel Auto und noch mehr Leistung für einen relativ moderaten Betrag. Für echte Petrolheads ist der aufgeladene 2,3-Liter Ecoboost-Vierzylinder mit 290 PS einer solchen Ikone nicht angemessen, diese Klientel fühlt sich einem Ami-Sportwagen ohne Fünfliter-V8 untermotorisiert. Bitteschön, gibt's natürlich auch. Und wenn diesen dann, wie in der Top-Ausstattung »Bullitt« 460 Ponys auf Trab bringen, steht dem lustvollen Cruisen nichts mehr im Wege.

Um der Wahrheit aber die Ehre zu geben: Es ist nun nicht gerade so, als unsere Straßen von ganzen Mustang-Herden bevölkert sind, daher beherrscht Ford neben der Kür auch die Pflicht. Und die heißt heutzutage eher SUV als Van.

Vans und Geländewagen

Die erste Van-Baureihe, als »Galaxy« vermarktet, erschien 1995 und war eine Gemeinschaftsentwicklung mit VW. Der Galaxy war etwas günstiger als sein VW-Pendant »Sharan«; die Großraumlimousine stand mit verschiedenen Vierzylinder-Reihenmotoren, dem 2,3-Liter-V6-Zylinder sowie den beliebten Turbodieseln aus dem VW-Programm zur Verfügung. Verschiedentlich modellgepflegt, wurde der Galaxy (der insbesondere in den ersten Jahren von argen Kinderkrankheiten geplagt wurde) bis 2005 gebaut. Der Sharan lief sogar bis Herbst 2010 weiter, zu dem Zeitpunkt hatte die zweite Galaxy-Generation bereits das erste Facelift hinter sich. Dieser Familien-Van wurde übrigens nicht mehr gemeinsam mit VW in Portugal gebaut, das Ford-Eigengewächs lief in Genk von den Bändern, zusammen mit dem etwas kürzeren und sehr beliebten Schwestermodell S-Max; beide leider nur mit konventionellen Türen, nicht mit den Schiebtüren, mit denen die zweite Sharan-Generation punktete. Eine Nummer darunter angesiedelt startete 2003 der C-Max auf Focus-Basis, der Ende 2010 abgelöst wurde.

Ebenfalls mit Focus-Technik zu haben ist seit 2008 der Kompakt-Geländewagen »Kuga«. Mit einem hohen Maß an Fahrdynamik gesegnet, spielt er in einer Liga mit dem Marktführer VW Tiguan, ist aber wesentlich extravaganter gezeichnet. Umfangreich ausgestattet, stehen ein Fünfzylinder-Benziner mit 2,5 Liter Hubraum und 200 PS sowie zwei TDCi-Diesel mit 2,0 Liter und 140 beziehungsweise 163 PS zur Wahl. Allrad ist nicht für jede Ausführung zu haben. Übrigens war das nicht der einzige Ford-Geländewagen. Auch zuvor hatte es bereits Allradler beim Ford-Händler gegeben, dabei handelte es sich aber entweder um eingedeutschte US-Typen (Explorer) oder Japaner (Ford Maverick hieß das Schwestermodell des Nissan Terrano). Mittlerweile wurde das SUV-Programm kräftig aufgestockt. Neben dem Dauerbrenner Kuga gibt es seit 2014 den auf Fiesta-Basis in Brasilien aufgebauten Ecosport, den aus den USA eingeführten Oberklasse-Brummer Edge mit Allrad und Achtgang-Automatik oder auch den in Thailand gebauten Ranger als meistverkauften Pickup Deutschlands: Das Modellangebot ist kompletter als bei jedem anderen Hersteller.

NSU 6/30 PS von 1928.

(Foto: Joachim Köhler, © GLFD)

Der NSU Prinz II wurde von 1957 bis 1960 gebaut. Der Kleinwagen besaß einen Viertakt-motor, die Prinz-Reihe wurde recht erfolgreich.

(Foto: © Audi AG)

Insgesamt gab es nur 2402 echte TT-S, der zahmere TT wurde fast 65.000 Mal gebaut. Der leistete zuletzt 65 PS und hatte 1,2 Liter Hubraum, der TT-S hatte einen Einliter-Motor mit 70 PS. Leicht waren sie beide, rostanfällig auch, aber sensationelle Fahrmaschinen und heute richtig teuer.

(Foto: © Audi AG)

NSU war auch als Automobilbauer durchaus erfolgreich. Im Zuge der Weltwirtschaftskrise konzentrierte man sich aber auf den Motorradbau: Reklame für den 6/30 PS Tourenwagen, 1928.

Strickmaschinen waren es, die in dem 1873 von Christian Schmidt und Heinrich Stoll in Riedlingen gegründeten Werk hergestellt wurden. 1880 erfolgte der Umzug nach Neckarsulm, die Aufnahme der Fahrradproduktion und dann, 1901, die Motorradfertigung.

Der nächste Schritt der Firma, die nach dem neuen Standort Neckarsulm unter »NSU« firmierte, bestand in der Aufnahme der Automobilherstellung. Um nicht ins kalte Wasser zu springen, erwarb sie 1905 die Lizenz zum Bau der bewährten belgischen Pipe-Automobile. Diese teuren Luxusautos wurden bis 1914 gebaut und bildeten die Speerspitze eines neuen Programms, das auch eigene Konstruktionen umfasste. 1905 entstand so zuerst als Versuch das Dreirad Sulmobil und ein Jahr später dann die vierrädrigen Motorwagen NSU 6/8 PS bzw. 6/10 PS. Die nächsten drei Jahre bauten die »Neckarsulmer Fahrradwerke«, wie sie immer noch hießen, ihre Modellpalette aus und nahmen mit dem neuen NSU 10/20 PS an Prestigeveranstaltungen wie dem »Prinz-Heinrich-Rennen« 1909 statt.

Als echter Verkaufsrenner entpuppte sich der NSU 5/10 PS von 1910, der erste Kleinwagen des Unternehmens. Dessen Nachfolger, der 5/15 PS, avancierte zum beliebtesten Kleinwagen der 20er-Jahre. Auch im Motorsport schlug sich NSU mit Bravour. 1925 gab es einen Klassensieg auf der AVUS gegen die Konkurrenz von Mercedes, Bugatti und NAG. Die Erfolgssträhne endete mit der Umstellung vom Erfolgsmodell 5/15 PS auf ein wenig rentables 6-PS-Nachfolgemodell sowie dem teuren Bau eines zweiten Werkes in Heilbronn, dazu musste 1926 der in Schwierigkeiten geratene Karosserie-Zulieferer Schebera übernommen werden: NSU ging das Geld aus und verlor 1928 dann das Heilbronner Werk samt Markenname »NSU« an Fiat, das Stammwerk Neckarsulm konzentrierte sich auf die Fertigung von Fahr- und Motorrädern. Fiat nahm 1931 den letzten NSU, den 7/34 PS, vom Band und begann dann 1934 mit der Fertigung des Fiat 508 Balilla als NSU/Fiat 1000, ab 1937 dann des Fiat 500 Topolino als NSU/Fiat 500, wobei die entzückende Spider-Variante mit Weinsberg-Karosserie als besonders gelungen galt. Die Italiener montierten auch nach dem Krieg bis 1969 in Heilbronn Lizenz-Fiats, wobei die mehr oder weniger unveränderten Originale als NSU-Fiat vermarktet und die in Heilbronn auf Fiat-Basis entstandenen Eigenentwicklungen als Neckar vermarktet wurden, so den Neckar Jagst Riviera mit Vignale-Karosserie auf Fiat-600-Basis oder die Weinsberg-Coupés mit Technik des Fiat 500.

Die Neckarsulmer entwickelten sich bis Mitte der 50er-Jahre zum größten Motorradhersteller der Welt. Als der Boom endete, begann NSU mit dem Bau von Kleinwagen. Die Kleinwagen-Konstruktion mit Zweizylinder-Heckmotor war sparsam, gefällig und flott, wurde seit 1958 unter der Bezeichnung Prinz in verschiedenen Generationen und Ausführungen verkauft, ab 1964 – Prinz 1000 – dann mit Vierzylindern und zuletzt (bis August 1971) in heißer TTS-Version mit 70 PS.

Knapp zehn Jahre zuvor, 1964, war der NSU Wankel-Spider erschienen, das erste Fahrzeug mit dem neuartigen »Wankel-Kreiskolbenmotor«. Drei Jahre später folgte mit dem technisch innovativen, richtungsweisenden und ungewöhnlich gestylten Ro 80 eine Oberklasse-Limousine mit diesem – theoretisch zumindest – genialen Antriebskonzept. Die Wankel-Hype war aber nur von kurzer Dauer, das Aggregat war defektanfällig und sehr durstig, und die Neckarsulmer waren letztlich zu klein, um auf Dauer überleben zu können. Daher kam es 1969 zur Fusion zwischen NSU und der zur Volkswagen AG gehörenden Auto Union. Was NSU für die Wolfsburger so interessant machte, war die Tatsache, dass die Neckarsulmer eine moderne Limousine mit wassergekühltem Vierzylinder-Frontmotor serienreif hatten und VW dringend einen Ersatz für seine Autos mit luftgekühltem Boxermotor im Heck suchte. Dass der K 70 nicht ausgereift war, erheblich nachgebessert werden musste und nicht in das geplante Produktprogramm passte, merkte man erst danach. Und auch der Ro 80 taugte wegen der technischen Mängel nicht als Imageträger, VW ließ den Wankel aber noch bis 1977 weiterlaufen, die Prinzen wie auch der K 70 waren zu dem Zeitpunkt schon längst Geschichte. 1984 verschwand der Name »NSU« endgültig.

OPEL

Die Söhne des 1837 in Rüsselsheim geborenen Adam Opel, der eine erfolgreiche Nähmaschinen- und Fahrradfabrik betrieb, fertigten nach dem Kauf der Anhaltischen Motorenfabrik 1899 mit dem »Opel Paten-Motorwagen System Lutzmann« ihr erstes Automobil. Wesentlich erfolgreicher waren von 1902 bis 1907 die Lizenzausgabe des französischen Darracq-Motorwagens als Opel-Darracq sowie mit dem Modell 10/12 PS die erste selbständige Opel-Konstruktion. Mit dem 4/8 PS »Doktorwagen« von 1908 gelang Opel ein so großer Erfolg, dass die Firma nun ihre Fertigungskapazitäten erweitern musste. Mit dem Opel 5/14 »Puppchen« von 1912 brachte Opel Deutschlands ersten »Volkswagen« auf den Markt. Während des Ersten Weltkriegs lieferte Opel vorwiegend Lastwagen und Flugmotoren, die Personenwagenproduktion lief 1919 wieder an, eine Mischung aus modernisierten Vorkriegsentwürfen und Neuentwicklungen. Topmodell war der Sechszylinder-Opel 30/75 PS mit 7,8 Liter Hubraum, mit dem Opel in einer Liga mit Mercedes, Maybach oder Stoewer spielte. Die Inflation brachte Opel in Schwierigkeiten, doch mit dem Opel 4/12 PS von 1924 hatten die Rüsselsheimer einen echter Verkaufsschlager zu bieten. Der »Laubfrosch«, eine kaum bemäntelte Citroën-5CV-Kopie, war das erste Auto, das auf dem Fließband entstand und verkaufte sich prächtig.

Dennoch zwangen die Krisen in der zweiten Hälfte der 1920er Jahre zur Suche nach einem finanzkräftigen Partner. Opel, nunmehr größter Fahrzeughersteller Deutschlands, seit 1928 Aktiengesellschaft, wurde dann von 1929–1931 unter Beibehaltung des Namens sukzessive an den US-amerikanischen Autobauer General Motors verkauft. Mit dem P4 und dem im neuen brandenburgischen Werk hergestellten Blitz-Lkw stieg Opel zur Mitte des Jahrzehnts zeitweise zum größten Autohersteller Europas auf. Zu den wichtigsten Konstruktionen gehörten der Oberklassewagen Super 6 und der Olympia von 1935, das erste in Großserie gebaute Auto der Welt mit selbsttragender Ganzstahlkarosserie. Der Kadett von 1936 war die kleinere Ausführung davon; das Ende dieser Epoche markierten, neben dem Kapitän, der 75 PS starke Admiral von 1938 mit dem 3,6-Liter-Sechszylinder aus dem Opel Blitz.

Nach dem Krieg verblieb dem alsbald wieder von GM geleiteten Autohersteller nur das Rüsselsheimer Werk – das Brandenburger war von den Sowjets demontiert worden und diente ihnen zum Bau des Vorkriegs-Kadetts. In dem rasch wieder aufgebauten Rüsselsheimer Werk produzierte Opel die Vorkriegsmodelle Kapitän, Blitz und Olympia (später Rekord) weiter und verkaufte in den 1950ern Jahren mehr Sechszylinder-Fahrzeuge als jeder andere deutsche Hersteller einschließlich Daimler-Benz. Und noch 1959 überlegten die Schwaben, die Premiere ihres neuen Spitzenmodells vorzuziehen, um einem eventuellen neuen Sechszylinder-Opel Paroli bieten zu können. Der kam aber vorerst nicht, den die Opelaner hatten einen neuen Rivalen ausgemacht: Mit aller Macht versuchte man, der Käfer-Plage Herr zu werden.

Opels Käfer-Rivalen

Der erste Opel, der die Bezeichnung Kadett trug, war 1936 erschienen, der erste Nachkriegs-Kadett kam 1962 aufs Band. Von Opel ausdrücklich als Käfer-Killer konzipiert, hatte man dafür ein neues Werk in Bochum gebaut. Dieser erste der neuen Kadetten war ein zwar konventionelles, aber erwachsenes Auto. Mit einem Motor, der vorne lag und einem Kofferraum, der diesen Namen auch verdiente, sollte er dem vermaledeiten Käfer endlich den Garaus machen. Gestalterisch war er vielleicht nicht die große Offenbarung, galt aber dennoch als großer Wurf und stellte, da war sich das Fachblatt auto motor und sport sicher, die bislang größte Bedrohung für den Volkswagen dar: »Die große Jagd beginnt.« Auf Anhieb verkaufte sich der 40-PS-Kadett hervorragend, und die Karosserievielfalt war deutlich größer als beim Rivalen aus Wolfsburg: Luxusausführung, Kombi (Verkaufsbezeichnung Caravan) und, zum Modelljahr 1964, auch ein 48-PS-Coupé – Opel bediente jeden Geschmack.

Opel 6/14 PS HP Touring aus dem Jahr 1910. (Foto: © Alf van Beem)

Der Opel 4/12 »Laubfrosch« von 1924 war Deutschlands erster Volkswagen. (Foto: © GM Corp.)

Der Olympia Rekord löste 1953 den bisherigen Olympia ab. Der Ponton-Opel wurde mehreren Facelifts unterzogen, hier zu sehen das Modell 1954/55. Das Foto entstand aber viel später im Stil von damals. (Foto: © Adam Opel AG)

Der Opel Olympia von 1952 war die nur mäßig modifizierte Neuauflage des ersten Großserienautos der Welt mit selbsttragender Karosserie. (Foto: © Alf van Beem)

Opel bot in den Jahren bis 1924 eine unglaubliche Vielzahl an Modellen an, die sich oft nur in Details und der Leistung unterschieden. Doch das war ihnen kaum anzusehen. Daher steht dieser 8/25 PS Opel Torpedo von 1921/22 aus dem Bestand der Opel AG für alle anderen Opel vor Einführung der Fließband-Ära. (Foto: © Adam Opel AG)

Opel war in den 1930ern die erfolgreichste deutsche Automarke. Das Programm reichte vom kleinen P4 bis zum Oberklasse-Modell »Admiral«. (Foto: © Adam Opel AG)

Opel Kapitän, gebaut von 1951 bis 1953. (Foto: © Adam Opel AG)

Am 15. September 1968 ging in Zolder in der Gruppe 5 der Spezial-Tourenwagen ein 150 PS starker Opel Rekord C an den Start, offizielle Markenrennen gab's dann im Folgejahr. Der schwarze Lack und das gelbe »Opel-Auge« verhalfen ihm zum Spitznamen »Schwarze Witwe«, der Sound war infernalisch. (Foto: © GM Corp. Media)

1958 erschien der Kapitän P1. mit einem »P« wie »Panoramascheibe«. Das für Europa ungewöhnlich amerikanisch-elegante Design des Wagens schränkte aber das Sichtfeld wegen der kleinen Heckscheibe stark ein. (Foto: © Adam Opel AG)

Der Opel Diplomat mit amerikanischem 4,6-Liter-V8 war das Spitzenmodell des Herstellers. Noch exklusiver war das Coupé mit 5,4-L-V8, gebaut zwischen Ende 1965 und Anfang 1967. (Foto: © GM Corp.)

Der knapp vier Meter lange und komplett in Deutschland entwickelte Kleinwagen wurde zum Modelljahr 1966 durch den B-Kadett abgelöst. Der erhielt deutlich mehr Lametta, wuchs in allen Dimensionen und legte in Sachen Hubraum und Leistung noch ein Schäufelchen nach, was allerdings im direkten Vergleich vielleicht nicht immer direkt spürbar war. Er war in unglaublich vielen Karosserieformen lieferbar – als Stufenheck, Schrägheck, Kombi, Coupé, als Zwei- und Viertürer, es gab Sportausführungen und Besserverdiener-Kadetten –, technisch aber keine Offenbarung. Erst im Lauf der Modellpflege wurden Vorder- und Hinterachse zeitgemäß aufgerüstet. Bemerkenswert war das Coupé. War das A-Coupé nichts anderes gewesen als eine skalpierte Limousine mit kürzerem Dach, so hatten die Stylisten hier eine modische Fastback-Karosserie gezeichnet, es aber, zum Leidwesen aller Coupé-Enthusiasten, dabei belassen: Innen herrschte die bekannte Graubrot-Tristesse der Limousine: Zweifelsohne schmackhaft, aber nichts für den feinen Gaumen. Die Speerspitze im Programm war der Rallye-Kadett. Der rollte im November 1966 zum ersten Mal vom Band und hatte zunächst den 60 PS starken 1,1-Liter-SR-(Super-Rallye-)Motor. Der schaffte 148 km/h und war mit mattschwarzer Motorhaube und flotten Seitenstreifen sportlich herausgeputzt worden. Die Produktion des Rallye Kadett B endete im Juli 1973 nach knapp über 100.000 Einheiten. Die Bezeichnung »Rallye« verschwand zunächst aus dem Modellprogramm, sportliche – und im Rennsport einsetzbare – Kadetten indes gab es weiterhin: Sie hießen nur jetzt anders.

Die dritte Kadett-Generation wurde das erste Welt-Auto von General Motors, das erste Auto, das bei nur geringen Unterschieden in Optik und Ausstattung auf allen fünf Kontinenten angeboten werden sollte. Das sparte Entwicklungskosten, und da der Käfer-Konkurrent zu günstigen Preisen angeboten werden sollte, griff man auch bei der Technik auf bestehende Komponenten zurück. Die Vorderachse spendierte der Ascona A, die starre Hinterachse der Kadett B, und die Motoren mit 1,0-, 1,2-, 1,6-, 1,9- und 2,0-Liter-Hubraum und Leistungen von 40 bis 115 PS stammten ebenfalls aus dem Opel-Regal. Im Grunde genommen war der Kadett C nur zwei Jahre konkurrenzfähig, dann erschien der Ur-Meter aller Kompakten, der VW Golf, und ließ die Konkurrenz aus Köln und Rüsselsheim mit einem Mal steinalt aussehen: Quermotor, Frontantrieb und Heckklappe sind seitdem Standard in dieser Klasse, und da wirkte der Kadett C einfach alt, trotz der einzigartigen Karosserievielfalt inklusive Targa-Cabriolet und »GT/E«-Spitzenmodell.

Die vierte Serie, Kadett D, unterschied sich deutlich von ihren Vorgängern und besaß einen quer eingebauten Motor sowie Frontantrieb (was für Opel eine vollständige Abkehr von dem bisherigen technischen Konzept bedeutete). Der D-Kadett nach Golf-Vorlage avancierte tatsächlich zum härtesten Rivalen der Wolfsburger. Topmodell und GTI-Gegenstück war der GTE mit 1,8 Liter Hubraum und 115 PS, auch dass Opel erstmals einen Diesel-Kadett anbot, war eine Reaktion auf den Vormarsch der VW-Selbstzünder. 1984 erschien das letzte Modell der Traditionsreihe auf dem Markt. Der rundgelutschte Kadett E entstand bis 1991 in diversen Ausführungen, es gab ihn auch offen. Die Ablösung hieß Astra, kurioserweise allerdings nicht »Astra A«, sondern »Astra F« – ein schöner Hinweis darauf, dass es sich hier um einen Kadett in anderem Gewand handelte. Das irritierte vielleicht deutsche Käufer, die britische Vauxhall-Tochter verwendet diese Bezeichnung schon seit den Tagen des Kadett D. Die Motorenpalette war breit gefächert, die Cabrio-Ausführung basierte, anders als beim E-Typ, auf der Stufenheck-Variante. Die erste Astra-Generation, ebenso wie der Vectra ganz im Zeichen des Spar-Wahns entstanden, ruinierte in kurzer Zeit den Ruf von Opel als Hersteller von zuverlässigen, soliden Autos, und davon hat sich das Unternehmen bis heute nicht so recht erholt. Natürlich hatte Opel nicht vergessen, wie man gute Autos baut, die nächsten Generationen wurden mit jeder neuen Auflage wieder besser und hochwertiger, doch hat der Weg aus dem Image-Keller beinahe ein Vierteljahrhundert gedauert. Doch bei aller berechtigten Kritik an der unsensiblen und nur auf die

OPEL

Kosten fixierte US-Konzernspitze darf nicht vergessen werden: Opel hat GM auch einige ausgesprochene Klassiker zu verdanken, allen voran der Opel GT.
Schöner Fliegen im GT
Im November 1968 rollte der erste GT vom Band, drei Jahre nach seiner Premiere auf der IAA 1965. Der ungewöhnlichste Opel seit den Tagen des Vorkriegs-Raketenwagens stand dort, noch etwas schüchtern, als »Experimental-GT«. Die Konzeptstudie eines Zweisitzers mit flachem Bug und Klappscheinwerfern, bauchigen Kotflügeln und scharfer Abrisskante am Heck erinnerte ein wenig an die amerikanische Sportwagen-Ikone, den Chevrolet Corvette, und kam so gut an, dass GM grünes Licht für die Umsetzung in die Großserie gab. Die technische Basis stellte der Kadett B, die Hinterachse an Schraubenfedern war neu. Basis-Motorisierung bildete der 1,1-Liter-Vierzylinder mit 60 PS, darüber angesiedelt war das 90 PS starke 1,9-Liter-Aggregat, das der sportlichen Optik adäquate Fahrleistungen versprach. Der GT 1900 hatte eine Höchstgeschwindigkeit von 185 km/h und beschleunigte von Null auf 100 in 10,8 Sekunden.
Serienmäßig gelangte die Motorkraft über ein manuelles Viergang-Getriebe zur Hinterachse. Die optionale Dreigang-Automatik war vor allem in Übersee beliebt, GM bot den GT auch in den USA an. Der Einstiegspreis für den überraschend kompromisslosen Opel lag bei 10.767 Mark, der GT war allerdings im Ausland weit beliebter als hierzulande. Noch nicht einmal ein Fünftel der 103.463 gebauten Fahrzeuge blieb in Deutschland. Die Produktion endete im Juli 1973. Er hat viel für das Opel-Image getan. Für Stückzahlen haben aber viel konventioneller aussehende Fahrzeuge gesorgt.

Opels neue Mitte: Manta und Ascona

Die Rolle als schmuckes Sportcoupé erfüllte der wesentlich massenkompatiblere Manta A, der im September 1970 vorgestellt worden war. Das sportliche Coupé, dessen Flügelrochen-Emblem nach Fotos des Meeresforschers Jacques Cousteau entworfen wurde, verstand sich als Alternative für Individualisten, als Auto im Stil der populären »Pony Cars« aus den USA. Was nicht ganz so laut verkündet wurde: Opel, als seinerzeit erfolgreichste Marke auf dem deutschen Markt, hatte anders als Erzrivale Ford mit dem Capri kein familientaugliches Coupé auf Basis der Großserie im Angebot. Während dieser aber auf einer eigenständigen Plattform aufbaute, teilte sich der Manta Technik und Bodengruppe mit der einen Monat später vorgestellten Ascona-Reihe. Hier wie da kamen viele bewährte Komponenten aus Opels Technik-Baukasten, insbesondere von Kadett und Rekord, zum Einsatz. Damals noch durchaus üblich war die Kombination aus Einzelradaufhängung und Schraubenfedern vorn und starrer Hinterachse an Längslenkern mit Panhardstab.
Die neue Mittelklasse aus Rüsselsheim passte mit ihrer sachlichen Linienführung in den Stil der Zeit. In Verbindung mit der zur Verfügung stehenden gutbürgerlichen Motorisierung war der Manta auch mit dem 90 PS starken Rekord-Motor ein familienfreundliches Coupé mit anständiger Zweier Sitzbank, das sich »unter allen Bedingungen schnell und außerordentlich sicher« bewegen ließ. Das Topmodell der Baureihe, der Manta GT/E, feierte im Herbst 1973 seine Premiere auf der IAA in Frankfurt. Sein Vierzylinder 1,9-Liter-Einspritzmotor mit Bosch LE-Jetronic leistete 105 PS. Typisch für jene Zeit war der Verzicht auf jedweden Chromzierrat. Bis zur Ablösung durch den Manta B wurden 498.553 Manta A gebaut, vom Ascona A waren es 691.438 Einheiten.
Den Ascona wiederum pries Opel als »Auto der technischen Vernunft«. Man positionierte ihn zwischen Kadett und Rekord. Angeboten wurde der Ascona als zwei- und viertürige Limousine und als Kombimodell in Normal- und Luxus-Ausführung mit zuerst nur einem 1,6-Liter-Vierzylinder und zunächst maximal 80 PS. Zur sportlichsten Serienausführung avancierte der zum Genfer Salon 1971 gezeigte Ascona SR mit 1,9-Liter-Aggregat und 90 PS, der dem Ascona frühen Rallye-Ruhm einbrachte: Aufgebohrt auf zwei Liter Hubraum und umgebaut auf einen

Der Opel Kadett B Rallye war ab 1966 auf dem Markt. Opel bezeichnet ihn als »Urahn aller Kompaktsportler«. War damals selten und ist heute, in gutem Zustand, richtig teuer.

Die KAD-Familie der B-Serie von 1969: Technisch weitgehend baugleich, hatte der Diplomat im Mercedes-Stil senkrecht stehende Scheinwerfer und der Admiral liegende.

Der Kadett C von 1974 war das erste Weltauto von Opel-Mutter General Motors. Die Karosserievielfalt war wesentlich größer als bei der Konkurrenz.

Den Irmscher Manta A fuhren die Rallye-Legenden Walter Röhrl und Rauno Altonen 1975 beim 24-Stunden-Rennen in Spa. (Foto: © GM Corp. Media)

Nach fünf Jahren und 1,2 Millionen gebauten Einheiten stellte Opel zur IAA in Frankfurt im September 1975 die zweite Ascona-/Manta-Generation vor.

Der Commodore B war die Luxus-Ausgabe des Rekord D von 1972. Als GS/E mit dem Admiral-Sechszylinder knackte er mit 160 PS die prestigeträchtige 200-km/h-Marke.

Der D-Kadett von 1979 brachte Opel wieder auf Augenhöhe mit VW.
(Foto: © GM Corp. Media)

Die Achtziger waren traurig für Cabrio-Liebhaber; findige Händler legten aber selbst Hand an, so wie Opel-Händler Keinath. Der KC3 entstand auf As-cona-C-Basis in 325 Exemplaren. (Foto: © Keinath)

Mit dem Senator versuchte Opel, Mercedes- und BMW-Kunden zum Umsteigen zu bewegen. Zusammen mit der Coupé-Ausführung Monza wurde er 1978 in Südfrankreich der Presse präsentiert, und die zeigte sich schwer beeindruckt: »Mit ihm glückte Opel eine glanzvolle Rückkehr in die Oberklasse«, lobt die Zeitschrift mot. (Foto: © GM Corp. Media)

Aluminium-Crossflow-Zylinderkopf, brachte der Ascona A des Opel-Euro-Händler-Teams über 200 PS bei 6700 U/min.

Zum Modelljahr 1976 ersetzte Opel sein Erfolgsgespann Manta/Ascona durch eine neue Modellreihe, die sich technisch kaum – Ausnahme: die Vorderachse, jetzt vom Kadett C –, optisch aber um so mehr von den Vorgängern (die sich damit den Nachnamen »A« verdienten) unterschieden. Die Motorenpalette barg ebenfalls keine großen Überraschungen, sie reichte zunächst vom überforderten 1,2-Liter mit 60 PS bis zum Zweiliter-Einspritzer mit 110 PS. Einen Ascona Kombi gab es nicht mehr.

Mit Vorderradantrieb und quer eingebautem Motor stellte der Ascona C ab 1981 eine Neuentwicklung dar. Außer als zwei- und viertürige Stufenhecklimousine gab es ihn auch fünftürig mit Schrägheck. Die deutsche Version der amerikanischen Opel-J-Car-Modelle wurde bis 1988 gebaut. Im selben Jahr trat der Vectra A mit denselben Karosserieversionen seine Nachfolge an, ein Opel, der nahezu und zu Recht beinahe vollständig in Vergessenheit geraten ist. In Sachen Qualität und Zuverlässigkeit – wir sagten es bereits – war er eine Zumutung. Es dauerte ein wenig, bis sich das rumsprach, daher vermochten die Benziner zunächst nahtlos an den Erfolg der Ascona-Reihe anzuknüpfen. Nach A kommt B, in dem Fall der Vectra B von 1995 mit neuem Fahrwerk (war etwas besser verarbeitet, aber nicht viel), und mit dem Vectra C (2002 bis 2008) verabschiedete sich der Name aus dem Opel-Programm. Man hat ihn nicht vermisst, bei seinem Nachfolger Insignia (die erste Generation erschien 2008, die zweite 2017) haben die Rüsselsheimer vieles richtig gemacht: Die Qualität stimmt, die Technik ist top, und bis zu 210 PS kosten bei der Konkurrenz meist deutlich mehr. Der Insignia erreicht als Kombi (»Sports Tourer«) die Fünf-Meter-Grenze und ist inzwischen die größte Limousine des Herstellers – ein bemerkenswertes Längenwachstum, das den Urgroßvater der Sippe, den Ascona, nachgerade mickrig wirken lässt. Das gilt auch für weitere längst aus dem Programm getilgte Typen. Gerade in der Mittelklasse hatte Opel davon eine ganze Menge angeboten.

Rekordverdächtig in der Mittelklasse

Bis in die Sechziger hinein hatte Opel in der Mittelklasse richtig Kasse gemacht. Die Rekord- und die darüber angesiedelten Kapitän-Baureihen gehörten zum Inventar des wirtschaftswunderlichen Deutschlands.

Die Mittelklasse, das war Opel-Land. Das Rüsselsheimer Erfolgsrezept stand für wenig aufregende, aber haltbare Hut-und-Hosenträger-Konstruktionen mit Standardantrieb und schaukelweicher Federung. Wer sich für einen Mittelklassewagen interessierte, landete fast zwangsläufig beim Rekord und hatte das gute Gefühl, für seine sauer verdienten 6500 Mark einen reellen Gegenwert zu erhalten. Na ja, und im Grunde genommen galt das auch für den neuen Rekord anno '63. Der mochte sich nicht von seiner hinteren Starrachse trennen, was dazu führte, dass er an der Hinterhand härter gefedert war als je zuvor und als der unkomfortabelste Opel aller Zeiten galt. Je weiter das Jahrzehnt aber fortschritt, desto mehr verlor Opels Mittelklasse-Star an Boden, fürs Modelljahr 1967 sollte es eine neue Rekord-Generation richten. Diese C-Rekord-Reihe – die B-Modelle stellten eine nur ein Jahr gebaute Facelift-Ausführung des A-Typs dar – war weicher, fahraktiver, leistungsstärker und vor allem viel gefälliger als je zuvor. Erstmals gab es auch einen Sechszylinder-Rekord.

Der 2,2-Liter-Motor, später mit 2,5 und gar 2,8 Litern Hubraum, sorgte auch beim neuen Luxus-Modell »Commodore« für Vortrieb. Dennoch lief es in der Mittelkasse Anfang der Siebziger nicht mehr richtig rund. Die Zeiten änderten sich, auf den Straßen protestierte die Jugend, und Opel-Fahrer waren per se Spießer. Das machte sich allmählich auch in den Absatzzahlen bemerkbar.

Der 1971 abgelöste C-Rekord hatte es auf knapp 1,3 Millionen Fahrzeuge gebracht, der bis 1977 gebaute Rekord D kam auf anständige 1,1 Millionen –

Die Ablösung des C-Rekord von 1972 hätte eigentlich die Kennung »D« erhalten müssen. Um Verwechslungen mit dem Diesel zu vermeiden, hieß er letztlich aber »Rekord II«.

OPEL

schließlich fällt in diese Zeit die Ölkrise mit den damit verbundenen Absatzein-
bußen –, doch der E-Rekord blieb unter der magischen Million. Die Gründe dafür
sind schnell aufgezählt: technischer Stillstand, hausinterne Konkurrenz durch die
Ascona, die immer erfolgreicheren Audi – für den immer wieder überarbeiteten
und doch ständig gleichen Rekord-Hecktriebler (der sich bis zum Schluss 1986
nicht von seiner hinteren Starrachse trennen mochte) tickte die Uhr. Gewiss; die
Karosserievielfalt war unvergleichlich, der Fahrkomfort hoch und die Motoren
deckten in ihrer Vielfalt ein breites Spektrum vom schwer atmenden 60-PS-2,1-
Liter-Diesel – jawohl, Opel bot jetzt neben Mercedes ebenfalls einen schwer
atmenden Selbstzünder an – bis zu den spritzigen Sechszylinder-Commodore mit
2,5- und 2,8-Liter-Reihensechser und bis zu 160 PS: Opel-Käufer waren kühle
Rechner, keine Heißsporne. Leidenschaftliche Autofahrer machten einen Bogen um
die Opel, die – inzwischen völlig zu Unrecht – im Ruf standen, »Opa-Schaukeln« zu
sein. Das Erscheinen des Omega setzte der Rekord-Geschichte ein Ende.

Glücklos in der Oberklasse

Bis Anfang der Sechziger war der Kapitän der größte Opel der deutschen GM-
Filiale gewesen: Groß und schwer, aber technisch mit der alten Sechszylinder-Ma-
schine (die im Grunde genommen noch aus Vorkriegstagen stammte) nicht mehr
auf Augenhöhe mit Mercedes. Das neue Angebot an »Großen Opel« umfasste
Sechszylinder mit 100 PS, darüber angesiedelt war der Diplomat mit einem
amerikanischen 4,6-Liter-V8 und 190 PS. Für seine neuen
Fünf-Meter-Limousinen verlangte Opel zwischen
11.000 und 17.500 Mark, wobei die Sechszylinder
an den 1,5 Tonnen Blech, Lack und Gummi doch arg
zu schleppen hatten.

Verschwenderisch hingegen die Ausstattung, doch
konnten sich deutsch-amerikanischen Sechs- und
Achtzylinder-Schlitten sich gegen BMW und Mercedes nicht
mehr richtig durchsetzen, trotz durchaus ähnlicher Qualitäten:
Unterbodenschutz, Hohlraumkonservierung und anständige
Lackstärken waren ebenso mit an Bord wie die Opel-
typische Zuverlässigkeit und Standfestigkeit. 1969
versuchte Opel mit der KAD-Neuauflage ein letztes
Mal, das Blatt zu wenden: Mit aufgeräumterem Styling,
drei neuen 2,8-Liter-Sechszylindern und einem
5,4-Liter-V8, Letzterer aus amerikanischer
Produktion. Doch trotz des spürbaren
Bemühens um mehr Qualität und höheren
technischen Aufwands glückte es nicht, an die Erfolge der
Fünfziger anzuknüpfen. Sie hielten sich noch bis 1977 hartnäckig
im Programm, Marktbedeutung indes hatten sie schon lange keine mehr. Ihre
Nachfolge traten, ein halbe Nummer kleiner, der Senator an und dessen sportiver
Sidekick namens Monza. Der Omega B, gebaut zwischen 1994 und 2003 und
zwischen 115 und 218 PS stark beendeten schließlich die ambitionierten Versuche
Opels, in der Mercedes-Liga spielen zu wollen. Die Stuttgarter ihrerseits hingegen
wilderten schon seit geraumer Zeit in Form von A-Klasse und Smart in ange-
stammten Opel-Revieren. Daher konzentrierten sich die Rüsselsheimer künftig
wieder vermehrt auf diese Marktsegmente. Unglücklicherweise war damit längst
nicht genug Geld zu verdienen.

Kleinwagen nach Maß: Von Corsa, Adam und Karl

In dem Maße, in dem der Kadett in die nächst größere Fahrzeugkategorie gewachsen war, öffnete sich eine Lücke im Modellprogramm, die Platz ließ für ein neues
Kleinwagen-Programm. Zu Beginn der 80er Jahre startete Opel mit dem Corsa

Zu den gesuchtesten Opeln der Achtziger gehört der Omega 3000 mit 3,0-Liter-Sechszy-
linder, als Evolution 500 satte 230 PS stark. (Foto: © GM Corp. Media)

Der Calibra feierte seine Premiere auf der IAA 1989 und wurde zu einer der Ikonen der
Autoszene der Neunziger. Der schwarze Cliff-Calibra V6 nach Klasse 1 holte 1996 die
letztmals ausgetragene Internationale Tourenwagen-WM. (Foto: © GM Corp.)

Heute noch einen originalen, unverbastelten Corsa A zu finden, zumal in der GSE-Variante, dürfte schwerer sein als einen Ferrari. (Foto: © GM Corp. Media)

Der Astra löste 1991 den E-Kadett ab; Topmodell war natürlich wieder das GSi-Modell. In diesem Jahrzehnt begann der lange Abschwung der Marke (Foto: © GM Corp. Media)

Opels Bestseller in den Achtzigern war der E-Kadett. In den Neunzigern konnte man ihn, modifiziert, auch als Daewoo erhalten. (Foto: © GM Corp. Media)

Der Opel Adam, gebaut 2013 bis 2020, basierte auf dem Corsa und gehörte zu den beliebtesten Sub-Kompakten seiner Zeit. So groß wie ein Mini, aber nicht teurer als ein Fiat 500 und einer satt dreistelligen Anzahl an Individualisierungsmöglichkeiten war Adam so hip wie noch kein Opel vor ihm gewesen.
(Foto: © Adam Opel AG)

So variantenreich sah die Astra-Modellpalette zu Beginn des neuen Jahrtausends aus, die der Käufer bei einem der fast 1600 Opel-Händlern kaufen konnte: Vielleicht noch den einen oder andern Vertreter der ersten Astra-Generation (links), aber ganz sicher ganz viele von der zweiten (oben und rechts). Nur der Flügeltürer von 2001 in der Mitte, den gab's weder für Geld noch gute Worte: der blieb eine Studie.
(Foto: © Adam Opel AG)

Nach dem Van-Boom, den Opel mit dem Zafira maßgeblich losgetreten hat, mischten die Rüsselsheimer auch den SUV-Markt auf: Der Mokka 2012 war Vorreiter bei den Sub-Kompakten und der Crossland X ersetzte den Meriva, bis mit dem Grandland X schließlich Ende 2017 ein Kompakt-SUV erschien. (Foto: © Adam Opel AG)

Autos wie der Insignia (1. Generation 2008–2017, 2. ab 6/2017) waren stets besser als ihr Ruf. Die Kombis heißen längst schon Sports Tourer. Hier ein etwas auf Lifestyle getrimmter Kombi »Country Tourer« (2014-2016). (Foto: © Adam Opel AG)

A seine Kleinwagenserie. Diesen modern konzipierten Kleinwagen mit Quermotor, Frontantrieb und Schrägheck-Karosserie hatte GM als Weltauto angelegt und verkaufte ihn unter verschiedenen Namen. Der rund 3,62 m lange Wagen entstand für den europäischen Markt im spanischen GM-Werk und konkurrierte mit dem VW Polo und dem Ford Fiesta. Seine Vierzylinder-Motoren leisteten zwischen 45 und 70 PS. Den Corsa gab es hierzulande mit zwei und vier Türen, dazu kam zwischen 1983 und 1987 eine Stufenheck-Variante, die in Deutschland nicht sonderlich erfolgreich war. Eine solche Ausführung wurde in Deutschland vom Corsa B (1993) gar nicht mehr angeboten. Den jetzt auch im neuen Opel-Werk Eisenach gebauten Fronttriebler gab es sowohl drei- als auch fünftürig; seine gefälligere Linienführung gefiel vor allem weiblichen Fahrern. Die erste Ausführung gab es mit 1,2-Liter- und 1,4-Liter-Benziner aus dem Corsa A; zum Topmodell avancierte der mit markantem Spoilerwerk versehene GSi mit 109 PS. 1997 bekam der Wagen neben einem Facelift einen 1,0-Liter-Ecotec-Dreizylinder-Motor spendiert. Auf dieser Basis entstand ein Coupémodell namens Tigra. Als nicht ganz so erfolgreich erwies sich die dritte Generation des Corsa, obwohl diese nicht nur optisch, sondern auch technisch weiterentwickelt wurde und zudem in der Größe auf 3,83 m zulegte. Wiederum als Drei- und Fünftürer erhältlich, wurde der Corsa C von 2000 bis 2006 mit verschiedenen Motorisierungen gebaut, darunter auch mit einem 1,7-Liter-Diesel der japanischen GM-Marke Isuzu. Auch wenn der Corsa C vielleicht nicht so gut ankam wie erhofft, seine Technik wurde für weitere Fahrzeuge genutzt: Tigra Twintop, Opel Meriva und Opel Combo nutzen die technische Basis der Gamma-C-Plattform von GM. Ihm folgte der Corsa D auf Fiat-Plattform (auch der Grande Punto nutzt diese), und bis zur Ablösung 2019 sollte sich daran weder optisch noch technisch allzu viel daran ändern. Die neue, sechste Generation nutzt eine Plattform der Konzernmutter PSA und bringt auch erstmals einen Stromer in das Corsa-Programm, während der spaßige, aber komplett unvernünftige und daher nicht mehr zeitgemäße Corsa OPC mit 207 PS bereits im Herbst 2018 aus dem Programm fiel.

Dieses Schicksal ereilt auch den Adam, der Anfang 2013 erschien: So groß wie ein Mini, nicht teurer als ein Fiat 500 und lifestyliger als beide zusammen war dieser Corsa-Ableger mit unzähligen Farben, Dekors und Ausstattungen bis hin zum Faltschiebedach viel stärker zu individualisieren als jeder andere Opel zuvor und ein echter Bestseller. Leider passte er nicht mehr in das neue, von PSA verordnete Produktportfolio: Opel muss rentabler werden, da passen solche Nischenmodelle nicht mehr so recht in das Kostenkorsett. Das hat früher schon für Exoten wie den Tigra (der Coupé-Variante des Corsa B) oder dem Twin Top (Klappdach-Cabrio) ein Ende bereitet. Diese Entwicklung ist aber keineswegs nur bei Opel anzutreffen, auch Hersteller wie Ford (Puma, Focus CC) oder VW (Beetle, Eos, Scirocco) können oder wollen keine Autos mehr im Programm halten, die aus der Masse hervorstechen.

Der Cascada war im Grunde genommen die Cabrio-Variante der vierten Astra-Generation. Der offene Viersitzer blieb eine Rarität im Straßenbild und wurde nur zwischen 2013 und 2019 verkauft. (Foto: © Adam Opel AG)

TRABANT

Während der Automobilbau Westdeutschlands in den Fünfzigern Fahrt aufnahm, taten sich die Genossen in Ostdeutschland ungleich schwerer. Um aber im »Wettbewerb der Systeme« nicht vollends ins Hintertreffen zu geraten, gab die politische Führung der DDR den Auftrag zum Bau eines robusten und sparsamen Familien-Kleinwagens mit Zweitakt-Motor nach DKW-Konstruktion, der nicht mehr als 4000 Ostmark kosten sollte. Tiefziehblech allerdings war selten und teuer (es stand auf der Embargoliste des Westens), deshalb sah man für die Außenteile der Karosserie eine Fertigung aus Duroplast vor, einem Baumwoll-Phenolharz-Gemisch.

Plaste statt Blech für die Außenhaut

Die erste Version des DDR-Volkswagens hieß P50 und erschien Mitte 1954. Sie war eng und teuer in der Produktion, weil der Blechanteil noch zu hoch war: So konnte sie keinesfalls in Großserie gehen. Sie musste umkonstruiert werden, um die Zeit zu überbrücken, entstand in Zwickau ein Zwischentyp namens P70, der das Chassis des IFA F8 (seinerseits ein nahezu unveränderter DKW Meisterklasse von 1938) mit einer kunststoffbeplankten Holzkarosserie kombinierte. Der P70 blieb bis Ende der Fünfziger in Produktion, der modifizierte P50 mit dem 18 PS starken 0,5-Liter-Zweitaktmotor ging schließlich 1958 in Serie. Er kostete zwar fast doppelt so viel wie geplant und war auch noch nicht wirklich serienreif, hatte aber den einprägsamen Namen »Trabant«, zu Ehren des triumphalen sowjetischen Weltraumstarts 1957. 1963 fand schließlich eine grundlegende Überarbeitung des Motors statt. Unter dem Namen Trabant 600 (werksintern P60) bekam der Kleinwagen einen 0,6-Liter-Motor mit 23 PS und ein vollsynchronisiertes Getriebe, 1964 fand die nächste (und letzte) größere Modellpflege statt.

Der TRABANT kreist für 26 Jahre

Der Trabant 601 erhielt eine zeitgemäßere Karosserie und eine etwas nettere Inneneinrichtung. Es gab ihn als Limousine wie auch als Kombi. Die Wartezeit für den 601 betrug bereits drei Jahre. Leistungsmäßig geriet er nun allerdings gegenüber den Viertaktern aus dem Westen ins Hintertreffen, auch im Export. Und bei Rallye-Veranstaltungen waren die Trabis nun zunehmend unter sich, da in dieser Hubraumklasse kaum noch Westkonkurrenz an den Start ging. Eigentlich hätte bereits 1967 ein Nachfolger erscheinen sollen, doch daraus wurde nichts, ebenso wie auch die Pläne für einen Nachfolger mit Skoda-Motor 1979 wieder in der Schublade verschwanden: Der DDR-Bürger hatte sich mit dem Trabant 601 zu begnügen. Mangels Alternativen aber erhöhten sich die Wartezeiten Jahr für Jahr, ein Dutzend oder mehr Jahre, so die offizielle Ankündigung bei der Bestellung ... Für die NVA erschien der 601 bereits 1966 in geringer Stückzahl als Kübelwagen (601 A). Ausschließlich für den Export gab es sogar ab 1978 eine ebenfalls rare Cabrio-Version unter dem Namen »Tramp«.

Mit Polo-Motor zum letzten Akt

Zu Beginn der Achtziger war der kleine »Volkswagen« aus dem Osten hoffnungslos veraltet. 26 PS leistete er mittlerweile, doch sein Benzin-Öl-Gemisch verpestete nicht nur die Umwelt, das Auto verbrauchte auch eine Menge davon. Weil der DDR die Mittel zur völligen Neuentwicklung eines modernen Viertakters fehlten, ging sie 1984 ein Lizenzgeschäft mit VW ein. Der Autohersteller aus Wolfsburg sollte für den neuen Trabant 1.1 die Motorlizenz stellen. Doch die notwendigen Investitionssummen fielen so hoch aus, dass sich weitere Investitionen in Optik oder in Technik verbaten. Außerdem waren viele Trabant-Zuliefererfirmen schlichtweg nicht mehr in der Lage, die benötigten Teile zu liefern, und als 1990 endlich die Serienfertigung des Trabant mit Polo-Motor (125 km/h Spitze) anlief, war die DDR Geschichte. Nach der Wende interessierte sich kein Mensch mehr für die »Mumie mit Herzschrittmacher«, wer konnte, kaufte sich einen Westwagen und verschrottete seinen Trabi, und einen neuen Trabant 1.1 hätten die meisten noch nicht einmal geschenkt genommen.

1989 kam der Trabant 1.1 mit VW-Motor. Doch auch der brachte keine Rettung. Typisch ist der teilabgedeckte Kühlergrill, so wie bei diesem Tramp zu sehen. (Foto: © Ralf Weinreich)

So bleibt er in Erinnerung: Der P 601 in seiner pastellblauen Lackierung.

(Foto: © Hersteller)

Der P 50 in Kombiausführung wurde im März 1960 vorgestellt, rund ein halbes Jahr nach dem Produktionsende des P 70-Kombis. Ihn gab es auch als Kleinlieferwagen sowie als Camping-Variante mit Faltschiebedach und Liegesitzen. (Zeichnung: Werk/Slg. Rönicke)

Wer Verwandte im Westen hatte, musste nicht unbedingt ein Dutzend Jahre oder noch länger auf seinen neuen Trabant warten: Er konnte ihn sich kurzfristig über die Firma »Genex« auch schenken lassen, sofern zuvor die Bezahlung in harten Devisen erfolgt war. (Foto: Werk/Slg. Such&Find)

Wie alles begann: Der W30 (im Original von 1936 bis 1938 in Kleinserie gebaut, hier der Nachbau von 2004) gehört zu den Vorläufern des Kdf-Wagens, der wiederum zum Käfer mutierte.

(Foto: © Volkswagen AG)

Der Typ 60 K10 war die Sportversion des Volkswagen und entstand in drei Exemplaren für das (nie durchgeführte) Rennen Berlin-Rom 1939. Dieser VW gilt als »Ur-Porsche«.

(Foto: © Volkswagen AG)

In den Sechzigern entstanden auf Käfer-Basis zahlreiche Umbauten. Besonders beliebt waren die VW-Buggies. (Foto: © Slg. Storz)

Die Idee, einen Volkswagen zu bauen, existierte schon lange, hatte sich allerdings nie so recht durchsetzen können. Im Deutschland der 1930er Jahre bemächtigten sich dann die Nationalsozialisten dieser Idee und machten daraus eine der größten Propagandaaktionen jener Zeit. Als eigentlicher Vater gilt der österreichische Ingenieur Ferdinand Porsche, der in seinem Stuttgarter Konstruktionsbüro nach bekannten Konstruktionsprinzipien einen Wagen entwarf, der ab 1940 in einer aus dem Boden gestampften gigantischen Fabrik in riesigen Stückzahlen gebaut und für 999 Reichsmark verkauft werden sollte. Das Werk für den neuen »KdF-Wagen« (KdF = »Kraft durch Freude«) entstand 1938 unweit von Fallersleben in Niedersachsen. Doch keiner der während des Krieges gebauten 630 zivilen Volkswagen gelangte in die Hände eines Volkswagen-Sparers. Seine Technik diente vielmehr als Basis u.a. des Kübelwagens der Wehrmacht und für einen Rennwagen, den »Paris-Rom-Wagen«, ein Stromliniencoupé, das Porsche als Typ 64 in drei Exemplaren für ein – kriegbedingt nicht mehr ausgetragenes – Langstreckenrennen diente.

Die ersten Käfer-Limousinen wurden 1945/46 ausschließlich an Behörden geliefert, der Erwerb für Privatpersonen war nur auf Bezugsschein möglich. Am 14. Oktober lief der 10.000 Käfer vom Band. Danach kannten die Produktionszahlen nur noch eine Richtung, sie stiegen steil nach oben, nicht zuletzt auch, weil adrette Sonderkarosserien wie das Hebmüller-Cabriolet für positive Schlagzeilen sorgten. Bereits am 5. August 1955 rollte der 1.000.000. Volkswagen vom Band, und als Anfang der Sechziger mit dem Typ 3 / VW 1500 eine zweite Volkswagen-Modellreihe in den Markt startete, handelte es sich im Grunde genommen nur um eine anders verpackte Variation des bekannten Heckmotor-Themas.

Am Käfer führt kein Weg vorbei

Dennoch war auch in den Sechzigern die VW-Welt noch in Ordnung: Das deutsche Vorzeigeunternehmen stürmte von einem Zulassungsrekord zum nächsten, während alle Versuche seitens der Konkurrenz, der Käfer-Plage Herr zu werden, scheiterten. Dem Vorwurf mangelnder Entwicklungsarbeit begegneten sie mit behutsamer Modellpflege und beharrlicher Verfeinerung im Detail. Schönes Beispiel dafür ist der VW 1300 von 1965. Der sah so aus wie alle anderen, hatte aber mehr Hubraum und sechs PS mehr als der Export-Käfer und schaffte eine Spitze von 122 km/h. Als weitere Variante erschien im August 1966 der 44 PS starke VW 1500, die Spitze stieg auf 128 km/h. Außerdem war das der erste Käfer serienmäßig mit vorderen Scheibenbremsen. Im August 1967 kam der große Karosserieumbau, der zu den neuen Stoßstangen mit »Eisenbahnschienen«-Profil führte. Erst der VW 1302 von 1970 stach deutlich aus dem bisherigen VW-Einheitsbrei hervor. Der 44-PS-Käfer mit dem 1,3-Liter-Motor des VW 1300 erschien zum Modelljahr 1971 und hatte einen komplett neuen Vorderbau erhalten. Neu war die vordere Radauf-

Der Karmann-Ghia entstand auf den Bändern von Karmann. Als er auslief, wurden die Kapazitäten für die Scirocco-Produktion genutzt. (Foto: © Volkswagen AG)

hängung an McPherson-Federbeinen, auch gab es die Doppelgelenk-Hinterachse jetzt an allen Serien-Käfern. Gebaut wurde der 1302 nur zwischen 1970 und 1972, und sein Nachfolger, der 1303, sollte es nur auf eine um ein Jahr längere Bauzeit bringen.

Daneben bot der VW 1200 weiterhin die Basis-Motorisierung. Zuletzt in Mexiko gebaut, endete sein Import 1985, während er in Südamerika noch bis 2003 gebaut werden sollte. Doch auch wenn der Volkswagen das meistgebaute Auto der Welt war und 1972 die 15-Millionen-Marke überschritten hatte: Der Wolfsburger Riese litt zunehmend unter dem eigenen Erfolg. Das Modellprogramm war hoffnungslos veraltet und basierte im Wesentlichen noch auf dem technischen Konzept des Volkswagen Typ 1 aus den 1930er Jahren. Der Käfer mochte innerhalb der Automobilgeschichte eine Sonderstellung einnehmen, das galt aber für die davon abgeleiteten Fahrzeuge (abgesehen vom Typ 2 Transporter) nur bedingt. Der Ponton-Typ 3, der Anfang der Siebziger als VW 1600 in drei Karosserievarianten angeboten wurde, hatte weder mit Stufen- noch Fließ- oder Kombiheck die Popularität des Käfers erlangt. Der Typ 3 war kaum größer, nur wenig schneller, kein bisschen moderner und auch nicht solider als der Stammvater. Man hatte irgendwie mehr erwartet.

Kein Glück mit den Käfer-Ablegern

Natürlich, am Ende aller Tage waren knapp 2,5 Millionen Typ 3 gebaut worden, und doch blieb die Frage, ob es nicht besser gewesen wäre, das Heckmotorkonzept zugunsten des Standardantriebs – Frontmotor und Heckantrieb – und die Luft- der Wasserkühlung zu opfern. Doch das Evangelium der Wolfsburger war unanfechtbar: Ein Volkswagen hat einen luftgekühlten Boxermotor im Heck zu haben. Auch der Typ 4, der »Große Volkswagen« als die letzte Neuentwicklung unter Leitung des VW-Chefs Nordhoff, folgte dem bekannten Dogma. Immerhin: Es war der erste viertürige Volkswagen, der erste mit selbsttragender Karosserie, mit neuem Fahrwerk und einem neuen 1,7-Liter-Motor, der auf dem Papier 68 PS leistete. Die Limousine wie auch der spätere Variant verfügten über einen üppigen Kofferraum im langen Bug. Doch seine Optik war zu unkonventionell und seine Konzeption zu wenig zeitgemäß, als dass er ein großer Erfolg hätte werden können. Außerdem stöhnten 1967/68 alle unter der mittlerweile eingetretenen Wirtschaftskrise. Auch war der Anteil ausländischer Importwagen auf 25 Prozent gestiegen. In diesem wirtschaftlichen Umfeld floppte der lang erwartete »Große Volkswagen« und verstärkte die Krise des Wolfsburger Riesen.

Nach Maßstäben des Volkswagenwerkes war der so völlig am Kundengeschmack vorbei entwickelte Typ 4 (Premiere im Juni 1968) ein glatter Misserfolg, von ihm wurden nur etwas über 355.000 Stück gebaut. Als Heinrich Nordhoff 1968 starb, rauschte das Unternehmen mit Karacho in die Krise. Der Konzern, der 1970 gut über 40 % Gewinn gegenüber dem Vorjahr eingebüßt hatte, brauchte dringend ein neues, zeitgemäßes Fahrzeugangebot.

Vor diesem Hintergrund vollzog sich Anfang 1969 die Übernahme von NSU. Die Neckarsulmer nämlich hatten einen innovativen Fronttriebler entwickelt, den K 70, und der so euphorisch gefeierte Wankel-Motor war auch ein NSU-Schatz. Bald aber machte sich Katerstimmung breit, denn der neue Hoffnungsträger war eine ziemlich Gurke. Gut anderthalb Jahre geisterte der große Volkswagen durch die Gazetten, bis er, mit reichlich Vorschusslorbeeren bedacht, als VW K 70 (interne Bezeichnung: Typ 48) eingeführt wurde. Im November 1970 verließ der erste K 70 die neuen Werksanlagen in Salzgitter, die Euphorie wich aber bald der Ernüchterung: Der

VW-Tuning – »frisieren« hieß das damals – war seinerzeit ein ganz großes Thema, und auch in den frühen Siebzigern widmeten sich noch jede Menge Firmen dem Schnellermachen von Volkswagen. Decker, Heggelin (Schweiz), Sauer, Riechert, Oettinger, Zöllner, Willibaldt – das Angebot war schier unüberschaubar. Porsche Salzburg holte aus dem Käfer-Motor bis zu 120 PS.

Der VW 1600 hatte als Typ 3 / VW 1500 im September 1961 seine Premiere gefeiert. Im Laufe der Jahre hatte er eine längere Schnauze erhalten, war aber ansonsten weitgehend unverändert geblieben.

Die meist verkaufte Variante war der Variant, hier als 1500 S mit Zweivergasermotor und 54 PS, optisch erkennbar am Chromzierrat.

VW 1600 Stufenheck nach 1970: Das Facelift brachte einen größeren vorderen Kofferraum, größere Leuchten und Stoßstangen sowie eine Schräglenkerhinterachse.

Der NSU K70 (links) wurde von VW zur Serienreife gebracht und dann als K70 verkauft. Zusammen mit dem Typ 4 stand er an der Spitze des Modellprogramms.

Die Nachfrage war schwach, und eine bessere Ausstattung sollte den Absatz ankurbeln. Im Bild das Sondermodell K 70 LS mit Seitenstreifen, Sportfelgen und 100-PS-Motor.

(Foto: © Volkswagen AG)

Nach dem Vorbild des Wehrmachts-Kübelwagens Typ 82 der Kriegsjahre entstand für die Bundeswehr dieser offene Viertürer. Er basierte auf der breiten Bodengruppe des Karmann-Ghia. Er wurde zwischen 1969 und 1978 als VW Typ 181 angeboten.

Käfer-Nachfolger: Mit dem Golf hat in Wolfsburg die Neuzeit begonnen.

bis dahin teuerste Volkswagen – die Normalausführung kam auf 9450 Mark – litt unter zahlreichen Kinderkrankheiten und war ziemlich durstig. Der in der Produktion viel zu teuere Wagen, der außerdem noch dem neuen Passat Konkurrenz machte, wurde bei der ersten sich bietenden Gelegenheit aus dem Programm genommen.

Rettung aus Ingolstadt

Entscheidend für die Rettung von Volkswagen war die Übernahme des technischen Konzepts, für das Audi stand. Eine der ersten Entscheidungen des neuen VW-Chefs Rudolf Leiding, der Kurt Lotz 1971 folgte, hatte darin bestanden, ein VW-Modell auf Basis des Audi 80 entwickeln zu lassen. Zehn Monate später präsentierte Volkswagen dann den neuen Hoffnungsträger, der sich vom Audi 80 nur in Kleinigkeiten unterschied. Klare, schlichte Formen, Funktionalität und Sachlichkeit gehörten zu den Merkmalen des neuen Volkswagens, der zunächst eigentlich Typ 511 heißen sollte, doch die Nähe zum drögen bisherigen Modellprogramm war denn doch zu groß. »Passat«, der Tropenwind, brachte frischen Wind in die Heide, und mit ihm kam auch ein Schrägheck, das Giugiaro entwickelt hatte. Die umetikettierten Audi fanden viel Zustimmung. Angeboten wurden zunächst eine zwei- und eine viertürige Schrägheck-Limousine. Ärgerlich war der Verzicht auf eine vollwertige Heckklappe. Die ersten Passat als Nachfolger des VW Typ 3 verließen Ende Juli 1973 das Band. Im Gegensatz zum Audi 80 erschien der Passat auch als Kombi, der den VW 412 Variant ablöste.

Klasse in der Mittelklasse: Der Passat

Der 1973er Passat brachte in vielfacher Hinsicht neuen Wind in die angestaubte VW-Modellpalette, und das nicht nur wegen seines komplett neuen Konzepts: Er fegte gleich drei Typen aus dem Programm, die luftgekühlten Typen 3 und 4 sowie den von NSU übernommenen K 70. Die neue Generation mit dem kräftigen Atlantik-Wind im Namen sollte dem angeschlagenen Konzern kräftigen Rückenschub verleihen. An Motoren standen ein 1,3 Liter (55 oder 60 PS), ein 1,5 Liter (75 oder 85 PS) sowie ein 1,5 Liter mit Abgasregelung (78 PS) nach US-Vorschriften zur Wahl. 1981 ging's in die nächste Runde, jetzt auch mit Stufenheck unter der Bezeichnung »Santana«. Mit schöner Regelmäßigkeit folgten neue Varianten und Ausführungen, der Passat Variant syncro GT des Modelljahres 1985 war der erste Volkswagen mit permanentem Allradantrieb. Dieser stammte, ebenso wie der Fünfzylinder-Einspritzmotor, aus dem Audi-Regal. ABS gab es gegen Aufpreis. Zum Genfer Salon 1988 stellte VW die dritte Passat-Generation vor, mit glatter Front, ohne sichtbare Lufteinlässe. Die ansteigende Karosserielinie entsprach dem aktuellen Trend, die geglättete, schräg abfallende Bugpartie ohne sichtbare Lufteinlässe wies in der unteren Hälfte einen auffallend hohen Kunststoff-Stoßfänger bis zur

Der Passat ersetzte innerhalb des Modellprogramms sowohl den Typ 3 als auch den Typ 4.

(Foto: © Volkswagen AG)

unteren Scheinwerferkante auf. Der erste Passat mit quer eingebautem Motor trieb über ein (in manchen Varianten optionales) Fünfganggetriebe die Vorderräder an. Der Gangwechsel erfolgte über eine Seilzugschaltung, welche die Übertragung von Motorgeräuschen in den Innenraum unterdrücken sollte. Andererseits bildete gerade das hakelige und nur schwer einzustellende Getriebe einen ständigen Kritikpunkt bei diesem Passat, der dann 1993 nach der Modellpflege wieder mit einer konventionelleren Front aufwarten konnte. Nach rund sieben Millionen verkauften Einheiten präsentierte Wolfsburg zum Modelljahr 1997 dann die vierte Auflage des Mittelklasse-Volkswagens. Er war mehr als nur ein neues Automobil: Er war eine klare Kampfansage an das etablierte Oberhaus, in dem sich Audi, BMW und Mercedes eingerichtet hatten. In Sachen Qualitätsstandard, Komfort, Sicherheit und Design sollte er nach dem erklärten Willen von VW-Chef Ferdinand Piëch die Anmutung der Oberklasse ausstrahlen, und das gelang ihm zumindest teilweise. Nach Zentimetern gemessen, war der Passat im Audi-Stil nur wenig größer als das Vormodell, doch bot der Wagen unter dem Kuppeldach trotz längs gestelltem Motor Platz in Hülle und Fülle. Die viertürige Stufenhecklimousine auf A4-Plattform verfügte über eine vollverzinkte Karosserie und Sicherheitsfeatures wie ABS sowie Front- und Seitenairbags.

Die sehr erfolgreiche Passat-Baureihe erlebte im Zuge allfälliger Modellwechsel mehrere konstruktive Veränderungen, wurde laufend perfektioniert und bildet in der gegenwärtigen, seit Mai 2014 lieferbaren Auflage noch immer eine der tragenden Säulen im Modellprogramm. Jeder, der in der Mittelklasse etwas werden will, muss sich am Passat messen lassen. Der Käfer war damit allerdings noch immer nicht ersetzt.

MIT GOLF UND CO. AUS DER KRISE

Die Arbeiten am Käfer-Killer begannen im Herbst 1970. Es gab kaum Komponenten, die von anderen Baureihen übernommen werden konnten, keinen direkten Vorgänger, mit dem man bereits Erfahrung gesammelt hatte. Der einzige Maßstab für die Volkswagen-Entwickler war die Konkurrenz, und der Käfer – und der wiederum auch nur insoweit, als dass der neue Wagen in vielem das genaue Gegenteil des Dauerkrabblers darstellen musste, also Wasser- statt Luftkühlung, ein moderner Reihenvierer im Bug anstelle des durstigen Boxers im Heck, Vorderrad- statt Hinterradantrieb, eine selbsttragende Karosserie statt antiquiertem Rahmenbau, sachliche Kanten statt knubbeligem Buckel, kostengünstige Produktion statt aufwändige Fertigung. Auch bei der Konkurrenz gab es keinen solchen Fahrzeugtyp, der als Referenz hätte herangezogen werden können. So übernahm der EA (= Entwicklungsauftrag) 337 letztlich vom Käfer nur ein Maß, nämlich das des Radstandes: Das durfte die bekannten 2400 mm nicht überschreiten, was an den in den Werkstätten vorhandenen Prüfständen lag, die eben auf das Käfer-Maß ausgelegt waren. Alles andere war nicht nur neu, sondern auch ganz anders. Von Anfang an war der Golf ein überragender Erfolg, die Nachfrage übertraf auch die kühnsten Erwartungen. Im März 1976 verließ der 500.000ste Golf Wolfsburg, Golf war zum Nationalsport Deutschlands geworden. Im Oktober 1976 vermeldete Wolfsburg die Produktion des millionsten Golf, im Juni 1978 war die zweite Million voll. Und die Nachfrage riss nicht ab. Im September 1979 kam die dritte Million, im November 1980 fiel die Vier-Millionen-Marke. Februar 1982 rollte der Fünf-Millionen-Golf vom Band, und im September 1983, zur Serieneinführung der zweiten Golf-Generation, war die sechste Million voll.

Im Grunde genommen war das Golf-Rezept mit Kompaktbauweise und raumsparendem Frontantriebskonzept ja so neu nicht, In punkto Fahrwerk dem Golf nahezu ebenbürtig waren Fiat 128 und Alfasud. Die deutschen Hersteller favorisierten wie eh und je den Standardantrieb (Motor vorn eingebaut, Antrieb hinten). Dennoch waren die sehr ausgewogenen Stufenheck-Limousinen die größte Herausforderung für den neuen Wolfsburger, denn trotz ihrer Starrachse boten Kadett wie auch Escort narren-

Und dann kam der GTI: In Kleinserie geplant, entwickelte sich der 110-PS-Golf zum Bestseller mit monatelangen Lieferzeiten. (Foto: © Volkswagen AG)

Der Scirocco II sah zwar viel moderner aus als ein Scirocco der ersten Generation, basierte aber wie dieser auf der ersten Golf-Generation. (Foto: © Volkswagen AG)

Ein Passat, auch einer aus der zweiten Generation (1980–1988), wird es nie zur Klassiker-Ikone schaffen. (Foto: © Volkswagen AG)

Unter der Bezeichnung EA 400 erschien der Passat, der Audi-Klon löste den VW 1600 ab. Zierleisten und Breitbandscheinwerfer waren typisch für die »L«-Ausstattung.

(Foto: © Volkswagen AG)

Mit Plastikteilen rundum garniert wurde der Oldie 1987. So hielt er durch bis 1993. Top-Exemplare notieren bereits fünfstellig.

(Foto: © Volkswagen AG)

Der VW Polo war baugleich mit dem Audi 50. Unter der Haube sorgte ein neuer 0,9-Liter-Motor für Vortrieb. Sein Erfolg führte dazu, dass Audi für Jahrzehnte keine Kleinwagen mehr baute.

Der Corrado (1988–1995) wurde anfangs parallel zum Scirocco angeboten. Für Vortrieb sorgte zunächst der 1,8-Liter mit G-Lader, später der VR6.   (Foto: © Volkswagen AG)

Vom Golf II gab es kein Cabriolet, erst wieder vom Golf III. Den Wechsel zum Golf IV 1997 hat es verschlafen, stattdessen musste eine neue Front genügen.   (Foto: © Volkswagen AG)

Das VW-Programm der späten 80er: Obere Reihe, v.l.n.r.: Passat Limousine, Passat Variant (1988–1993), Golf Cabriolet (in der Form 1987–1993). Darunter: Corrado (1988–1995), Polo Coupé (1982–1991) und Golf II (1983–1991). Unterhalb des Polo der Stufenheck-Golf Jetta in der Ausführung nach 1984, ganz vorne Scirocco II GTX 16V (1983–1989) sowie der Polo II als Limousine. (Foto: © Volkswagen AG)

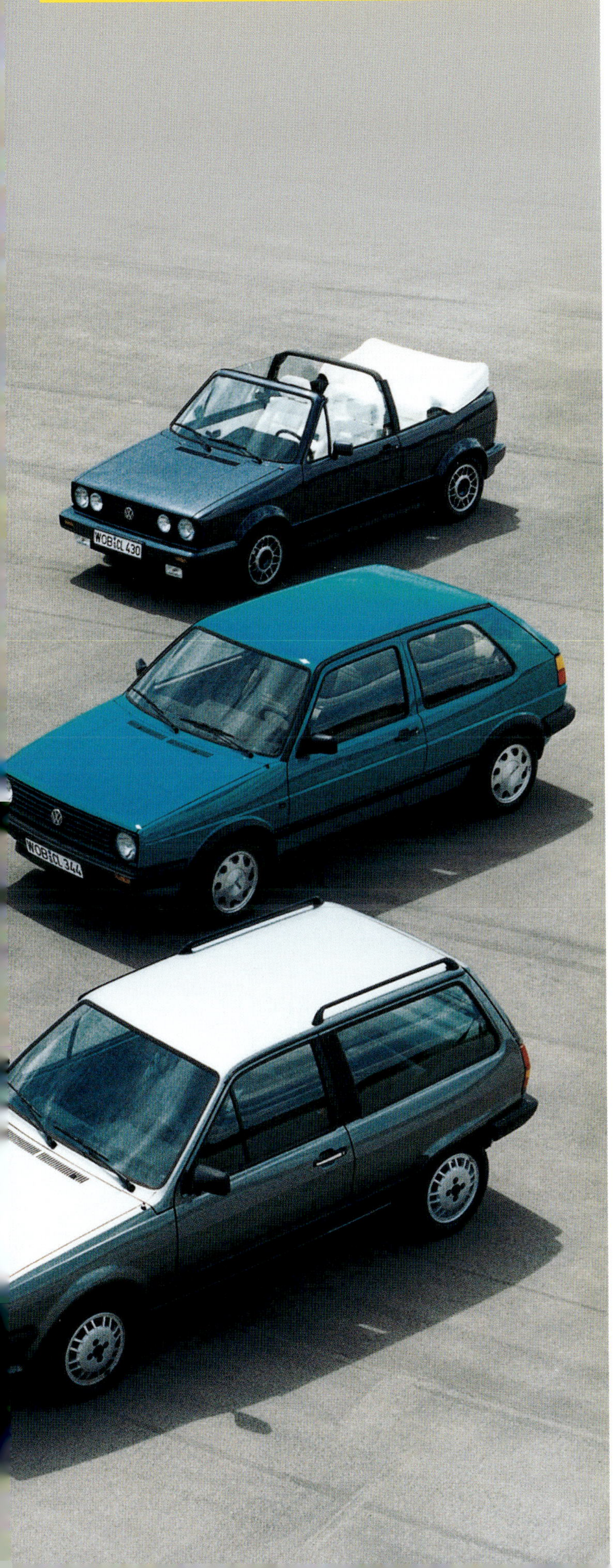

sichere Fahrwerke. Die japanische Konkurrenz (die bis auf Honda nur Standardware bot) spielte zur Zeit der Golf-Entwicklung auf dem europäischen Markt keine Rolle. Und ein Fahrzeug wie den VW Golf GTI, der 1976 für elend lange Lieferzeiten sorgte, hatte sowieso kein anderer Hersteller im Programm.
Mit dem Golf-Diesel verhalf Volkswagen auch dem Diesel-Pkw zum endgültigen Durchbruch, denn der Golf mit dem D bewies, dass gute Fahrleistungen und Selbstzünder sich nicht widersprechen mussten. Die ersten Exemplare, noch 50 PS stark, beschleunigten in 19 Sekunden von 0 auf 100 km/h und liefen 141 km/h. Das waren selbst im Vergleich zum Benziner beachtliche Werte. Die Drehfreudigkeit hatte einen Grund: Das Dieseltriebwerk im Golf D basierte auf dem bewährten Benzinmotor EA 827, einem der beiden Rumpfmotoren, auf denen das VW-Modellprogramm der Siebziger – vom Polo bis zum Passat – aufbaute. Ob mit Selbstzünder oder Otto-Motor: Der Golf gedieh im Laufe der Jahre zu einem Millionen-Auto, erfuhr zahlreiche Verbesserungen und im Rahmen konsequenter Modellpflege immer wieder Triebwerk- und Ausstattungs-Aktualisierungen, 1991 zum Beispiel in Form des ersten Benzin-Sechszylinders der Marke. Die besonders kompakte Bauform ermöglichte den Einsatz auch bei Fahrzeugen mit Frontantrieb und Quereinbau. Um diesen in den engen Motorräumen von Golf, Vento, Corrado und Passat unterbringen zu können, kombinierte man die Vorteile von Reihen- und V-Anordnung. Unter dem Namen VR6 wurde die neue Motorengeneration 1991 im Spitzenmodell der dritten Golf-Generation präsentiert. Technisch kontinuierlich bis hin zur Vierventil-Version weiter entwickelt, lebte die erfolgreiche VR-Bauform unter der verkürzten Bezeichnung V6 und in verkürzter Bauweise auch als V5 in den nachfolgenden Passat- und Golf-Generationen weiter. Der Golf – gleich welchen Motors – mit all seinen Varianten wie GTI, Diesel und Cabrio bis zum Kombi (Variant) und Van erwarb sich eine treue Anhängerschaft, er wurde, wie der Käfer, zum wahrhaft klassenlosen Automobil. Seine technischen Komponenten bildeten die Basis für zahlreiche Fahrzeuge mit und ohne VW-Logo, umso mehr seit dem Golf VII von 2012: Damals hat VW den modularen Querbaukasten eingeführt, auf dem nun die meisten – auch größeren – Modelle aufgebaut werden.
Bei all den unzähligen Ausführungen und Varianten hatte es aber nie eine echte Coupé-Version des Golf gegeben – zumindest hieß diese nicht so: der VW Scirocco, der attraktive 2+2 mit Heckklappe wurde wenige Wochen vor der Limousine eingeführt und war nichts anderes als die Sportversion des Golf (und damit das, was der VW Karmann-Ghia für den Käfer gewesen war: eine Alternative für alle, die das Besondere liebten). Gebaut wurde er auf den Karmann-Bändern. In der Folge mit den unterschiedlichsten Motoren bestückt, blieb dieser Wagen – der 1981 einem umfassenden Re-Styling unterzogen wurde – bis 1992 im Programm. Nachfolger des Scirocco wurde der VW Corrado, der sich deutlich vom Golf entfernt hatte. Der Scirocco des Jahres 2008 war wieder technisch sehr nahe dran am Golfsburger. Überhaupt ist heutzutage praktisch die halbe Modellpalette in der einen oder anderen

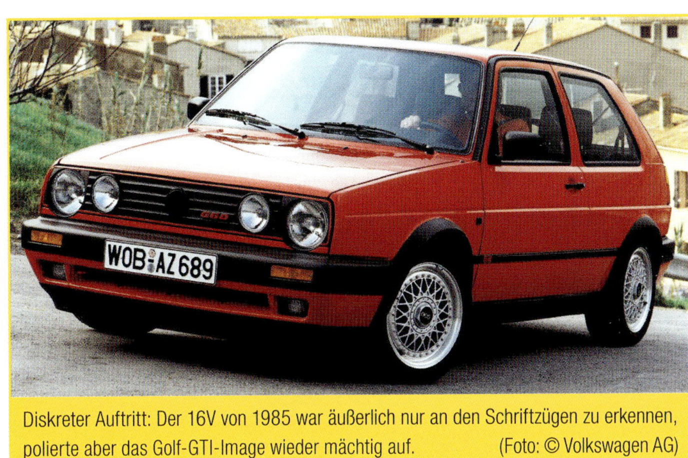

Diskreter Auftritt: Der 16V von 1985 war äußerlich nur an den Schriftzügen zu erkennen, polierte aber das Golf-GTI-Image wieder mächtig auf. (Foto: © Volkswagen AG)

Form mit dem ewigen Bestseller verwandt oder verschwägert, eine Folge der konsequent umgesetzten Plattform- und Gleichteilestrategie.

Kleiner Golf: der Polo

Auch der 1975 präsentierte Polo – ein Audi-50-Klon – entsprach dem inzwischen wohl bekannten Baukonzept von Passat, Golf und Scirocco. Der kleine Zweitürer war, ebenso VW-typisch, nur karg ausgestattet, das Polo-Einstiegsmodell sollte ursprünglich sogar nur Trommelbremsen erhalten. Zum Glück aber legten die VW-Verantwortlichen den Rotstift gerade noch rechtzeitig aus der Hand. Der Polo war mit seinen 3,50 Metern Außenlänge der kleinste, aber keineswegs der günstigste Volkswagen im Programm, das war immer noch der unverwüstliche Käfer, der als Grundmodell VW 1200 keine 7000 Mark kostete. Der direkte Vergleich mit dem Newcomer im Programm fiel für den Altmeister aber wenig schmeichelhaft aus: Die Vorzüge des kompakten Minis – der gut einen halben Meter kürzer war als der Stückzahlen-Weltmeister, aber mehr Platz im Innenraum bot, entschieden übersichtlicher war und sich dank der Heckklappe auch problemloser beladen ließ (und einen auf 500 Liter erweiterbaren Kofferraum besaß) – waren zu überzeugend, als dass der 30 Jahre alte Käfer ernsthaft hätte bestehen können: Die Käfer-Zeiten gehörten endgültig der Vergangenheit an, auch wenn er noch bis Mitte der Achtziger aus Mexiko importiert wurde – ein milde belächelter Anachronismus wie Renaults R4 oder die »Ente«. Der Polo ist seit Ende 2017 in sechster Generation zu haben. Wer zur Umwelt besonders gut sein will, kauft den Polo mit Gasantrieb, ganz und gar unkorrekt ist hingegen der 200 PS starke Polo GTI, was den Fahrspaß aber nicht schmälert. Zwischen diesen beiden Extremen gibt es eine breite Palette an Dreizylindern mit und ohne Turboaufladung sowie an Vierzylinder-Dieseln aus dem Konzernbaukasten mit 65 bis 115 Ponys unter der Haube.

Kleinkunst: Fox und Up

Mit dem Up, der im Jahr 2011 den in Brasilien gebauten und übel beleumundeten Fox ablöste, kehrte VW in die Klasse unter vier Metern Außenlänge zurück, die man mit dem in jeder Generation wachsenden Polo gerade verlassen hatte. Von den Konzernmarken Seat und Skoda gab es fast baugleich Schwestermodelle, und das 3,60 Meter lange Trio hielt die Meute der Verfolger klar in Schach: So groß hatte sich bis dahin noch kein Kleinwagen angefühlt, und so erwachsen auch nicht. 2016 gab es dezente optische Retuschen, mehr Individualisierungsmöglichkeiten und einen feinen neuen 1,0-Liter Dreizylinder-TSI-Motor, der im GTI sogar 115 PS leistete – der Ur-GTI ließ schön grüßen. Wer nicht auf das lustvolle Abfackeln von fossilen Brennstoffen steht, kann auch zum Stromer E-Up greifen. Das gute Gewissen muss dem Käufer aber mindestens 23.000 Euro wert sein, wie überhaupt der smarte Kleine kein Sonderangebot darstellt: VW-Typisch sind die Preise hoch, doch VW kann sich das leisten – meist zumindest, denn nicht in jedem Fall werden die Premium-Preise auch bezahlt: Diese Erfahrung hat Volkswagen in der Oberklasse machen müssen.
Der Phaeton, mit großen Erwartungen 2002 gestartet und 2016 enttäuscht aus dem Programm genommen, tat sich weltweit sehr schwer, war aber nichtsdestotrotz ein wunderbarer Wagen, dem zum ganz großen Erfolg eigentlich nur eines fehlt: ein klangvoller Familienname. Den hat man sich inzwischen aber zugekauft. Denn zum Konzern kamen neben Audi respektive NSU auch Seat (1984) und Skoda (1991) hinzu, beide heute hundertprozentige Töchter von Volkswagen. Mehr noch: Ende der 1990er verliebte sich der Wolfsburger Multi sogar die Traditionsmarken Bentley, Rolls-Royce (nur bis 2003) und Bugatti ein, Tochter Audi übernahm Lamborghini, und Porsche ist inzwischen auch untergeschlüpft: Volkswagen ist Vollsortimenter, der vom Kleinstwagen bis zum Luxus-Offroader alles anzubieten hat – schön verteilt über alle Konzernmarken und einem Technikbaukasten, aus dem sich im Prinzip jeder bedienen darf. Das hat Vorteile in den Produktionskosten, aber auch Nachteile, wie Rückrufe und Dieselskandal schmerzhaft bewiesen haben.

Der Diesel-Skandal 2015 hat Volkswagen kalt erwischt. Milliardenstrafen waren die Folgen, ein erheblicher Imageverlust sowieso. Doch er zwang die Wolfsburger, ernsthaft über Diesel-Alternativen nachzudenken und die Antriebspalette des Golf VII 2017 um Hybrid-, Elektro- und Erdgasmodelle zu erweitern. Der E-Golf mit einer Leistung von 136 PS hat eine Batteriekapazität von 35,8 kWh und eine Reichweite von 300 km. (Foto: © Volkswagen AG)

Der Arteon ersetzte 2017 den CC, blieb aber technisch und optisch weiterhin eng mit dem Passat verwandt. Das viertürige Heckklappen-Coupé punktete mit einem Gepäckraumvolumen von 563 Litern. (Foto: © Volkswagen AG)

Groß geworden: Gegenüber dem Polo VI wirkt der Ur-Polo klein und schmächtig. Kein Wunder: Der neue Polo ist gut einen halben Meter länger als der Urahn und hat die Vier-Meter-Grenze überschritten. (Foto: © Volkswagen AG)

Der T-Cross auf Basis des Polo stand ab April 2019 beim Händler. Mit 4,11 m war er um 5,5 cm länger als der Polo, aber um 12 cm höher als der Technikspender. (Foto: © Volkswagen AG)

Der Beetle, 2012 als Nachfolger des »New Beetle« eingeführt und wie dieser in Mexiko gebaut, war nie so erfolgreich wie erhofft. Er starb in Raten: Zuerst ging 2017 das Coupé, dann folgte 2018 das Cabriolet. Auch wenn er technisch »nur« ein Golf im Käfer-Outfit war, so war er doch, insbesondere als Cabriolet, ein Auto, das aus dem Einheitsbrei herausragte. Und das war wohl letztlich sein Problem. Im Bild der letzte US-Jahrgang.

(Foto: © Volkswagen AG)

Der einzige Mittelklassewagen aus DDR-Produktion war der Wartburg. Die Zweitakt-Limousinen waren in den 50ern der westlichen Konkurrenz durchaus ebenbürtig, verloren aber in den 60ern zusehends an Boden. Die Ponton-Karosserie wurde bis zur Ablösung 1966 nur unwesentlich modernisiert. (Foto: © Ralf Weinreich)

Mit neuer Karosserie, aber der Technik des Vorgängers, erschien 1966 der Wartburg 353. Verschiedentlich überarbeitet (353 W = Weiterentwicklung, ab 1975) liefen die Zweitakter bis 1989 vom Band. Danach kam der 1,3-Liter-Viertakter von VW zum Einsatz, was eine neue Front nach sich zog, den Produktionsstopp im April 1991 aber nicht verhindern konnte. (Foto: © Ralf Weinreich)

WARTBURG

Unter dem Dach des neuen, staatlichen Industrieverbands für Fahrzeugbau »IFA« begann das ehemalige BMW-Werk in Eisenach als »Automobilwerk Eisenach« (AWE) 1953 mit der Produktion der alten Vorkriegs-DKW, um dann 1955 auf den neuen Wartburg 311 umzustellen. Der hatte zwar die alte DKW-Technik inklusive des Dreizylinder-Zweitaktmotors, aber eine außerordentlich gelungene Ponton-Karosserie in zahlreichen attraktiven Ausführungen, so als Kombi oder als nobel-luxuriös ausgestatteter Roadster 313, ein Sport-Coupé mit 140 km/h Höchstgeschwindigkeit. Nicht ganz mithalten mit der äußeren Erscheinung konnte jedoch die Motorisierung, die mit 37 PS nicht mehr dem internationalen Standard entsprach. Dies und einige Qualitätsmängel führten zu einem Rückgang der Ausfuhren, zeitweise waren rund ein Drittel der Wartburg-Wagen in den Export gegangen und hatten wichtige Devisen in die notorisch klammen DDR-Kassen gespült. 1962 sollte der neue Wartburg 1000 die Auslandsnachfrage wiederbeleben. Er hatte etwas mehr Hubraum, ein wenig mehr Leistung und eine modifizierte Karosserie, doch kurbelte das die Nachfrage im Ausland kaum an, denn mit einem Zweitakter war international kein Staat mehr zu machen. Zwar wurde an einem Viertakt-Motor bereits gebastelt, doch die politische Führung verbot dessen Einführung.

Modellwechsel auf Sächsisch

Mitte der Sechziger erschien der Mittelklasse-Wagen in einer gründlich modernisierten Ausgabe. Dessen Einführung erfolgte allerdings auf Raten, denn die laufende Produktion durfte nicht unterbrochen werden, schließlich mussten die staatlich vorgegebenen Planziffern eingehalten werden. Die erste Etappe stellte 1965 der Wartburg 312 dar, der ein neues Chassis mit der Karosserie des Wartburg 1000 von 1962 kombinierte. Vier Jahre und 25.000 Autos später erfolgte dann schließlich die Premiere des Wartburg 353, der das nicht mehr ganz so neue Fahrgestell mit einer neuen, hochmodernen Karosserie verband. Diese klare, schnörkellose Linienführung überdauerte die nächsten 20 Jahre. Und auch seinen Dreizylinder-Zweitaktmotor wurde der 353 bis zum Schluss nicht mehr los.

Anfangs allerdings sah es ganz danach aus, also ob der 353 nahtlos an die Exporterfolge des 311 wieder anknüpfen könne, denn der Viertürer war geräumig und sehr günstig. In den Siebzigern indes stiegen die Ansprüche an Komfort und Technik. Während die Eisenacher in Sachen Fahrverhalten, Ausstattung und Detailpflege nachlegen konnten – das verbesserte Modell hieß 353 W – scheiterten sie in Sachen Motor stets an den Betonköpfen in der Staatsführung: Diese ließ 1972 die Entwicklung von Viertakt-Motoren einstellen.

Es kam, wie's kommen musste: Ende der Siebziger war der betagte Wartburg in den wichtigsten Exportländern unverkäuflich. Jetzt brach in der Parteispitze Panik aus, denn die DDR verlor massiv an Deviseneinnahmen. Die fieberhafte Suche nach einem Motor begann. Angedacht war die Übernahme des 1,3-Liter-Renault-Motors mit 54 PS, doch einmal mehr verliefen alle Planungen im Sande.

Der letzte Wartburg rollt vom Band

Weil das Problem mit dem fehlenden bzw. von der DDR-Führung nicht genehmigten Viertakt-Motor immer noch nicht gelöst war, bahnte sich eine ähnliche Entwicklung wie beim Trabant an: Die Verhandlungen mit Volkswagen führten zu einer Übereinkunft, nach der die Eisenacher den VW-Polo-Motor bauen und dafür im Gegenzug Motoren nach Wolfsburg liefern sollten. Der Viertakt-Wartburg erschien als Wartburg 1.3 im September 1988 mit quer eingebautem VW-Motor. Äußerlich unterschied er sich nicht grundlegend vom Vorgänger, wies aber zahlreiche Detailveränderungen auf, war umweltfreundlicher und verfügte über eine bessere Straßenlage. Doch sein weiteres Schicksal glich dem des Trabi: Er kam zu spät, die Öffnung der Grenzen zwischen Ost- und Westdeutschland ließ die Nachfrage nach dem Wartburg spürbar und ständig sinken. Im April 1991 kam dann, was nicht mehr zu verhindern war: In Eisenach verließ der letzte Wartburg 1.3 die Montagehalle.

Tagesausflug: Kurz nach dem Mauerfall wälzen sich Autokolonnen am Checkpoint Charlie vorbei in den Westteil Berlins. Noch wird – lax – kontrolliert. (Foto: © US Army, PD)

Wie in der BRD der VW Transporter war in der DDR der Barkas 1000 allgegenwärtig. Er hatte Wartburg-Technik. (Foto: © Ralf Weinreich)

DIE UNGEWÖHNLICHSTEN

Ungewöhnlich sind alle Fahrzeuge – meist Sportwagen –, die in diesem Kapitel vorgestellt werden. Ungewöhnlich, weil bei allen Unterschieden, welche diese Autos im Einzelnen aufweisen, in sie alle von ihren Entwicklern viel Enthusiasmus und Liebe gesteckt wurde und deshalb ganz eigene, technisch interessante und optisch ungewöhnliche, aber ansprechende Kreationen entstanden sind – ganz gleich, ob es sich um reine Prototypen handelt, die nur als Einzelstücke entstanden sind und die es aus unterschiedlichen Gründen nicht zur Serie gebracht haben, oder ob ihre Entwickler es schafften, ihr Lieblingsfahrzeug in einer Kleinserie auf den Markt zu bringen. Auch Tuning-Firmen sind hier vertreten, die sich jeweils auf eine Marke spezialisiert haben und die es verstehen, deren Fahrzeugmodelle auf ungewöhnlichste Weise zu veredeln.

Der Maybach Exelero (unten) mit seinem historischen Vorbild, dem Maybach SW 38. (Fotos: © Daimler AG)

ALPINA

Zu Beginn der 1960er Jahre begann Burkard Bovensiepen damit, im Betrieb seines Vaters für Büromaschinen in Buchloe einen Motoraufrüstsatz mit Weber-Doppelvergaser für den BMW 1500 zu entwickeln. Die Qualität seiner Verbesserungsmaßnahmen sprach sich schnell auch bis zu BMW herum, mit der Folge, dass ab 1964 der Münchner Autohersteller seine Fahrzeuggarantie auf die von Bovensiepen getunten BMW-Modelle ausdehnte.

Derartig geadelt, gründete der junge Autotuner Mitte der 60er Jahre seine eigene Firma, die Burkard von Bovensiepen KG mit anfangs nicht viel mehr als einem halben Dutzend Mitarbeitern. Mittlerweile wurden weitere Aufrüstsätze für die BMW-Modelle 1800 und 1600 sowie die sportlichen Varianten 1800 Ti und 2000 Ti angeboten. Später dehnten sich die Tuning-Aktivitäten des Teams um Bovensiepen auf komplett veredelte Motoren zum Einbau aus. Dazu gesellten sich schließlich veränderte Fahrwerke und Bremsanlagen. Selbst vor der Innenausstattung machten die Buchloer nicht Halt.

Ende der 1960er Jahre begann Alpina, sich im Motorsport zu engagieren und die aufgerüsteten BMW-Sportwagen erstmalig mit dem neu entworfenen Alpina-Logo zu schmücken. Schließlich stellte Alpina selbst ein Rennteam zusammen und gewann 1970 mit den Fahrern Derek Bell, Harald Ertl, Niki Lauda, Jacky Ickx, James Hunt, Brian Muir und Hans Stuck die europäische Tourenwagenmeisterschaft sowie das 24-Stunden-Rennen von Spa-Francorchamps.

Bestärkt durch diese Erfahrungen, ermutigte die Buchloer Firma BMW darin, unter Alpinas Projektleitung eine Leichtgewichtsversion des BMW 3.0 CS für den Tourenwagensport zu entwickeln. Mit diesem Leichtgewichts-Coupé beteiligte sich Alpina ab 1973 erfolgreich an vielen Langstreckenrennen und gewann Mannschafts- und Herstellertitel. Nach dem Sieg der Europäischen Tourenmeisterschaft von 1977 durch Dieter Quester am Steuer eines 335 PS starken BMW Alpina 3.5 CSL endeten die Rennsportaktivitäten von Alpina für ganze 10 Jahre.

Die Tuning-Maßnahmen der Firma um Burkard Bovensiepen hatten sich derart ausgeweitet, dass es nahe lag, komplette Fahrzeuge zu entwickeln. Ende der 1970er Jahre entstanden dann die ersten drei Straßenwagen in eigener Regie als Hersteller: der B6 2.8, abgeleitet vom BMW E21 der 3er-Reihe, die B7-Turbo-Limousine auf Grundlage des BMW E12 der 5er-Reihe, damals mit 300 PS die schnellste Limousine weltweit, sowie das B7-Turbo-Coupé auf Basis des BMW E24 der 6er-Reihe. Seit 1983 offiziell als Autohersteller registriert, sorgte Alpina mit seinen immer nur in Kleinserien hergestellten Fahrzeugen für weitere Neuerungen. 1989 erneuerte Alpina mit dem B10 Bi-Turbo seinen Geschwindigkeitsrekord. Die viertürige Dreiliter-Limousine schaffte aufgrund ihrer beiden Turbolader 360 PS und wurde so die schnellste Straßenlimousine der Welt.

In den 1990er Jahren stellte Alpina nicht nur Fahrzeuge auf Basis der BMW 3er-, 5er- und 6er-Reihe her, auch die 7er- und 8er-Reihen sowie die Roadster mit dem Z im Namen wurden nun miteinbezogen. Mit dem ersten Diesel in dieser Hochleistungs-Sportwagenklasse und stolzen 238 PS Leistung überraschte der Hersteller aus Buchloe im Jahr 1999 die Öffentlichkeit. Zu den jüngsten Modellen von Alpina gehören der B6 Bi-Turbo mit V8-Motor, einem Hubraum von 4395 cm^3, einem Achtgang-Sport-Automatik-Switch-Tronic-Getriebe und einer Höchstgeschwindigkeit von 320 km/h. Mit einem 4,4-Liter-V8-Motor mit Biturbo-Aufladung kommt der B7 Bi-Turbo; satte 540 PS erlauben ihm eine Höchstgeschwindigkeit von 312 km/h. Erneuert hat Alpina das Modell B3 Bi-Turbo, dessen doppelt aufgeladener Reihensechszylinder nun 410 PS stark ist und eine Höchstgeschwindigkeit von 300 km/h ermöglicht.

In den Anfangsjahren bot Alpina noch komplette Aufrüstsätze für damals aktuelle BMW-Modelle an. (Foto: © Schwab)

Das 97 Mal gebaute B12 5.0 Coupé auf Basis des 8er hatte den Fünfliter-Zwölfzylinder mit 350 PS unter der Haube. (Foto: © ALPINA Burkard Bovensiepen GmbH)

Der Roadster Limited Edition war mit 66 produzierten Autos einer der exklusivsten Alpinas überhaupt. (Foto: © ALPINA Burkard Bovensiepen GmbH)

Der B4 S Biturbo Edition 99 entstand in einer auf 99 Stück limitierten Sonderserie auf Basis der »normalen« B4 S. Angeboten wurde sie als Cabrio oder Coupé, letzteres wahlweise auch mit Allradantrieb. Mit der von Akrapovi entwickelten Titanabgasanlage entwickelte der 3,0 l Reihensechszylinder Bi-Turbo mit Direkteinspritzung 452 PS und ein Drehmoment von 680 Nm. (Foto: © ALPINA Burkard Bovensiepen GmbH)

AMG bezeichnet sich selbst als »Erfinder des Performance-SUV«, und der Mercedes-AMG GLE 53 4MATIC+ sollte im Frühjahr 2019 diesbezüglich neue Bestmarken setzen: Er beschleunigte in 5,3 s auf 100 km/h. Wie jeder AMG hat auch er die spezifische Kühlerverkleidung mit 15 vertikalen Streben. (Foto: © Daimler AG)

Vom Mercedes-Benz CLK GTR AMG Coupé Straßenversion existiert nur ein Exemplar. (Foto: © Daimler AG)

Der Motor des Amphicar stammte aus England und galt als sehr anfällig.

Der Amphicar fand in Deutschland nur wenige Käufer.

Der Amphicar wurde zwischen 1961 und 1964 gebaut, der Motor stammte von Triumph.

Der Artega SE tankte an der Steckdose. Seine beiden Elektromotoren brachten den Wagen auf mindestens 250 km/h. (Foto: © Artega)

Der niederländische Kleinserienhersteller Spyker überraschte 2013 mit auf dem Artega-basierenden Studien wie dem B6 Venator Spyder. (Fotos: © Artega)

Der Artega Scalo wurde 2015 der Öffentlichkeit präsentiert. Er verfügt über einen Elektroantrieb mit einer Gesamtleistung von 300 kW. (Fotos: © Artega)

Die ersten Exemplare des Artega GT waren offensichtlich verkauft worden, noch bevor der Wagen wirklich Serienreife erlangt hatte.
(Foto: Thomas Doerfer, © CC-BY-2.0)

Die Artega GmbH & Co. KG wurde 2006 als Ableger des Elektronikherstellers Paragon AG im ostwestfälischen Delbrück gegründet. Zu diesem Zeitpunkt hatte Artega gerade die ersten Fahrzeuge der ersten Serie verkauft – der Artega GT war ein exklusiver Mittelmotor-Sportwagen, gezeichnet von keinem Geringeren als Henrik Fisker, der schon den BMW Z8 und den Aston Martin DB9 in Form gebracht hatte. Eigentlich hätte der GT, der 2007 auf dem Genfer Automobilsalon der Öffentlichkeit präsentiert worden war, schon im Jahr 2008 zur Serienreife entwickelt sein sollen, doch nun schien es, als sei selbst der Verkaufsstart in 2009 noch zu früh erfolgt – womöglich schlicht aus Geldnot.

Daran, dass die Geschichte ein gutes Ende nahm, hatte sicherlich die Tatsache großen Anteil, dass man mit Tresalia Capital einen mexikanischen Investor als neuen Eigentümer fand. Nach der Übernahme fielen im Herbst 2009 zwei wichtige Entscheidungen: Wolfgang Ziebart wurde neuer Geschäftsführer bei Artega, Peter Müller Leiter des operativen Geschäfts.

Wolfgang Ziebart, für den es »nichts Spannenderes gab, als einen Sportwagen auf den Markt zu bringen«, bemächtigte sich gleich eines fertigen Artega GTs und testete ihn auf Herz und Nieren. Die Liste mit Verbesserungsvorschlägen, die er in diesen Tagen erstellte, war keine kurze.

Aber sowohl die neuen Chefs als auch die neue Eigentümerin meinten es wirklich ernst mit ihrem Vorhaben, den Artega zu einer Erfolgsgeschichte zu machen. Deshalb genehmigte Tresalia Capital einen sechsmonatigen Produktionsstopp, um in dieser Zeit dem Artega GT die nötige (Serien-)Reife angedeihen zu lassen. Im Mai 2010 wurden die ersten Artega GT der zweiten, nachgebesserten Generation ausgeliefert, im ersten Jahr (bis Mai 2011) wurden gut 60 Exemplare verkauft. Für die Serienproduktion des zunächst einzigen Modells, des Artega GTs, hatte die Artega Automobil GmbH & Co. KG ein neues Automobilwerk in Delbrück geschaffen, in dem bis zu 500 Einheiten pro Jahr gefertigt werden können. In der Manufaktur mit Rohbau und Endmontage entstanden in der Artegastraße 1 die Fahrzeuge, im benachbarten Marken- und Vertriebszentrum wurden die weltweite Vermarktung und der Kundenservice organisiert. 2010 wurden unter der Ägide von Peter Müller zudem Hybrid- und Elektromodelle des Sportwagens entwickelt, Letztere mit bis zu 320 PS Leistung.

Der Artega GT, der zu Beginn des Jahres 2011 für knapp 84.000 Euro zu haben war, zählte mit 1285 kg zu den Leichtgewichten unter den Sportwagen. Möglich wurde dies durch einen Aluminium-Spaceframe in Verbindung mit hochfesten Stählen und kohlefaserverstärkten Verbundwerkstoffen. Angetrieben wurde der GT von einem V6 mit 3597 cm^3, der es auf immerhin 300 PS brachte. Er brachte den Renner auf eine Höchstgeschwindigkeit von 270 km/h.

Zu Beginn des Jahres 2012 präsentierte Artega auf dem Genfer Autosalon noch ihre neue Modell-Studie mit Glasdach, doch im Juli 2012 die musste das Unternehmen Insolvenz beantragen. Ende September übernahm schließlich der Dellbrücker Autozulieferer Paragon AG die Vermögenswerte des nicht mehr zu rettenden Sportwagenbauers, der genau 130 Fahrzeuge auf dei Straße gebracht hatte.

Seit 2015 werden nun wieder Sportwagen bei Artega produziert, und zwar das Modell Artega Scalo Superelletra mit einer Spitzengeschwindigkeit von 300 km/h und einer Beschleunigung von 0 auf 100 km/h in 2,7 Sekunden.
Der Elektroantrieb reicht für eine Fahrt bis zu 400 km. Die schnellste Batterieladezeit liegt bei 60 min.

BITTER

Erich Bitter, Rallyefahrer, Großhändler für Rallye-Zubehör und Sportwagen-Importeur, ging Anfang der 70er Jahre einen Schritt weiter und konstruierte mit Opel-Technik eigene Fahrzeuge, die bis heute Kultstatus haben.

Alles fing damit an, dass Intermeccanica, ein amerikanisch-italienischer Autobauer mit Sitz in Turin, das Modell Italia – Ford-Großserientechnik unter einer Scaglione-Karosserie – nicht mehr nur für den US-Markt anbieten wollte. Doch Ford hatte in Europa keinen V8-Motor im Programm. Opels 5,4 Liter-V8 aus dem Diplomat erschien angemessen – aber nicht passend; der Motorraum des Coupés war zu klein. Erich Bitter brachte die deutsche GM-Tochter und Intermeccanica zusammen und beteiligte sich an der Konstruktion eines neuen Modells mit Opel-Aggregat. Der Indra kam 1971 auf den Markt.

Mangelnde Verarbeitungsqualität bei Intermeccanica führte zum raschen Ende der Zusammenarbeit. Stattdessen machten sich Bitter und Opel zusammen mit dem Karosseriebauer Baur aus Stuttgart an ein eigenes Projekt: den Bitter CD (»Coupé Diplomat«). 1973 wurde der Bitter auf der IAA präsentiert. Er darf als Weiterentwicklung der Studie Opel CD von 1969 gelten, die 1970 von Frua überarbeitet wurde. Unter Erich Bitters Einfluss kamen optische Anleihen beim Maserati Ghibli hinzu. Technisch basierte das Fließheck-Coupé auf dem um 16,5 Zentimeter gekürzten Fahrgestell des Diplomat B, aus dem auch der 230 PS starke 5,4 Liter-Chevrolet-V8 stammte. Produziert wurde der CD bei Baur in Stuttgart – 395 Stück bis 1979.

Nachdem der Senator den Diplomat abgelöst hatte, folgte auch auf den Bitter CD der SC (»Senator Coupé«). Über die Senator-A-Bodengruppe und den 3 Liter-Sechszylinder-Einspritzer mit 180 PS setzten Bitter und die Opel-Designer eine Karosserie mit Ähnlichkeit zu Pininfarinas Ferrari 400. Der SC wurde 1979 auf der IAA präsentiert, aber erst 1981 bis 1989 gebaut – in einer Stückzahl von 488 Exemplaren. Einige hatten einen von Opel-Tuner Dieter Mantzel auf 3,9 Liter Hubraum aufgebohrten, 210 PS starken Senator-Motor.

Bitter stellte den Bau von Serienfahrzeugen ein, lieferte aber weiterhin vielversprechende Konzeptfahrzeuge. Einer der interessantesten Entwürfe war der 1983/84 auf Basis des Opel Manta entstandene Bitter GT mit Targa-Dach und Überrollbügel. Gedacht war er als Einsteigermodell unterhalb des SC. Der Prototyp entstand bei Isdera nach Bitters Plänen und unter Mitwirkung der Opel-Designer. Weitere Prototypen auf Opel-Omega-Basis schafften es nicht in die Serienproduktion. Nichts mit Opel zu tun hatten der Bitter Tasco, ein Rolling Chassis ohne Technik von 1991, und der Bitter GT1, ein Sportwagen auf Lotus-Basis mit dem 8 Liter-V10 der Dodge Viper, von dem zwei Exemplare entstanden.

Der CD II, gezeigt in Genf 2003 und 2005, basierte auf dem australischen Holden Monaro mit 6 Liter-V8. Er blieb ein Einzelstück. Der Bitter Vero von 2008 basierte auf einem Holden Statesman mit einem 6 Liter-Chevrolet-V8 (378 PS). Zehn Fahrzeuge wurden gebaut. Der Bitter Vero Sport hingegen, eine 2009 präsentierte Limousine auf Basis des (kürzeren) Holden Commodore mit 6,2 Litern Hubraum und 435 PS, ging nie in Serie. 2010 präsentierte Bitter den Opel Insignia »by Bitter« mit neu gestalteter Frontpartie und aufgewertetem Innenraum. Nur 18 Fahrzeuge wurden gebaut.

Der Bitter CD von 1973 basierte auf der Technik des Opel Diplomat B. (Foto: © Hersteller)

Der Bitter Vero erschien im Jahr 2008. Ihm zugrunde lag der Australier Holden Statesman. (Foto: © Hersteller)

Der Zweisitzer Bitter Rallye GT von 1984 basierte auf dem Opel Manta. Er blieb aber ein Einzelstück. (Foto: © Hersteller)

Ebenfalls ein Einzelstück blieb der Bitter CD II von 2003. Sein 5,7-Liter-V8-Motor leistete satte 400 PS. (Foto: © Hersteller)

395 Mal wurde der erste Bitter namens CD aus dem Jahr 1973 gebaut. Er leistete 230 PS und wurde bis 1979 produziert. (Foto: © Hersteller)

Auf der Motor Show Dubai 2013 zeigten die Bottroper ihre Interpretation des Mercedes CLS 63 AMG: Der Brabus 850 6.0 beschleunigt in 3,1 Sekunden auf 100 km/h und läuft über 350 km/h. (Foto: © Brabus)

Weltpremiere auf der IAA 2011: Der Brabus High Performance 4WD Full Electric – die Konzeptstudie einer Luxuslimousine mit vier Radnabenmotoren auf Basis der E-Klasse. Die Leistung liegt bei 320 kW, das Drehmoment bei sagenhaften 3200 Nm. Bei konstant 100 km/h muss der bis zu 220 km/h schnelle Stromer erst nach 350 km an die Steckdose. (Foto: © Brabus)

Die Ende November 2013 präsentierte »Final Edition« hatte eine Karbon-Motorhaube, eine geänderte Frontschürze, einen Heckflügel sowie exklusive Leichtmetallräder. (Foto: © Daimler AG)

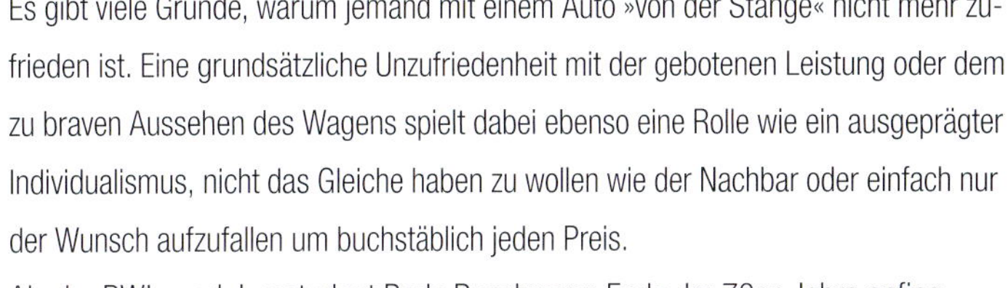

Der Name ist Programm: Der Brabus 700 Biturbo hat 700 PS und eine Höchstgeschwindigkeit von 340 km/h. (Foto: © Brabus)

Es gibt viele Gründe, warum jemand mit einem Auto »von der Stange« nicht mehr zufrieden ist. Eine grundsätzliche Unzufriedenheit mit der gebotenen Leistung oder dem zu braven Aussehen des Wagens spielt dabei ebenso eine Rolle wie ein ausgeprägter Individualismus, nicht das Gleiche haben zu wollen wie der Nachbar oder einfach nur der Wunsch aufzufallen um buchstäblich jeden Preis.

Als der BWL- und Jurastudent Bodo Buschmann Ende der 70er-Jahre anfing, gleich gegenüber des väterlichen Mercedes-Benz-Autohauses die fahrbaren Unterteile seiner Kumpels sowie sein eigenes »aufzumotzen«, griff er einen Zeitgeist auf, der in den nächsten Jahren geradezu zur Manie werden sollte. Und er war wahrlich nicht allein. Mit ihm konkurrierten in Deutschland an die hundert Autotuner, sein späterer Hauptkonkurrent AMG war anfangs nur einer davon. Doch was Buschmann von anderen unterschied, war sein Hang zur Perfektion.

Gegründet hatte er Brabus 1977 gemeinsam mit dem Studienkollegen Klaus Brackmann, der allerdings später aus dem Unternehmen ausschied, aber noch im Namen erkennbar ist (Bra-Bus). Umtriebig wie er war, hatte Buschmann seine veredelten Fahrzeuge, meist von der Marke Mercedes-Benz, gleich persönlich bei den diversen Autofachredakteuren vorgestellt. Bekannt wurde er dabei vor allem durch seine Tuningmaßnahmen am Mercedes-Benz W 126. Noch vor Ablauf des Jahrzehnts hatte er bereits zahlungskräftige Kundschaft aus dem arabischen Raum.

Mit Zähigkeit und Fleiß führte Buschmann seinen Betrieb in den kommenden Jahren an die Spitze unter den Tuningschmieden. 1994 hatte Brabus ein Zwischenspiel bei Bugatti; bis zur Übernahme der Nobelmarke durch Volkswagen agierten die Bottroper dort als Werkstuner. Ab Mitte der 90er-Jahre schaffte es Brabus mehrfach in das Guiness-Buch der Rekorde. Mit dem Brabus E V12 »one of ten« gelang auf Basis des Mercedes-Benz W 211 die damals schnellste Serienlimousine (330 km/h), mit dem Brabus M V12 der schnellste zugelassene Geländewagen (260 km/h). Die Palette der von Brabus getunten Automarken erweiterte sich schließlich noch auf Smart, Maybach, Chrysler, Dodge und Jeep.

Brabus ist längst als Fahrzeughersteller eingetragen. Der Kunde kann selbst entscheiden, ob er seinen eigenen Wagen leistungsgesteigert haben oder gleich ein Gesamtpaket von Brabus beziehen möchte. In letzterem Fall kaufen die Bottroper den Wagen direkt beim Hersteller und versehen ihn mit all den Exklusivitäten, für die der Kunde zu zahlen bereit ist. In der Angebotsliste von Brabus befinden sich auch sogenannte »Supercars« – Fahrzeuge mit besonders hohen Motor- und Fahrleistungen.

Brabus ist heute in über 80 Ländern vertreten und arbeitet daran, auch noch die letzten weißen Flecken auf der Landkarte zu füllen. Highlights bei Brabus sind aktuell der 800 PS starke Brabus Rocket auf Basis der CLS-Klasse sowie der Brabus 850 6.0 Biturbo mit 850 PS und einem maximalen Drehmoment von 1450 Newtonmetern.

Brabus 900 V12 (X222) ,2019 (Foto: © Brabus)

CCG

Tom Gerards Firma CCG automotive GmbH ist eigentlich eine kleine Spezialwerkstatt, die sich u. a. um Reparaturen, Restaurationen, Service und Inspektionen sowie Innenraumveredelungen von klassischen Sportwagen kümmert. Zusätzlich optimiert CCG die Performance und Aerodynamik aktueller Sportwagen. Doch irgendwann kam für Tom Gerards die Zeit, sich seinen Traum vom selbstgebauten Automobil zu erfüllen.

2009 begannen die Planungen. Für den Inhaber von CCG stand von vornherein fest, dass der Wagen nicht nur extrem sportliche Qualitäten besitzen müsste, sondern wahlweise einen alternativen Antrieb aufweisen sollte.

Sorgfältig wählte Tom Gerards sich seine Kooperationspartner aus, um das angestrebte Ziel in kompromissloser Qualität erreichen zu können. Aus den USA bezog er den pulverbeschichteten Gitterrohrrahmen nebst GFK-Karosse, der die Basis des Mittelmotorkonzeptfahrzeugs bilden sollte. Dieses wurde an die deutschen TÜV-Regeln angepasst und optimiert. Die servofreie Lenkung (Mustang) und der Motor samt Ansauganlage, bekannt aus der Corvette, stammten aus dem Haus General Motors und wurden bei CCG feingetunt. Dadurch kommt der customGT in der leistungsstärkeren Variante mit 7-Liter-V8-Motor auf 550 PS, erzielt eine Höchstgeschwindigkeit von bis zu 320 km/h und spurtet in 3,3 Sekunden von 0 auf 100 km/h. Das kleinere Modell besitzt einen 6-Liter-V8-Motor, leistet 450 PS und benötigt 3,5 Sekunden, um von 0 auf 100 km/h zu kommen. Eingebaut sind diese Motoren direkt hinter den Sitzen. Die weiteren Komponenten wie Getriebe, Kupplung, Bremsen und Fahrwerk kamen aus Deutschland.

Dank einer Außenhaut aus glasfaserverstärkten Verbundstoffen oder optional aus Carbon gibt sich der grün lackierte customGT äußerst leichtgewichtig. Ebenfalls aus Carbon bestehen der Front- und der ausfahrbare Heckspoiler. Das Interieur des Supersportwagens aus der Eifel ist in Alcantara und Glattleder gehalten, Schalensitze und eine Rennsport-Armatur gehören grundsätzlich dazu. Gegen Aufpreis lässt sich der customGT jedoch ganz den eigenen Wunschvorstellungen gemäß einrichten.

Elf Monate hatte die Testphase des Fahrzeugs gedauert, dann bekam der mit knapp einem Meter (genau 40 Zoll) extrem flache customGT im Jahr 2011 die Kleinserienabnahme und die deutsche Straßenzulassung. Auf Luxus muss man bei diesem Auto verzichten. Ab Werk ist lediglich eine Klimaanlage eingebaut. ABS, ESP sowie Airbag sind gegen Aufpreis aber zu haben. Noch puristischer und stark auf Rennsport ausgerichtet sollte die geplante Modellvariante »Competition« werden.

Mit dem Custom GT wurde für den Auto-Tuner Tom Gerards der Traum vom selbstkonstruierten Sportwagen war. (Foto: © Hersteller)

Die Karosserie des Custom GT besteht aus glasfaserverstärkten Verbundsstoffen oder wahlweise aus Carbon. (Foto: © Hersteller)

Die Feinabstimmung des Fahrwerks erfolgte im Rahmen von VLN-Trainings auf dem Nürburgring.

(Foto: © Hersteller)

Der seit 2011 in Kleinstserie aufgelegte Custom GT leistet 550 PS und erreicht eine Höchstgeschwindigkeit von 320 km/h. Sein Einstiegspreis liegt bei 135.000 Euro.

(Foto: © Hersteller)

Von 1982 bis 1992 baute Isdera das Modell Spyder, von dem insgesamt 17 Exemplare entstanden. (Foto: Thilo Parg, © CC-BY-SA-3.0)

Der mit Flügeltüren versehene Commendatore 112i besaß einen V12-Motor von Mercedes und einer Leistung von rund 620 PS. (Foto: © René Staud)

»Von diesem Auto träume ich seit über 20 Jahren«: Eberhard Schulz baute in den Autobahnkurier zwei Fünfliter-V8-Motoren von Mercedes ein. (Foto: © Hersteller)

ISDERA

Der Spyder in der Heckansicht (Foto: © Hersteller)

Der neueste Isdera nennt sich Commendatore GT und besitzt zwei Elektromotoren mit einer Leistung von insgesamt 816 PS. (Foto: © Hersteller)

Er schuf das Experimentalmotorrad BMW Futuro, die Buchmann 928-Cabrios, den Bitter Roadster auf Manta-Basis und für Baur den TC3: Eberhard Schulz, als Designer und Aerodynamikexperte ebenso bekannt wie als Sportwagen-Konstrukteur.

Schulz' CW 311 von 1978 ist der einzige Mercedes, der nicht vom Werk stammt und dennoch den Stern tragen darf. Als er den CW 311 baute, arbeitete er tagsüber bei Porsche. Der Flügeltürer entstand in fünfjähriger Nacht- und Wochenendfreizeit. Schulz wollte eine Hommage an den 300 SL bauen: Die Flügeltüren waren ihm »heilig«, wie er sagt, der Mittelmotor eine »logische Konsequenz« und 300 km/h Spitze »Pflicht«. Für Vortrieb sorgte der Motor aus dem Mercedes 600 – von AMG auf knapp 400 PS gebracht.

Seinen Job bei Porsche hatte ihm der Erator GT von 1968 verschafft, ein Mittelmotor-Zweisitzer mit Flügeltüren und GFK-Karosserie über einem Gitterrohrrahmen. Anfänglich mit dem 54-PS-Motor aus dem VW 1600L bestückt, wurde später ein 2,3-Liter-Ford-V6 und schließlich ein AMG-V8-Motor implantiert. Der Wagen blieb ein Einzelstück.

Anfang der 80er gründete Schulz das »Ingenieurbüro für Styling, Design und Racing« – kurz »Isdera«. Den Isdera Spyder 033i stellte er 1982 vor. Ein auf 136 PS getunter 1,8-Liter-Motor aus dem Golf GTI kam zum Einsatz. In Leonberg vor den Toren Stuttgarts musste er nach Komponenten nicht lange suchen: Die Motoren für den 033i-16 (ab 1985, 185 PS) und den 036i (ab 1987 188 PS, ab 1991 220 PS) steuerte Mercedes bei. Die Vorderradaufhängungen stammten von Porsche, das Fünfganggetriebe von ZF. In seiner letzten Ausbaustufe beschleunigte der 970 kg leichte Spyder von null auf 100 km/h in 6,4 Sekunden und erreichte 262 km/h. 17 Stück wurden gebaut.

Der 1984 vorgestellte Imperator 108i war die Serienausführung des CW 311 als GT-Sportwagen. Verbaut wurden Mercedes-Achtzylinder, je nach AMG-Tuningstufe und Generation mit bis zu 420 PS. Nach 17 Fahrzeugen folgte 1991 die zweite Serie, die bis 2001 gebaut wurde. 1993 wurde der Isdera Commendatore 112i vorgestellt – mit einem 6 Liter-V12 von Mercedes und den typischen Flügeltüren. Neu waren das langgezogene Heck, der sich aufstellende Heckspoiler und das elektronische Aktivfahrwerk. Die 620 PS des V12 hatten wenig Mühe mit den 1575 kg (inklusive ABS, Klimaanlage, Ersatzrad). Der Vortrieb endet erst bei rund 370 km/h.

2005 verlegte die Firma ihren Sitz nach Hildeheim. Dort wurde der Isdera Autobahnkurier 116i fertiggestellt – ein Wagen im Stil der 30er Jahre, unter dessen langer Haube zwei Motoren arbeiten. Die Basis bildete eine S-Klasse der Baureihe W 126. Schulz koppelte zwei Fünfliter-V8, einen für die Hinter- und einen für die die Vorderachse. Die Gesamtleistung des Unikats liegt bei 600 PS – genug, um die 2,3 Tonnen schwere und 5,65 Meter lange Limousine auf 240 km/h zu treiben.

Seit 2016 ist Isdera eine Tochter der Sinfonia Automotive AG mit Sitz in Saarwellingen. Der Investor hat zusammen mit dem Fahrzeugbauer Roding den »Isdera Commendatore GT« für das chinesische Startup WM Motors auf die Räder gestellt. Zwei Elektromotoren, einer pro Achse, leisten insgesamt 816 PS. Damit soll der 1.700 kg leichte 2+2-Sitzer in 3,8 Sekunden auf 100 km/h sprinten und über 300 km/h erreichen.

MAYBACH

In den 1930er Jahren hatte Fulda einen Reifen entwickelt, der von keinem damals existierenden Wagen an seine Belastungsgrenze gebracht werden konnte. Aus diesem Grund sollte ein Auto gebaut werden, das dieses Vorhaben werbewirksam in die Tat umsetzen konnte. In der Automarke Maybach fand der Reifenhersteller einen adäquaten Partner, um einen Sportwagen zu realisieren, der groß, schwer und schnell sein sollte – mindestens 200 km/h schnell.

Die Basis für diesen Wagen stellte damals der Maybach SW 38. Seine modifizierte Version – die Karosserie stammte von der Firma Dörr & Schreck, der Motor war ein Sechszylinder mit 140 PS – erfüllte die Anforderungen mit Bravour. Anschließend ging das Gefährt jedoch in den Wirren des Krieges verloren und blieb bis zum heutigen Tag verschollen.

Zu Beginn der 2000er Jahre erinnerte sich Fulda an diese erfolgreiche Kooperation und knüpfte die entsprechenden Kontakte zu DaimlerChrysler, um für den Test und die Präsentation seines damals neu entwickelten »Ultra High Performance«-Reifens einmal mehr auf einen Hochleistungswagen der seinerzeit gerade erst wiederbelebten Luxusmarke Maybach zugreifen zu können. Die Anforderungen an das zu bauende Gefährt hatten sich natürlich erhöht: anvisiert war eine Spitzengeschwindigkeit von um die 350 km/h, denn bis zu dieser sollte der neue Fulda-Reifen zugelassen werden.

Der Exelero befindet sich heute in Deutschland in Privatbesitz.

(Foto: © Daimler AG)

Ein mehrköpfiges Entwicklerteam nahm sich nun der anspruchsvollen Aufgabe an und entschied sich, aus einem Maybach 57 S ein entsprechend leistungsfähiges Sportcoupé hervorzubringen. Das Design des neuen Supersportwagens entstand in Zusammenarbeit mit der Fachhochschule Pforzheim. Vier Studenten des Studiengangs »Transportation Design« entwickelten das ansprechende Äußere während eines Praxissemesters bei DaimlerChrysler in Zusammenarbeit mit Chefdesigner Harald Leschke. Dabei sollte zwar keine Neuauflage des Testwagens von 1938 entstehen, trotzdem aber die verwandtschaftliche Linie zu diesem gewahrt bleiben.

Das Design entstand jedoch nicht losgelöst von den Entwicklungen der Aerodynamik und des Antriebs, sondern band diese mit ein. Der vorgesehene Zwölfzylinder-Biturbo- Motor von Maybach war allerdings von Haus aus nicht in der Lage, die zum Erreichen der Spitzengeschwindigkeit nötigen 700 PS zu erbringen. Erst seine Überarbeitung – Erhöhung des Hubraums und des Drehmoments – bescherte ihm die dafür notwendigen Voraussetzungen. Für die Herstellung des Wagenaufbaus konnte die Karosserieschmiede Stola in Turin gewonnen werden.

2005, nach zwei Jahren Entwicklungsarbeit, war es dann so weit: Schwer, groß, sehr schnell und ganz in Schwarz stand es da, das (gemäß dem Reifen, mit dem er ausgestattet werden sollte) auf den Namen »Exelero« getaufte Luxus-Sportcoupé der Marke Maybach.

Auf der Hochgeschwindigkeitsstrecke von Nardo in Süditalien sollte der Maybach Exelero den Zweck seines Daseins erfüllen – nämlich mit seiner eigenen Leistungsfähigkeit diejenige der neuen Fuldareifenmarke Exelero unter Beweis stellen. Für diese nicht ungefährliche Testfahrt konnte der ehemalige Rennfahrer Klaus Ludwig gewonnen werden. Doch auch dieser erfahrene Profi benötigte zwei Anläufe, erst dann war es geschafft: Der Maybach Exelero riss die beabsichtigte Geschwindigkeitsmarke von 350 km/h. Mit genau 351,40 km/h erzielte der Testwagen einen neuen Weltrekord – und die Reifen hielten das aus.

Zwar konnte er auf diversen Ausstellungen bewundert werden, doch in die Serie schaffte er es bislang nicht: der Maybach-Sportwagen Exelero.
(Fotos: © Daimler AG)

Der Exelero besaß einen 5,9-Liter-V8-Motor, der ihm sagenhafte 700 PS verlieh.
(Foto: © Daimler AG)

Der Melkus RS 2000 im Mai 2010 auf dem Sachsenring. Der Lotus-Elise-Klon hatte ursprünglich 270 PS, spätere Ausführungen kamen auf bis zu 350 PS. Der Motor stammte von Toyota.
(Foto: © Berlin13407)

Nach der Wende hatten die Söhne von Heinz Melkus zuerst den RS 1000 noch einmal aufleben lassen, dann folgte der RS 2000.   (Foto: © Hersteller)

Wie seine Vorgänger ist auch der RS 2000 mit Flügeltüren versehen.
(Foto: © Hersteller)

Melkus RS 1000 – ein Wagen, den es so im Arbeiter- und Bauernstaat eigentlich gar nicht hätte geben dürfen. Obwohl aus bodenständigen Einzelteilen zusammengebaut, war der einzige Serien-Rennsportwagen der DDR ein echter Renner. Heinz Melkus galt als hoffnungsvoller Nachwuchs-Rennfahrer der Nachkriegszeit. Seine Einnahmen bestritt er hauptsächlich über seine private Fahrschule. Denn weil er nicht in die Staatspartei eintreten wollte, musste er ohne staatliche Förderung auskommen und seine Rennfahrzeuge selber bauen und finanzieren. Gebaut wurde nicht nur allein, sondern auch in einem Dresdener Rennwagenbau-Kollektiv. Aufgrund der Nachfrage wurden die Formel-Sportwagen schließlich sogar in den Ostblock exportiert, insbesondere in die UdSSR.

Weil die Zweitakt-Renner bald nicht mehr international konkurrenzfähig waren, nahm die DDR ab Ende der 60er Jahre nur noch am Rennsport in sozialistischen Ländern teil. Um dem entgegenzuwirken, bekam Heinz Melkus Unterstützung von offizieller Seite bei seinem Vorhaben, einen Rennsportwagen vollständig in der DDR zu bauen. Melkus leistete Überzeugungsarbeit, um als nicht-staatlicher Betrieb den Behörden Materialzuwendungen abzuluchsen.

Das Design des RS 1000 stammte von der Hochschule für bildende Künste, die GFK-Karosserie steuerten die Robur-Werke in Zittau bei, das Getriebe lieferte die Dresdner Firma Manfred König, der Rahmen sowie der Zweitaktmotor stammten vom Wartburg 335 aus Eisenach. Chassis-Bau und Endmontage übernahm Melkus selbst. Auch die übrigen Teile mussten von DDR- und Ostblock-Pkw oder Nutzfahrzeugen beschafft werden. Jeder Wagen wurde so zwangsläufig zum Unikat, weil die Verwendung sämtlicher Materialien von ihrer augenblicklichen Verfügbarkeit abhing.

1969 präsentierte Melkus den RS 1000. Sein leistungsgesteigerter Zweitakter (70 PS, 110 km/h) saß direkt vor der Hinterachse, weshalb er nicht leicht zu fahren war. Genehmigt war der Bau von genau 101 Rennwagen. Der Zweisitzer kam vorwiegend bei Berg- und Straßenrennen zum Einsatz. Mitte der 70er Jahre konnte der RS 1000 aufgrund von Reglementänderungen mit der internationalen Konkurrenz nicht mehr mithalten. 1979 wurden die letzten RS 1000 hergestellt.

Der Melkus RS 1000 mit 70 PS Leistung kam vorwiegend bei Berg- und Straßenrennen zum Einsatz. (Foto: © Sebastian Koppehel, CC BY 4.0)

Nach der Wende hatte Heinz Melkus den ersten BMW-Händlerbetrieb in Ostdeutschland aufgezogen. Im Jahr 2005 verstarb er. Seine Söhne wollten die der Melkus-Tradition wieder aufleben lassen und gründeten 2006 die Melkus Sportwagen KG. Zunächst entstanden originalgetreue Nachbauten des RS 1000. Doch den Brüdern schwebte ein neuer RS vor. So entstand der RS 2000 mit einem Motor von Toyota. Vorgestellt wurde der Flügeltürer 2009 auf der IAA. Seine Spitzengeschwindigkeit betrug 260 km/h, seine Leistung 270 PS. Ihm vorausgegangen waren fünf RS 1600 als Übergangsmodelle. Zu kaufen gab es den RS 2000 ab 2010 für rund 100.000 Euro. Gebaut wurde nur auf Bestellung. 2012 erschien der RS 2000 »Black Edition«. Der Zweiliter-Turbo leistete 325 PS und brachte den RS 2000 auf 270 km/h. Der Preis: 149.900 Euro. Allerdings ging »Melkus Sportwagen« 2012 insolvent. »Melkus Motorsport« blieb erhalten und betreibt weiter die Auftragsfertigung von RS-1000-Nachbauten.

Hinter der noblen, ganz in Schwarz gehaltenen Black Edition aus dem Jahr 2012 steckt ein Melkus RS 2000. (Foto: © Hersteller)

VERITAS

Gegründet wurde Veritas 1947 von rennsportbegeisterten ehemaligen BMW-Mitarbeitern. Nach seiner Insolvenz zu Beginn der 50er Jahre verschwand die Marke für Jahrzehnte von der Bildfläche, bis sich die Vermot AG 2001 entschloss, den Veritas RS wiederzubeleben und neu zu interpretieren.

In Südbaden kamen nach dem Zweiten Weltkrieg der Techniker und ehemalige Rennleiter Ernst Loof, der Kaufmann und Frankreich-Kenner Lorenz Dietrich sowie die Rennlegende Georg »Schorsch« Meier zusammen. Der vierte im Bunde hieß Werner Miethe. Sie bauten auf Basis des BMW 328 die berühmtesten deutschen Rennwagen der frühen Nachkriegsjahre.

Mit Gebrauchtteilen und Improvisationsgeschick entstand im Juni 1947 ein erster Sportwagen-Prototyp mit einer Stromlinienkarosserie aus Aluminium. Ein zweiter dieser BMW-Veritas folgte. Beide Wagen gingen bei kleineren Rennen an den Start. Erste Kunden ließen ihre 328 umbauen. Am 1. März 1948 wurde die Veritas GmbH gegründet. Nach einem überlegenen Sieg 1948 auf dem Hockenheimring durfte Veritas allerdings keine BMW-Motoren mehr nutzen und musste eigene Triebwerke entwickeln. Diese Leichtmetall-OHC-Sechszylinder waren nicht standfest.

Diese Aggragate sorgten dafür, dass sich die ab Mai 1950 ausgelieferten Meteor-Formel-Rennwagen sämtlich als rollende Baustellen entpuppten. Trotz des Desasters feilte Loof weiter an seinem RS Coupé mit Namen »Comet«. Die Karosserie lieferte die Karosseriefabrik Spohn. Das seinerzeit teuerste deutsche Serienautomobil wurde nur acht Mal verkauft, obwohl angeblich gut 600 Bestellungen für das rund 24.000 Mark teure Coupé vorlagen.

Nach einem Umzug ins badische Muggensturm bei Rastatt lief mit frischen Investorengeldern der Serienbau der Luxuscoupés vom Typ Comet an – noch immer mit BMW-Motor. In Kleinserie gebaut wurde auch die neue Baureihe »Saturn/Scorpion«, von der sieben oder acht Fahrzeuge entstanden. Dass es nicht mehr geworden sind, lag sicher auch an dem miserablen Abschneiden der Meteor-Rennwagen beim Großen Preis von Deutschland 1950: Alle sieben Veritas-Starter fielen frühzeitig mit technischen Defekten aus.

Um das Angebot zu erweitern, hatte Veritas zusammen mit dem französischen Hersteller Panhard eine kleine, zweisitzige Limousine entwickelt, die bei der Stuttgarter Karosseriefabrik Baur gebaut werden sollte. Das kleine Cabriolet mit dem luftgekühlten Zweizylinder-Motor im Heck war im Mai 1950 fertig und bekam glänzende Kritiken, fand aber nicht genug Käufer. Mit dem »Dyna« starb auch Veritas, im Oktober 1950 war der bekannteste deutsche Sportwagenhersteller pleite.

Danach sollten beinahe 50 Jahre vergehen, bis die Vermot AG die Marke »Veritas« wieder ins Spiel brachte. Im Jahr 2000 stellte die Firma das Konzept ihres Roadsters Veritas RS III vor. Das aggressive Design mit Haifischmaul stammte von Michael Söhngen. Als Antrieb war ein 670 PS starker BMW-V12 vorgesehen. Doch nach der Präsentation in Essen im Jahr 2000 wurde es still um den Entwurf. Erst 2009 präsentierte Vermot in London einen fahrfertigen Prototyp. Als Serien-Motoren sollten nun Acht- (480 PS) und Zehnzylinder (600 PS) von BMW zum Einsatz kommen. 2013 sollen fünf Fahrzeuge fertiggestellt worden sein – zur angekündigten Kleinserienfertigung kam es aber nie.

Heinz Melkus 1954 in einem Veritas 1500-cm3-Sportwagen beim 6. Leipziger Stadtparkrennen. (Foto: Deutsche Fotothek, © CC-BY-SA 3.0)

Wiederbelebungsversuch einer Legende: Nach 50 Jahren entstand dank der Vermot AG ein neuer Veritas, der RS III. (Foto: © Hersteller)

Das »Haifischmaul« wurde zum Markenzeichen des Veritas RS III und ziert in diversen Varianten alle Prototypen. (Foto: © Hersteller)

Eine weitere Version des RS III, diesmal ohne Beifahrerplatz, im Test auf der Rennstrecke. 480- und 600-PS-Motoren waren für den Supersportwagen vorgesehen. Zum Preis von 342.000 Euro hätte er verkauft werden sollen. Zu einer Serienfertigung kam es indes nie. (Foto: © Hersteller)

Der GT MF4 ist ein Coupé mit zwei Sitzen, das sich in Design, Rahmen und Motorisierung von den Roadstern unterschied. (Foto: © Wiesmann)

Der Roadster MF5 ist die offene Version des GT MF5 mit V8-Twinturbo. Von null auf 100 km/h braucht er 3,9 Sekunden. (Foto: © Wiesmann)

Zur IAA 2007 wurde der GT MF5 mit BMW-Fünfliter-V10-Motor und 507 PS vorgestellt. Später bekam er einen BMW-V8-Twinturbo-Motor mit einem Hubraum von 4,4 Litern und einer Nennleistung von 555 PS. (Foto: © Wiesmann)

WIESMANN

Geckos sind Echsen und gehören zu den ältesten Lebewesen auf diesem Planeten. Rund 500 verschiedene Arten gibt es, und es werden ständig mehr: 1993 entdeckte man eine besonders flinke Vertreterin dieser Spezies. Sie kam aus dem westfälischen Dülmen, hatte vier Räder und klebte förmlich auf der Straße.

Der Gecko ist das Wahrzeichen von Wiesmann. Die Firma Wiesmann Autosport, die 1988 zum ersten Mal auf der Essener Motor Show ausstellte, wurde von den Brüdern Martin und Friedhelm Wiesmann gegründet. Die Initialzündung für die beiden war der Besuch der Motor Show im Jahre 1985 gewesen. Dort sei ihnen die Kluft zwischenhochwertig restaurierten Oldtimern einerseits und miserabel zusammengebastelten Replikas, englischen Kit Cars und sonstigen Kleinserien-Sportwagen aufgefallen.

Vor diesem Hintergrund beschlossen Martin als Diplomingenieur und Friedhelm – Betriebswirt und Leiter einer Firma für Kinderbekleidung –, es besser zu machen und einen eigenen Sportwagen zu bauen. Die beiden Autodidakten machten sich voller Elan ans Werk, aber davon, wie man ein Auto baut, hatten sie herzlich wenig Ahnung. Die Karosserie modellierten sie nach alter Väter Sitte aus Ton und Spachtelmaterial, und von der Kunststoffverarbeitung hatten sie keinen blassen Schimmer.

Vier Jahre und einige hunderttausend Mark später stand der erste Prototyp auf der Essen Motor Show 1988. Bei dem roten Plastikzweisitzer schien es sich um kaum mehr als eine bloße Absichtserklärung zu handeln, doch die beiden hielten mit aller Sturheit und Dickschädeligkeit, die man den Westfalen nachsagt, hartnäckig an ihrem Ziel fest. Das Geld, um den Roadster zu Ende zu entwickeln, verdienten sie letztlich mit der Entwicklung von Kunststoff-Hardtops für BMW-Fahrzeuge.

Die Roadster-Schöpfung hieß zunächst MF 25/35. Der knapp vier Meter lange und rund 850 Kilogramm schwere Zweisitzer war eine komplette Neukonstruktion im Stile britischer Roadster, mit deutlichen Anklängen an einen Austin Healey 3000. Er verfügte über eine Karosserie aus glasfaserverstärktem Kunststoff und aluminiumbeplanktem Gitterrohrrahmen mit seitlichem Aufprallschutz. Motor, Getriebe, Differenzial, die Bremsanlage sowie Teile der Radaufhängung und Elektrik stammten aus dem BMW-Regal, andere Elemente wiederum wurden komplett in Eigenregie entwickelt und gebaut, so etwa der komplette Kabelbaum.

Im Grunde genommen änderte sich daran auch bei späteren Modellen nichts: Die Wagen wurden schwerer und leistungsstärker, erfüllten alle gängigen Normen und Vorschriften. Seit Aufnahme der Serienproduktion 1993 in einer neuen Halle in Dülmen wurde der Zweisitzer – Bezeichnung MF3 – stetig verbessert, ohne dass sich das in der Optik niedergeschlagen hätte. Die Wiesmänner selbst unterscheiden zwischen über einem halben Dutzend Entwicklungsstufen. Trotz Exklusivität wuseln mittlerweile 1100 Wiesmann über die Straßen.

Bis zur Einführung eines zweiten Modells, des Wiesmann GT MF4 zur IAA 2005, wurden im Jahr rund 50 der je nach Motorisierung knapp 310 km/h schnellen Retro-Flitzer gebaut. Die stetig steigenden Absatzzahlen führten 2008 zu einem weiteren Umzug in neue Räume. Am 14. August 2013 stellte Wiesmann allerdings einen Insolvenzantrag. 2016 wurde Wiesmann von den britischen Investoren Roheen und Sahir Berry übernommen.

Der Wiesmann Spyder war einer 420 PS starke Leichtbau-Studie zum Genfer Salon 2011. (Foto: © Wiesmann)

Beim Wiesmann MF5 Roadster »Black Bat« hat die Firma Dähler den BMW-V10 auf satte 600 PS gebracht. (Foto: © Wiesmann)

ZENDER

Zum Unternehmen gehörte auch eine Abteilung »Exklusiv-auto«, die Einzelstücke, Sonderanfertigungen (meist auf Mercedes-Benz-Basis) und Designstudien erstellte – wie den Vision 1S von 1984, dessen auffallendste Merkmale – neben der grundsätzlich futuristisch anmutenden Linienführung – die »Schrägschwing-Flügeltüren« sowie das Windleitwerk am Heck waren. Ebenfalls auffällig: die Klappabdeckungen der Scheinwerfer vorne, die sich nach hinten verschieben ließen.

Motor, Fahrwerk und der Allradantrieb stammten vom Audi quattro, eine spezielle Stahlrohr-Rahmenkonstruktion verstärkte allerdings noch die Bodengruppe. Das Material der Karosserie war kohleverstärktes Glasfaser. Der Audi-2,2-Liter-Turbo war 240–300 PS stark und ermöglichte eine Höchstgeschwindigkeit von zwischen 235 bis 270 km/h. Zu kaufen gab es diesen eindrucksvollen Sportwagen jedoch nicht. Eine weitere Eigenentwicklung war der Zender Fact 4, der zur IAA 1989 vorgestellt wurde. Das vielbestaunte Schaustück war die voll funktionstüchtige Studie eines geschlossenen Mittelmotor-Sportwagens, der die Leistungsfähigkeit des Automobilveredlers demonstrieren sollte.

Die Karosserie des keilförmigen Boliden bestand aus einem extrem leichten Verbundstoff aus Kohle- und Aramidfasern. Die unlackierte Fronthaube wog nur acht Kilogramm, eine der nach vorne öffnenden Flügeltüren ganze 2,6 kg. Rennwagentechnik vom Feinsten auch bei Chassis und Fahrwerk: Kohlefaser-Monocoque (das erste straßenzugelassene in Deutschland), zwei links und rechts angeordnete Gummi-Sicherheitstanks und innenbelüftete Brembo-Scheibenbremsen vorn und hinten. Die Bereifung der superbreiten Zender-Leichtmetallräder im Sterndesign stammte von Pirelli: P Zero im Format 245/40 ZR17 vorn und 335/35 ZR17 hinten. Der knapp vier Meter lange Monocoque-Flitzer war TÜV-abgenommen und für den Straßenverkehr zugelassen. Ihm folgte 1991 der Fact 4 Spider, eine offene Version mit Kohlefaser-Hardtop.

Mitte der 90er Jahre läutete der Progetto 5 eine Abkehr der bisherigen Modellphilosophie ein. 1997 erschien das Coupé Escape 6, dessen 6-Zylinder-Motor 174 PS leistete und eine Höchstgeschwindigkeit von 240 km/h erlaubte. Diesem folgte zwei Jahre später der Thirty Seven, mit einer Leistung von 230 PS und einer Spitzengeschwindigkeit von 253 km/h. Wie schon die beiden Vorgänger-Modelle blieb das Auto eine Studie.

Um die Jahrtausendwende stellte Zender mit dem zweisitzigen Roadster Straight 8 ein komplettes Fahrzeug vor, das in der Rekordzeit von nur acht Monaten fertiggestellt worden war. Unter der Haube der in Grün gehaltenen Karosserie aus Composite-Kunststoff beschleunigte ein 3,2-Liter-Sechszylindermotor von BMW mit einer Leistung von 321 PS den Sportwagen auf über 250 km/h. Der mit Fünfganggetriebe und LED-Blinklichtern ausgestattete Straight 8 blieb aber ebenfalls ein Einzelstück.

Die zunehmend stärkere Zusammenarbeit mit der Autoindustrie führte 1987 zur Gründung der Zender Industrieprodukte GmbH, deren Modifikationszentren sich mit der Bestückung spezieller Fahrzeugserien befassten. 2001 entstand mit der Zender GK GmbH ein weiterer Zender-Ableger, der sich Spritzgussfertigung, Montage und Logistik auf die Fahnen schrieb. Vier Jahre später fusionierten diese Bereiche mit dem bisherigen Kooperationspartner KVG Kunststoffverarbeitungs-GmbH zur neuen ZenTec automotive GmbH mit Hauptsitz in Geilenkirchen.

Während unter dem Namen Zender in Mülheim-Kärlich weiterhin die Exklusiv-Autoabteilung besteht, die sich mittlerweile ausschließlich um Maserati- und Ferrari-Sportwagen kümmert, und in Belgien, Spanien und Italien weitere Modifikationszentren unterhalten werden, schloss die traditionsreiche Tuning-Abteilung von Zender im Jahr 2008 ihre Pforten.

Der Fact 4 gemeinsam mit seinem Nachfolger, dem Fact 4 Spider.
(Foto: © Zender)

Blieb trotz schneller Fertigung ein Einzelstück: Zender Straight 8.
(Foto: © Zender)

Zender Escape 6 (links) und Zender Thirty-Seven im direkten Vergleich.
(Foto: © Zender)

Erschien noch im alten Jahrtausend: der Zender Thirty-Seven.
(Foto: © Zender)

Ein Exemplar des Rumpler Tropfen-Autos, Baujahr 1921, gehört dem Deutschen Museum in München. Der größte Erfolg dieser Konstruktion bestand darin, dass die Firma Benz die Lizenz kaufte und auf dieser Basis einen Rennwagen entwickelte.

Einspurautos wurden auch in Frankreich und England gebaut, sonderlich großen Erfolg hatten sie nirgendwo: Die Tandemsitzer waren zu unkonventionell und unpraktisch, um auf Dauer Erfolg zu haben.

Rumpler

Der 1872 in Wien geborene Ingenieur Edmund Rumpler machte sich 1902 in Berlin selbstständig und beschäftigte sich fortan mit dem Flugzeug- und Automobilbau. Das erste in größerer Stückzahl hergestellte Flugzeug war die in Lizenz gebaute »Etrich-Taube« von Ignaz Etrich. Bei Kriegsende 1918 zählten Rumplers Flugzeugwerke in Berlin-Johannisthal und Augsburg 3000 Mitarbeiter, die ebenso viele Flugzeuge gebaut hatten, darunter mehr als 1000 Fernaufklärer vom Typ C.VII. Wegen des Deutschland nach 1918 auferlegten Flugzeugbauverbotes wandte sich Rumpler wieder dem Automobilwesen zu.

Am 16. Juli 1919 meldete Rumpler eines seiner vielen Patente an, und zwar für ein windschnittiges, aerodynamisches Automobil. 1921 kam es zur Gründung der Rumpler Werke GmbH in Augsburg, wo ein solches Stromform-Automobil dann gebaut werden sollte. Kurze Zeit später entstand in Berlin – dahin war der Firmensitz verlegt worden – Rumplers erster »Tropfenwagen«. Das Stromlinienfahrzeug war das am meisten bestaunte Exponat der Berliner Automobilausstellung von 1921. Als Antrieb diente ein Sechszylindermotor in W-Form mit 2,3 Liter Hubraum von 36 PS bei 2000 U/min. Die Karosserie bot fünf bis sechs Personen Platz, wobei der Lenker des Fahrzeugs vorn in der Mitte saß. Erstmals im Serienautomobilbau verwendete man bei diesem Wagen eine gewölbte Windschutzscheibe. Doch der Tropfenwagen war seiner Zeit viel zu weit voraus, um absetzbar zu sein. Die letzten Wagen erwarb der Filmregisseur Fritz Lang, der sie am Ende des 1926 gedrehten UFA-Films »Metropolis« in Flammen aufgehen ließ. Sein Unternehmen veräußerte Rumpler im Jahre 1926 an die Udet-Flugzeugwerke.

Mauser

Die 1811 in einem ehemaligen Augustinerkloster eingerichtete Gewehrfabrik Mauser belieferte einst die Armeen von Hessen und Württemberg. Als Arbeitgeber spielte sie eine wichtige Rolle in der Region. Nach dem Ersten Weltkrieg allerdings mussten sich die Mauser-Werke – wie alle Waffenfabriken Deutschlands – ein neues Betätigungsfeld suchen und kamen, wie einige andere auch, auf den Automobilbau. Unter der Leitung des Direktors Ahlström gründete man eine Automobil-Abteilung. Das Fahrzeug, das man zu bauen beabsichtigte, war eine Konstruktion des Ingenieurs Gustav Winkler und stellte eine Kreuzung zwischen Motorrad und Auto dar.

Das Mauser Einspur-Auto hatte einen 500-cm^3-Einzylindermotor, drei Gänge und Kettenantrieb; wie ein Motorrad hatte es zwei Räder, wies aber beidseitig kleine Stützräder auf, die beim Stand des Fahrzeugs herabgelassen wurden. Das mit einer dreisitzigen Karosserie versehene Gefährt wurde 1921 auf der Berliner Auto-ausstellung präsentiert und fand sowohl Bewunderer als auch Skeptiker. Die Serienproduktion dieses Tandem-Zweisitzers mit Lenkrad und Cabrioverdeck begann 1923. In Frankreich gab es eine Lizenzversion, genannt Monotrace. Bei der Reichsfahrt des ADAC errang ein Mauser Einspur-Auto 1924 in der 500-cm^3-Motorrad-Klasse eine Goldmedaille. Als Mauser 1925 die Produktion des eigenartigen Fahrzeugs aufgab, setzte Winkler sie in eigener Regie bis 1929 fort.

1923 hatte bei Mauser auch die Herstellung eines beinahe konventionellen, aber doch sehr spartanischen Wagens mit 24 PS starkem Vierzylinder-ohv-Motor von 1569 cm^3 Hubraum begonnen, der bis 1927 gebaut wurde. Die meisten Wagen fanden als Taxi Verwendung. Anschließend konzentrierte sich die Mauser-Werke AG wieder auf die Herstellung von Handfeuerwaffen. Unter der Marke Mauser sind insgesamt etwa 1000 Fahrzeuge entstanden.

Der Tropfenwagen wurde 1921 in Berlin gezeigt. Er blieb fast unverkäuflich, und was nicht als Taxi verschlissen wurde, verschrottete Fritz Lang 1925 in seinem Film »Metropolis«.

Einspur-Autos kann man in vielen Automobil-Museen besichtigen. Sie waren verhältnismäßig langlebig, weil sie nicht viel gefahren wurden und sich auch nicht für andere Zwecke umfunktionieren ließen. Und das Militär hatte auch nie Interesse daran.

Nachdem Mauser seine Konstruktion 1925 nicht mehr bauen wollte, gründete Erfinder Winkler in Berlin eine eigene Firma, die zwischen 1926/27 und 1929 noch einige Exemplare herstellte.

DIE BESTEN

Die automobile Weltspitze in Sachen Status und Prestige ist unbestritten eine Domäne der deutschen Hersteller: Audi, BMW, Mercedes-Benz und Porsche gelten als führend in Sachen »Premium«, wobei oftmals gar nicht klar ist, was genau eigentlich darunter zu verstehen ist. Klar ist nur so viel: Ganz günstig ist das nicht, doch darauf kommt es in dieser Kategorie vielleicht auch gar nicht so sehr an. Die hier ausschnittsweise porträtierten Hersteller genießen weltweit höchste Wertschätzung und sind in vielen Teilen der Welt immer noch ein rollendes Aushängeschild für »Made in Germany«. Das soll nun nicht bedeuten, dass andere Hersteller schlechte Autos bauen, ganz sicher nicht. Aber alle orientieren sich an jenen Fabrikaten, die weltweit oft in Sachen Technik, Ingenieurskunst und Qualität Maßstäbe setzten.

Der Porsche Taycan ist der erste Elektro-Supersportwagen des Hauses Porsche.

(Foto: © Dr. Ing. F.A.)

PORSCHE
porsche.cn/experience

Porsche Club
China

AUDI

Nachdem August Horch das von ihm gegründete und seinen Namen tragende Unternehmen verlassen hatte, nahm er 1909 kurzerhand mit einer neuen Automobilfirma einen zweiten Anlauf. Die allerdings durfte den Namen des Gründers nicht mehr im Firmennamen verwenden, und so hieß sie ab 1910 »Audi Automobilwerke GmbH Zwickau«. Als Audi 1928 in Schwierigkeiten geriet, wurde die Firma von den Zschopauer Motorenwerken (DKW) übernommen, die kurz darauf in der Auto Union aufgingen.

Die nach dem Krieg neugegründete »Auto Union GmbH« war zunächst von Daimler Benz übernommen worden, die Stuttgarter aber traten die Ingolstädter 1965/66 an Volkswagen ab. VW indes hatte an den mittlerweile unverkäuflichen Zweitakt-Autos auch keine Freude. Die Auto Union – die ihre Autos unter den Bezeichnungen DKW und Auto Union verkaufte – sollte daher mit völlig neuen, modernen Viertakter-Automobilen von vorne anfangen. Zu diesem Zweck rüsteten sie den DKW F 102 mit dem von Mercedes-Mann Ludwig Kraus entwickelten Viertaktmotor aus und verpassten ihm eine kosmetische Aufhübschung. Der Name DKW verschwand, weil er zu sehr mit Zweitakter-Motoren in Verbindung gebracht wurde; stattdessen besann man sich auf eine andere Marke im Portfolio der Vorkriegs-Auto-Union: Audi. Nach fünfundzwanzig Jahren entstand auf diese Weise der erste neue Vertreter dieser alten Marke, später mit dem Zusatz »72« (werksintern F 103) versehen, das entsprach seiner PS-Zahl.

Bis 1972 variierten die Ingolstädter das Grundmodell und präsentierten diverse Motor- und Ausstattungsvarianten, ohne dass sich aber etwas Grundsätzliches geändert hätte: Vom Sparmobil Audi 60 bis zum Super 90 – der als erster Nachkriegs-Audi die 160 km/h-Marke knackte – entsprachen Karosserie (Zweitürer, Viertürer, Kombi) und Fahrwerk im Grunde genommen noch weitgehend dem verblichenen DKW F 102, jetzt aber mit Vierzylinder-Viertaktmotor und seriösem Kühlergrill, angesiedelt irgendwo zwischen Mercedes und Opel.

Nichts mehr mit den alten Zweitakt-Stinkern gemeinsam hatte indes die zweite neue Audi-Generation der Neuzeit, der Audi 100 von 1968. Der ziemlich unscheinbare Neuzugang orientierte sich an Mercedes. Für Vortrieb sorgte, wie gehabt, der 1,7-Liter-Mitteldruckmotor von Mercedes-Mann Ludwig Kraus. Damit etablierte sich Audi in der oberen Mittelklasse. Der neue Mercedes-Konkurrent war zunächst in drei Leistungsstufen zwischen 80 und 100 PS erhältlich, wobei die mitunter nur unwillig startenden Vierzylindermotoren Weiterentwicklungen des Super-90-Aggregats darstellten. Neben wahlweise Lenkrad- oder Mittelschaltung gab es für das neue 100-PS-Spitzenmodell Audi 100 LS ab Frühling 1970 auch eine Dreigang-Automatik. Die Motortester zeigten sich schwer beeindruckt, und die Kunden griffen eifrig zu, auch wenn der Audi 100 kein Schnäppchen war: Für das Grundmodell rief Audi 1968 stattliche 8600 D-Mark. Bis 1976, bis zur Ablösung der Modellreihe, bot Audi noch zahlreiche weitere Ausstattungs- und Leistungsvarianten an, so ergänzte für 1970 ein Zweitürer die Limousinenpalette. Alle hatten den Audi-typischen Frontantrieb. Als die letzten Exemplare dieser Generation im Sommer 1976 das Band verließen, hatte Audi rund 800.000 Limousinen verkauft – zuzüglich der heute so gesuchten 30.000 Coupés.

Entscheidend für die Geschichte des Gesamtkonzerns – und damit letztlich auch für den Gang der Automobilgeschichte – sollte die dritte Neukonstruktion des Hauses werden: Der völlig neue Audi 80 erschien 1972 und hat (und so deutlich muss man es sagen) Volkswagen das Leben gerettet.

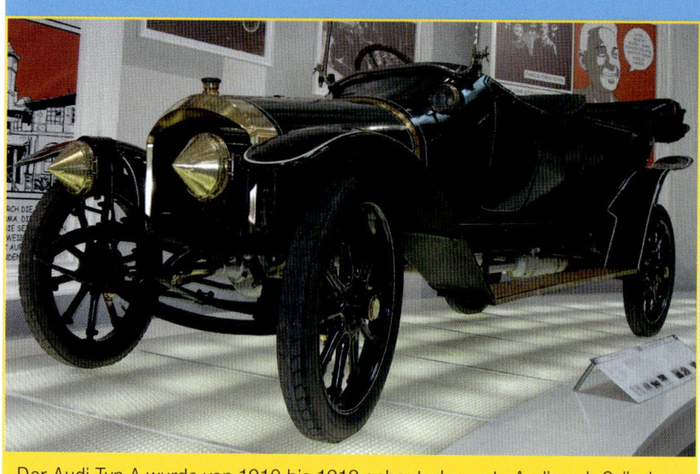

Der Audi Typ A wurde von 1910 bis 1912 gebaut, der erste Audi nach Gründung der Firma. (Foto: Bildergalerie, © GLFD)

Auf dem DKW F102 basierten die ersten Modelle, die in den 60er-Jahren wieder den Namen Audi trugen. (Foto: © Audi AG)

Ab 1970 gab es den Audi 100 auch als Coupé S. (Foto: © Audi AG)

Der Audi Typ C Alpensieger erschien 1911. Der offene Tourenwagen gewann zwischen 1912 und 1914 drei Mal die berühmte Österreichische Alpenfahrt. (Foto: © Audi AG)

Der DKW mit dem Daimler-Motor erschien als Audi zum September 1965, der Variant folgte im Mai 1966, hier als Audi 75 von 1969.
(Foto: © Audi AG)

Bis zum Erscheinen des Audi 80 gab es den Audi nur mit zwei- oder viertüriger Einheitskarosserie. Optisch unterschieden sich die einzelnen Modelljahre nur minimal.
(Foto: © Audi AG)

Ende 1964 ging die Auto Union von Daimler an Volkswagen. Zu dem Zeitpunkt war der neue Viertaktmotor noch nicht serienreif, die Ingolstädter bauten nur Zweitaktmotoren, wie im rundlichen 1000 und dem DKW.
(Foto: © Audi AG)

Den Audi gab es als 60, 70, 75, 80 und 90 und mit Motorleistungen von 55 bis 90 PS. Die frühen Maschinen liefen arg rauh und hatten erhebliche Kaltstartprobleme.

Von VW-Zwillingen und MERCEDES-Konkurrenten

Der Audi 80 sorgte dafür, dass der Fall Volkswagen nicht vollends zum Politikum geriet: Er kam, sah und siegte: Handlich, fahrsicher und komfortabel gefedert, bildete er innerhalb des VW-Konzerns die Blaupause für den wenig später von VW präsentierten Passat, der sich lediglich im Kühlergrill vom Audi unterschied. Um eine Kannibalisierung zu vermeiden, gab es den Audi stets mit Stufenheck. Der Motor des Audi 80 – eine komplette Neukonstruktion – in Versionen mit 1,3, 1,5 oder 1,6 Liter Hubraum avancierte in jener Zeit zum meistverwendeten Antriebsaggregat des VW-Konzerns, dem Audi 80 GT von 1973 mit 100 PS folgte als Spitzenmodell der Audi 80 GTE mit der 110-PS-GTI-Maschine. Im August 1976 wurde die gesamte Modellreihe überarbeitet. Die Produktion dieser Modelle endete im Juli 1978, wobei zuletzt für einen viertürigen Audi 80 GLS 14.970 D-Mark zu bezahlen waren. Der stets nur zweitürige Audi 80 GTE kostete zu dem Zeitpunkt 16.615 D-Mark.

Beim vierten neuen Audi, dem Audi 50, handelte es sich um den ersten echten Kleinwagen deutscher Provenienz mit allen Features, die auch heute noch einen guten Mini auszeichnen: Frontantrieb, Quermotor, Schrägheck-Karosserie und vorzügliche Raumökonomie. Zusammen mit dem kärglich ausgestatteten VW Polo rollte er bis 1978 mit 1,1- und 1,3-Liter-Motoren knapp 181.000 Mal in Wolfsburg vom Band, die Ingolstädter konzentrierten sich danach voll und ganz darauf, ihre Bestseller-Baureihen Audi 80 und Audi 100 zu verfeinern. Der zweite Audi 80, zur IAA im September 1978 gezeigt, hatte ein schickes Giugiaro-Kleid und darunter die weitgehend unveränderte Technik des Vorgängers. Motortechnisch kamen die 1,3- und 1,6-Liter-Benzinmotoren mit 55, 75 oder 85 PS aus dem Konzernregal zum Einsatz, später dann auch die diversen Diesel, deren Beliebtheit aufgrund der steigenden Benzinpreise in den Achtzigern stetig wuchs. Wie gehabt beschränkte sich das Karosserieangebot auf das Stufenheck-Modell mit zwei oder vier Türen.

Wenn Audis erste 100-Generation den Fuß in die Tür der automobilen Oberklasse gestellt hatte, so trat die zweite sie vollends ein: Die zwischen 1976 und 1983 gebauten Audi 100/200 brachten die VW-Tochter endgültig auf Augenhöhe mit Mercedes, und mit dem davon abgeleiten Audi 200 und dem 170-PS-Fünfzylinder-Turbo gehörte man nun auch dem exklusiven 200-km/h-Zirkel an. Der 4,70 Meter lange Viertürer – ab Februar 1977 gab es ihn dann auch als Zweitürer – bot den bekannt üppigen Artenreichtum, der bis zur Modellpflege 1981 die Ausstattungspakete Audi 100/L/GL/GLS/CD und später, ab 1981, C/CL/GL und CS umfasste.

Auch typisch geriet die Preisgestaltung, der 1,6-Liter-L kostete 1976 15.630 D-Mark; der Zweiliter-GLS 17.250 D-Mark. Stärkste Ausführung war der Audi 100 5E mit dem 136 PS starken Fünfzylinder-Einspritzer, er kostete als GS zunächst 19.350 D-Mark.

Im Oktober 1978 erschien der erste Audi 100 mit Dieselantrieb. Im Durchschnitt verbrauchten die Ingolstädter Diesel 10,2 Liter, was als sparsam galt. Der fünfzylindrige Audi 100 5D war mit den verschiedenen Ausstattungspaketen kombinierbar und blieb bis zum Produktionsende dieser Modellreihe im August 1982 im Verkaufsprogramm. Er kostete in L-Ausstattung anfangs 19.600 D-Mark und gegen Ende der Laufzeit 22.200 D-Mark.

Im August 1977 präsentierte Audi die dritte Karosserievariante des Audi 100,

AUDI

den Avant. Der Schrägheck-Kombi mit der großen Heckklappe war keine ausgesprochene Schönheit. Der Audi 200 vom September 1979 – Erkennungszeichen: rechteckige Doppelscheinwerfer und 15-Zoll-Leichtmetallräder – war trotz solcher Luxus-Attribute wie Zentralverriegelung, Servolenkung und Scheinwerferreinigungsanlage kein Renner und wurde 1982 nicht wieder aufgelegt.

MIT ALLRAD AUF DIE ÜBERHOLSPUR

Zu dem Zeitpunkt nämlich hatte Audi ein neues Erfolgsrezept gefunden, welches das Unternehmen in den Achtzigern auf die Überholspur brachte: den Allradantrieb, der bei Audi den Zusatz »Quattro« erhielt. Die Quattro-Ursprünge reichen in den Winter 1976/77 zurück. Damals unternahm eine Gruppe von Audi-Ingenieuren Testfahrten im tief verschneiten Schweden. Zu Vergleichszwecken fuhr ein Iltis mit – trotz seiner nur 75 PS ließ der hochbeinige Geländewagen den viel stärkeren Audi-Prototypen mit ihrem Frontantrieb keine Chance. Wenige Wochen später begann ein kleines Team von Ingenieuren, an der Spitze der damalige Entwicklungsvorstand Dr. Ferdinand Piëch, ein Allrad-Auto zu entwickeln. Die revolutionäre Technologie feierte ihr Debüt auf dem Genfer Salon 1980 im neuen Audi quattro, einem kantig gestylten 200-PS-Coupé. Anfangs nur als Kleinserie geplant, entwickelte sich der Ur-Quattro aufgrund der großen Nachfrage zum Erfolgsmodell; immer wieder verfeinert, blieb er bis 1991 im Programm. 1984 stellte ihm Audi den Sport quattro mit 306 PS Leistung und um 32 cm verkürztem Radstand zur Seite, der in der Wettbewerbsausführung 400 PS brachte. Quattro und quattro S1 revolutionierten den Rallyesport, Höhe- und Endpunkt war der 500 PS starke Sport quattro S1 für den Einsatz in der Gruppe B. Seinen größten Triumph feierte der dann 598 PS starke S1 1987 am Pikes Peak: Walter Röhrl sorgte für den dritten Audi-Sieg in Folge beim Bergrennen in Colorado/USA. Bis zum Audi-Ausstieg 1986 aus der Rallye-WM hatten die Ingolstädter vier Titel in der Rallye-WM und drei Siege am Pikes Peak eingefahren. Die Quattro-Technik beflügelte aber nicht nur sportive Zweitürer, sondern auch die braven Limousinen wie den Audi 80, erstmals ab 1983.

Der TT der Volkswagen-Tochter begann seine Karriere als Studie auf der IAA 1995 auf Golf-Basis. Drei Jahre später gab dann die Serienausführung des Audi-Zweisitzers ihr Debüt: Die Bezeichnung »TT« war eine Verbeugung vor der eigenen Vergangenheit, etwa in Gestalt des NSU TTS. Für das Design zeichnete in erster Linie Peter Schreyer verantwortlich, der später mit dem wunderbaren A5 das viertürige Coupé (»Sportback«) salonfähig machte, bevor er die koreanische Marke Kia neu einkleidete.

Die TT-Motorenpalette umfasste zunächst einen 1,8-Liter-Fünfventil-Turbomotor in zwei Leistungsstufen – 180 bis 225 PS –, später wurde die Modellreihe sowohl nach oben als auch nach unten (150 PS) ausgebaut. Zum stärksten Audi TT der bis 2006 gebauten ersten Generation avancierte der 250 PS starke Sechszylinder im 3.2 quattro. Die Produktion des Coupés wie auch des ab Herbst 1999 gelieferten Roadsters erfolgte überwiegend im ungarischen Györ.

Nachdem die Mittel- und Luxusklasse abgedeckt war, versuchte Audi erstmals seit den 70er-Jahren auch wieder im Segment der Kleinwagen Fuß zu fassen. In die Nachfolge des Audi 50 traten nun, basierend auf der Golf-Plattform, Audi A3 (1996), Audi A2 (1999) – der weltweit erste Dreiliter-Fünftürer, leider ohne größeren Verkaufserfolg –, der erfolgreiche Audi A3 II und seit 2010 auch der Audi A1, für den der VW Polo die Basis liefert. Seit der Jahrtausendwende hat Audi mit A4 und A6 allroad quattro sowie mit Q5 und Q7 nun auch Gelände-

Das Audi-Coupé war der Star auf dem IAA-Messestand des Jahres 1969. Es basierte auf der verkürzten Bodengruppe, nutzte aber die Türen der Limousine. (Foto: © Audi AG)

Der Audi 100 in GL-Ausstattung, hier mit den aufpreispflichtigen Doppelscheinwerfern und Vinyldach, brachte Prestige ins Programm.

(Foto© Schwab, Slg. Kuch)

Der Audi 50 entstand, wie der Polo dann auch, in Wolfsburg. (Foto: © Audi AG)

Die zweite Generation des Audi 100 erschien 1976. Sie brachte Audi auf Augenhöhe mit Mercedes. Eine Schrägheck-Limousine gab's dort aber nicht. (Foto: © Audi AG)

Der Audi 80 GT als Sportversion des GL erschien zur IAA 1973. Es gab ihn nur in Monzagelb und als Zweitürer. Drehzahlmesser, Sportlenkrad mit Lochspeichen, 5-Zoll-Sportfelgen und Mittelkonsole waren serienmäßig. Audi 80 GTE und VW Golf GTI hatten den gleichen 1,6-Liter-Einspritzmotor, montierten diesen aber unterschiedlich: Im GTE saß er längs, im GTI quer.

Den Audi 80 GTE setzten die Ingolstädter ab 1978 unter Freddy Kottulinsky in der Deutschen Rallyemeisterschaft ein. (Foto: © Audi AG)

Die dritte Audi-100-Generation (C3, 1982–1991) gab es wieder als Avant. Nach 1985 wurde die Karosserie vollverzinkt. (Foto: © Audi AG)

Der A4 Avant der Bauserie B5 stand zwischen 1995 und 2001 im Programm. (Foto: © Audi AG)

Wesentlich häufiger als die Schrägheck-Variante »Avant« war der Audi 100 (C2) in den Siebzigern mit Stufenheck zu sehen. In den USA lief er als Audi 5000. (Foto: © Audi AG)

wagen im Angebot. Auf Augenhöhe mit BMW und Mercedes – und dann der Diesel-Skandal

Nicht zuletzt dank dieser Klassiker hat sich Audi fest in der Spitzengruppe der deutschen Automobilhersteller etabliert und spielt in einer Liga neben BMW und Mercedes-Benz. Daran gearbeitet hatte die VW-Tochter schon seit Anfang der Neunziger. Erster sichtbarer Ausdruck dieser Ambitionen war die Präsentation des Audi V8. In seiner 1994er-Ausführung und unter dem neuem Namen A8 bestand seine Karosserie ganz aus Aluminium. In der vierten Generation, Ende 2017 erschienen, kommt Audis Flaggschiff mit einer Vielzahl von Gimmicks und Luxusklasse-Features, mit Stau-, Garagen- und Parkautomatik unmd jeder Menge digitaler Regler, Tasten und Bedienelementen. Dem Trend folgend, hat ein A8 neben seinem Dreiliter-Sechszylinder auch einen elektrischen Antriebsstrang mit Radnabenmotor und 48-Volt-Bordnetz. Eine mitlenkende Hinterachse gibt's auf Wunsch ebenso wie eine staatstragende Langversion, Türzuziehhilfe und weitere Goodies aus der Abteilung »Gut und Teuer« (und eventuell auch überflüssig).

Die zweite Hälfte der 2010er Jahre hat Audi, das innerhalb des Konzerns federführend bei der Dieselentwicklung ist, schwer erwischt. Zum lädierten Ruf kamen sinkende Renditen wegen der zwangsweise ausgedünnten Modellpalette und der Käufer-Zurückhaltung in Sachen Diesel. Dass Audi-Chef Stadler seinen Posten räumen musste und unliebsamen Besuch von der Staatsanwaltschaft erhielt, war dem Vertrauen in die Strahlkraft der Marke auch nicht zuträglich. Zugleich verschärfte sich, nicht zuletzt durch die Entwicklungen auf dem chinesischen Markt, der Innovationsdruck, und Audi gab Gas. Im Jahr 2018 führten die Ingolstädter 20 neue Modelle oder Modellüberarbeitungen ein, darunter den Audi A6, im internen Markenranking das viertwichtigste Modell des Herstellers (nach

Den A5, vorgestellt 2007 als Coupé, 2009 als Cabriolet sowie als Schrägheck-Limousine, bezeichnete Designer Walter de Silva, als seinen gelungensten Entwurf. Das sahen die Kunden genauso. (© Audi AG)

Natürlich ist der Audi TT noch kein Youngtimer, schließlich kam er erst 1998. Ein Design-Klassiker aber ist er schon jetzt. (Foto: © Audi AG)

AUDI

A4 – der hatte ein Facelift erhalten – und A3, der 2020 in Neuauflage kommt). Der e-tron wurde im September 2018 enthüllt und gab den Startschuss für Audis Elektro-Offensive. Dieser erste Stromer der Marke krönt die SUV-Palette, die aus Q3, Q5, Q7 und dem barocken Q8 besteht. Daneben stehen mit Q5e, A6e, A7e und A8e diverse Plugin-Hybride vor der Einführung – man spricht von 13 neuen Modellen bis Ende 2020, wobei auch durchaus starke (S) und superstarke (RS) Modelle im Angebot bleiben. Und in Sachen Wasserstoff ist in Ingolstadt das letzte Wort auch noch gesprochen. Das allerdings lässt sich, wie im gesamten VW-Konzern, von Kleinserien- und Nischenmodellen allerdings nicht behaupten: Die meisten fallen wirtschaftlichen Überlegungen zum Opfer. Zweitürer und Cabrio der Anfang 2020 erneuerten Baureihe A3 werden wir künftig ebenso vermissen wie den spaßigen Audi TT (von dem es drei Generationen geben hat) oder auch den Alu-Spitzensportler R8.

Frühe Audi Coupé GT (1981–1988) mit Doppelscheinwerfer werden rar, ebenso frühe Exemplare mit wenig Rost.   (Foto: © Auto-Medienportal.Net/Ralph Kremlitschka)

Audi S3 Cabrio.   (Foto: © Audi AG)

Schöne Kombis heißen »Avant«, und gebaut werden sie bei Audi. Der Kombi-Anteil sowohl beim A4 als auch beim A6 bei deutlich über 50 %. Im Bild ein A4 Avant Allroad Quattro, die Variante für betuchte Oberförster.   (© Audi AG)

Alu-Karosserie, Mittelmotor und Allradantrieb – der R8 war ein rassiger Zweisitzer mit brillanten Fahreigenschaften. Vor allem aber war er wesentlich alltagstauglicher als etwa ein Lamborghini Huracán, mit dem er sich manchen Komponenten teilte. In der zweiten Generation von 2015 auch nur mit Heckantrieb zu haben.   (© Audi AG)

Auf der IAA 1989 in Frankfurt zeigte Audi eine viersitzige Cabrio-Studie auf Basis der Audi-80/90-Reihe. Der offene Viersitzer ging 1991 in Serie.
(Foto: © Audi AG)

Wie alle Cabriolets des Herstellers trug auch der offene A3 eine Stoffkapuze. In der nächsten Generation 2020 war aber Schluss mit luftig: Es gibt den Golf-Ableger nur noch fest verlötet.
(© Audi AG)

Der E-Tron war Audis erstes vollelektrisches Serien-SUV. Als Antrieb dienten zwei E-Motoren mit 408 PS Systemleistung und 660 Nm Drehmoment. (© Audi AG)

Nach der Übernahme des Eisenacher Dixi-Werks baute BMW den Dixi-Typ DA 1 unverändert noch ein halbes Jahr weiter, bevor sie ihn im Juli 1929 durch den überarbeiteten BMW Typ 3/15 (DA2) ablösten, der bis 1931 gebaut wurde.
(Foto: © BMW AG)

Der BMW 326 in der Ausführung von 1939 war die letzte Vorkriegslimousine des Herstellers. Mit etwas längerer Haube wurde dieser Wagen auch als Typ 335 angeboten.
(Foto: © BMW AG)

Graf Goertz hielt ihn für seinen gelungensten Entwurf: Den BMW 503, der zusammen mit dem 507 auf der IAA im September 1955 vorgestellt wurde.(Foto: © BMW AG)

Der BMW 303 von 1933 war der erste BMW mit 1,2 Liter Hubraum und Sechszylinder-Motor. Die Karosserien der Prototypen entstanden bei Daimler-Benz in
Sindelfingen, die der Serie dann bei Ambi-Budd in Berlin.   (Foto: © BMW AG)

Hervorgegangen aus der Rapp-Motorenwerke GmbH sowie der Flugmaschinenfabrik Gustav Rau, begann die Münchner Firma während des Ersten Weltkriegs mit dem Bau von Flugzeugmotoren. Unter dem neuen Firmennamen »Bayerische Motoren Werke GmbH« (später: AG) gelang ihr 1917 unter ihrem Geschäftsführer Franz Joseph Popp der Durchbruch auf diesem Sektor. Doch den rasanten Höhenflug des Motorenherstellers stoppte das Kriegsende im Jahr 1918 auf jähe Weise.

1923 stellte BMW sein erstes Motorrad her, die R 32. Ein Jahr später beteiligte sich das Unternehmen erstmals an einem Auto, dem Kleinwagen der Schwäbischen Hütten Werke AG (S.H.W.), der jedoch nie in Serie ging. Nebenbei stieg das Unternehmen auch wieder in den Bau von Flugzeugmotoren ein. Mit dem Kauf der Dixi-Werke (Fahrzeugfabrik Eisenach) 1928 startete BMW als Automobilhersteller. Der erste Serienwagen war der 3/15 PS, ein Lizenznachbau des britischen Austin Seven, der zuerst bei Dixi entstanden war.

Fünf Jahre später stellten die Bayern mit dem BMW 303 (sechs Zylinder, 30 PS) ihr erstes komplett selbstentwickeltes Modell vor und profitierten vom wirtschaftlichen Aufschwung. Weitere Erfolgsmodelle waren die 2-Liter-Fahrzeuge BMW 326 und 328, der erstere von beiden wurde sogar zum meist verkauften BMW der Vorkriegsjahre. Nach 1933 baute BMW wieder verstärkt Flugzeugmotoren, zwischen 1939 und 1945 Rüstungsgüter.

Nach dem verlorenen Krieg stand BMW fast vor dem Aus. Das Eisenacher Werk war verloren und das Werk in München demontiert. BMW musste von vorne beginnen, das Werk im Westen neu aufbauen und mit Motorrädern sich irgendwie über Wasser halten.

Der erste in München produzierte neue BMW erschien 1952, trug die Bezifferung »501« und den Spitznamen »Barockengel«. Der war schwach, schwer und vom Design her ziemlich gewöhnungsbedürftig. So kam BMW nicht von seinem Schuldenberg herunter und verbrannte weiter Geld mit der Entwicklung eines prestigeträchtigen Achtzylinder-Motors: So viele Zylinder hatten noch nicht einmal die Topmodelle von Mercedes-Benz aufzuweisen. Die verkauften sich dennoch glänzend, ganz im Gegensatz zu den traumhaft schönen Achtzylinder-Sportmodelle »503« und »507«, mit denen die Münchner in der Oberklasse festzusetzen suchte: BMW steckte tief in der Krise, und die kleine »Isetta« mit BMW-Motorrad-Motor vermochte die Bilanzen kaum aufzuhübschen. Den Verkauf des Unternehmens an Daimler-Benz im Dezember 1959 verhinderte in letzter Minute schließlich der Industrielle Quandt, der BMW durch die Erhöhung seines Aktienanteils mit frischem Kapital versorgte, und mit der neuen Kleinwagen-Baureihe BMW 700 wurde der erste Schritt in eine bessere Zukunft unternommen.

ALLES NEU MIT DER NEUEN KLASSE

Die endgültige Wende leitete die »Neue Klasse« von 1962, der BMW 1500, ein. Die neue Mittelklasse-Baureihe bescherte den Bayern den dringend notwendigen Erfolg: Ein Auto wie dieses gab es noch nicht auf dem deutschen Markt, oder besser gesagt: Dieses Segment war nach der Borgward-Pleite nicht mehr besetzt. Mitte der Sechziger begann dann auf Basis der Neuen Klasse eine kluge Auffächerung des Modellprogramms, während die Isetta wie auch die Baureihe 700 an Bedeutung verloren hatten. Das galt übrigens auch für Barockengel und Co.: In der Luxus-Klasse spielte BMW keine große Rolle, und die prestigeträchtigen Typen BMW 2000, 2500, 2800 und 3000 blieben stets hinter Mercedes-Benz nur zweite Sieger. Die neue Mercedes-S-Klasse (1972 erschienen) grub den großen BMW-Sechszylindern schließlich vollends das Wasser ab.

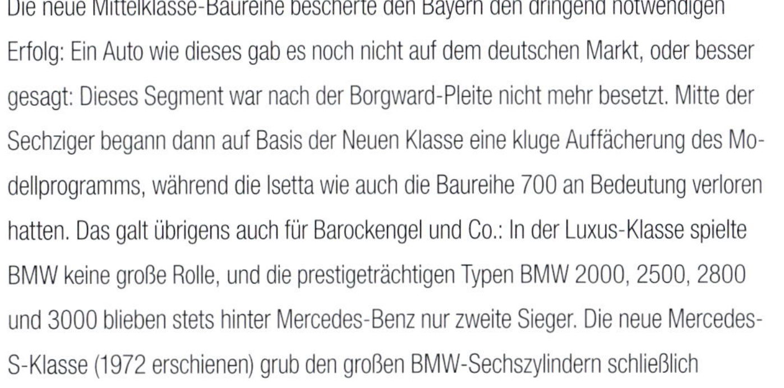

Der BMW 501 »Barockengel« bescherte den Bayern keine himmlischen Verkaufszahlen. Nur die guten Motorrad-Verkaufszahlen retten BMW vor dem frühen Aus.
(Foto: © BMW AG)

BMW

Dabei gehörten die von BMW neu entwickelten Reihensechszylinder-Motoren zu den besten Motorkonstruktionen jener Zeit und hatten eine außerordentliche Laufkultur: Laufleistungen von über 150.000 Kilometern ohne Motorrevision – damals eine Seltenheit – waren für einen großen BMW normal. Basismodell war der 150 PS starke BMW 2500, darüber angesiedelt der zunächst viel besser ausgestattete und 20 PS stärkere BMW 2800. Er besaß bis Ende 1971 Luxus-Goodies wie eine serienmäßige Niveauregulierung und ein Sperrdifferenzial. Im April 1971 wurde die Modellreihe nach oben erweitert, es folgten der BMW 3.0 S mit Dreiliter-Vergaser und 180 PS sowie im September 1971 der BMW 3.0 Si mit Dreiliter-Einspritzmotor und satten 200 PS. Die Siebener-Reihe brachte BMW dann nach 1977 endlich auf Augenhöhe mit den Stuttgartern.

Anders sah es bei den großen Coupés aus: Da hatten die Bayern die Nase vorn und die Schwaben das Nachsehen. Zwischen 1968 und 1975 standen auf Basis der Limousinen die von Karmann gebauten CS-Coupés im Angebot, wobei die Karosserie im Grunde genommen schon beim 2000 C/CS des Jahres 1965 auftauchte, 1968 aber wegen der Sechszylinder-Motoren eine längere Schnauze und einen anderen Grill erhielt. Eine ganz besondere Rarität war das aus dem 3.0 CSi entwickelte Leichtbau-Coupe 3.0 CSL von 1971, von dem 1000 Stück entstanden. Es handelte sich um eine zusammen mit Alpina entwickelte Homologationsserie für den Tourenwagensport nach FIA-Gruppe 2. Bis November 1975 entstanden drei Ausführungen mit 180, 200 und 206 PS, wobei die stärkste – ab Juli 1973 – die spektakulärste war: Rundum verspoilert, lag der gigantische Heckflügel im Kofferraum, denn fest montiert hätte der Production-Racer keine Straßenzulassung erhalten. Zum Jahresende 1975 lief die Produktion nach rund 30.000 Coupés aus, und natürlich gab es mit der Sechser-Reihe wieder adäquaten Ersatz: Das Coupé – als 633 CSi dann mit 3,2-Liter-Reihensechszylinder aus dem 3.3 Li und knapp 220 km/h schnell – basierte aber nicht auf der Siebener-Reihe, sondern bediente sich der Fünfer-Komponenten. Bayerns Sechser hielt bis 1989 durch, in den Neunzigern war es dann die Achter-Reihe – heute besonders gesucht als 850i mit Zwölfzylinder-Motor –, welche die Coupé-Tradition aufrecht erhielt. Bis zum heutigen Tag gehören die großen BMW-Coupés zur Marken-DNA, wobei die jüngsten Modelle – erschienen Ende 2018 – als Achter-Reihe im Programm figurieren. Auch ein Achter-Cabrio steht im Programm und ist, wie alle großen BMW, nichts für den schmalen Geldbeutel: Unter 100.000 Euro ist ein solcher Fahrzeugtraum nicht zu haben, was seiner Verbreitung gewisse Grenzen setzt.

Wobei: Echte Volkswagen hat BMW seit den Tagen des seligen Dixi 3/15 PS lange nicht mehr gebaut. Am ehesten dieser Rolle gerecht wurden die Nachfolger der Neuen Klasse, die dann zur Dreier-Reihe führten.

München Nullzwei

Die Neue Klasse hat es bis 1966 nur mit vier Türen gegeben, dann erschien mit dem 1600-2 eine zweitürige Variante. Die war 1000 Mark günstiger und wirkte wesentlich sportiver, was prima zum neuen Markenimage passte. Ein vergleichbares Auto gab es nicht, und wie VW mit dem Golf GTI zehn Jahre später die Kompaktklasse revolutionieren sollte, schaffte das BMW in der Mittelklasse. Natürlich gab es von der Nullzwei-Reihe entsprechende Sportausführungen, wie bei den Viertürern hatten diese die Kürzel »ti« bzw. »tii«. Die ti-Modelle hatten 40er Solex-Doppelvergaser, und beim BMW 2002 tii sowie dem späteren 2002 turbo erfolgte die Gemischbildung mit mechanischer Kugelfischer-Einspritzanlage.

Den BMW 2002 mit Zweiliter-Motor gab es seit Januar 1968, im September löste er mit Zweivergasermotor den 1602 ti ab. Seit März 1971 gab es den Zweitürer auch mit

Den Prototyp der »Neuen Klasse« stellte BMW auf der Frankfurter IAA im September 1961 vor. Mit ihm fuhr BMW in die Neuzeit. (Foto: BWM AG)

Nach der Übernahme der Firma Glas baute BMW das wunderbare Glas Coupé 2600 V8 noch bis August 1967 weiter. (Fto: © Hersteller)

Neben dem normalen BMW-Coupé gab es auch noch eine Homologationsserie für den Rennsport. Die aerodynamischen Anbauteile lagen lose bei, sie hatten nämlich keine Straßenzulassung. (Foto: © BMW AG)

Die Weiterentwicklung der zunächst nur als Viertürer lieferbaren »Neuen Klasse« führte endlich wieder zu einer geeigneten Basis für den Motorsport bei BMW. Burkhard Bovensiepens Firma Alpina bot zum Beispiel für den 1,8-Liter ein umfangreiches Tuningprogramm an.

Der 2000 C von 1965 war die Coupé-Ausführung der »Neuen Klasse«. Den Zweiliter gab es mit 100 PS, als CS brachte er noch einmal 20 PS mehr auf die Straße. Die Karosserie lieferte Karmann zu.
(Foto: © BMW AG)

Der 02-touring war kürzer als die Stufenheck-Limousine, hatte aber eine Heckklappe und eine umklappbare Rücksitzlehne. Die Kombi-Limousine blieb ein Ladenhüter. (Foto: © BMW AG)

1972 ergänzte das 2002 Cabrio die Nullzwei-Reihe. Das Dachmittelteil war herausnehmbar, das Verdeck abklappbar. Wurde bei Baur gefertigt, nach 1974 mit eckigen Heckleuchten. (Foto: © BMW AG)

Die Ablösung der Coupé-Baureihe stand auf dem Genfer Salon im Frühjahr 1976 und erhielt, gemäß der neuen BMW-Nomenklatur, die Ordnungsziffer 6. Als Motorisierung standen zwei Sechszylinder-Triebwerke zur Wahl. Die Baureihe lief bis 1989, zuletzt als 635 CSi mit schwarzer Spoilerlippe. (Foto: © BMW AG)

Der BMW 2002 turbo erschien im September 1973, galt aber wegen der Ölkrise als viel zu krawallig. Er wurde Ende 1974 schon wieder eingestellt.
(Foto: BWM AG)

Nach Erscheinen der S-Klasse von Mercedes brachen die Absatzzahlen der großen Sechszylinder-BMW 2500/2800 ein. Im April 1971 legte BMW nach und präsentierte den 3.0 S (rechts), kurz darauf auch als Si mit Einspritzung. Die Überholung der Einspritzpumpe ist kompliziert und teuer. (Foto: © BMW AG)

1,8-Liter-Motor, und schließlich, als Reaktion auf die Ölkrise, noch in einer Einstiegsvariante 1502 (der eigentlich ein abgemagerter 1602 war). Er überlebte den Modellwechsel zum Dreier und lief erst im August 1977 aus. Eine Sonderstellung nahm der BMW 2002 Turbo ein: Das falsche Auto zur falschen Zeit, da halfen weder Kriegsbemalung noch Spoilerwerk. Der 2002 erschien just im Spätjahr 1973, als im Zuge der Ölkrise die weltweite Automobilindustrie in eine tiefe Sinnkrise stürzte. Und wenn es denn ein Zeichen für automobile Unvernunft gab, so schien der zwangsbeatmete BMW 2002 mit Kugelfischer-Benzineinspritzung das ideale Beispiel dafür zu sein. Der erste deutsche Wagen mit Turbolader beschleunigte mit seinen 170 PS den knapp 1100 Kilo schweren Viersitzer in acht Sekunden bis zur 100er-Marke, die Höchstgeschwindigkeit lag bei 211 km/h. Ein Kostverächter war der Nullzweier natürlich nicht, selbst die Werksangaben – notorisch optimistisch – sahen ihn bei 14,5 Litern und damit um mindesten 1,5 Liter höher als beim nächstschwächeren 2002 tii mit 130 PS. Der 2002 turbo in seiner Kriegsbemalung (wenn auch ohne Schriftzug auf dem Spoiler, der fehlte in der Serie) wurde nur ein starkes Jahr gebaut, im November 1974 lief die Fertigung dann nach 1672 Stück aus.

Während die normalen Zweitürer sich blendend verkauft hatten (863.000 Stück waren ein nie erwarteter Erfolg), interessierten sich nur Individualisten für die anderen 02-Varianten, die Kombi-Limousinen namens »Touring« und die Cabriolets. Sie verkauften sich wesentlich schlechter als erwartet. Und wie so oft: der Flop von gestern ist der Klassiker von heute. Das gilt natürlich auch für die BMW-Cabrios, gebaut bei der Firma Baur in Stuttgart und enthüllt auf der Frankfurter Automobil-Ausstellung 1967. Gelungen war die Linie dank des voll versenkbaren Verdecks. Nachteil der grazilen Erscheinung: Der schmucke BMW war ziemlich labil und gammelte in Rekordgeschwindigkeit: Rostschutz und Baur, das passte auch später nicht so recht zusammen. Insgesamt wurden 1938 Cabrios gebaut, davon 256 äußerlich nicht von den 1600ern zu unterscheidende BMW 2002 Cabriolets. Im Juni 1975 endete nach 2272 Baur-Cabrios diese Episode, auch die Nachfolger wurden nie als vollwertige Cabriolets akzeptiert.

BAYERN DREI

Die Ablösung des Nullzwei vom Juli 1975 gab es in der ersten Dreier-Auflage – Kennung E21 – ausschließlich als Zweitürer sowie als Baur-Cabriolet. Äußerlich waren die verschiedenen Varianten der Dreier-Reihe nahezu identisch, jedoch besaßen der 316 und der 318 einfache, der 320, der 320i und der 323i Doppel-Scheinwerfer. Dazu trugen die Sechszylinder-Modelle ein Typenschild im Kühlergrill. Die 320 und 320i wurden ab September 1977 durch den 320 und ab Februar 1978 durch den 323i mit Sechszylinder-Motoren ersetzt. Mit diesen neuen Triebwerken, die sich durch moderne Konstruktionen, geringes Gewicht, hohe Leistung, Drehfreudigkeit und vorbildliche Laufkultur auszeichneten, wurde BMW wieder einmal seinem Ruf gerecht, die feinsten Automobilmotoren der Welt zu bauen. Im November 1982 wurde die Produktion des ersten Dreiers beendet, nur der 315 lief noch bis Ende 1983. Die E21-Reihe brachte es als bis dahin meistgebauter BMW auf 1.364.039 Einheiten. Rund ein Drittel aller Dreier war mit Sechszylinder-Motoren ausgerüstet. Erfolgreichstes Modell der Reihe war, wie von den Testern erwartet, der mehr als eine halbe Million Mal gebaute BMW 320.

VOLLGAS IN DEN ACHTZIGERN

Dreier, Fünfer, Sechser, Siebener: Mit diesem ganz klar strukturierten Modellprogramm startete BMW dann in den Achtzigern richtig durch. Zu den bemerkenswertesten Modellen des neuen Jahrzehnts gehörten die Neuauflagen von Dreier- (E30) und

BMW

Fünfer-Reihe (E34). Die dritte 3er-Generation. die Baureihe E36 stand zwischen 1991 und 1998 im Programm. Cabriolet und Kombi (Touring) liefen traditionsgemäß erst zwei Jahre später an und ein Jahr länger durch. Neu ins Programm gelangte 1994 die Schrägheck-Ausführung mit dem Beinamen »BMW compact«, interne Baureihenbezeichnung E36-5. Mercedes-Benz reagierte später darauf mit der Schrägheck-Ausführung der C-Klasse; in beiden Fällen konnte man über die Ästhetik trefflich streiten. Der Zweitürer trug nun deutlich coupéhaftere Züge. Nur in den ersten Jahren war noch die Cabrio-Limousine von Baur zu ordern, die Schwaben hatten ihren Umbau dem Viertürer zugrunde gelegt. Der M3 erhielt den neuen 3,2-Liter-24V-Sechszylinder und leistete 321 PS. Er kostete 88.000 Mark, teurer war noch kein Dreier gewesen. Die vierte Generation E46 vom März 1989 überraschte mit ihrer Form der Scheinwerfer durch die leicht geschwungen verlaufende Unterkante. Die Karosserievielfalt war geblieben, lediglich der kurze Compact basierte noch auf der Vorgänger-Reihe. Zu den interessantesten Ablegern der bis 2005 gebauten Familie gehörte die 2003 in Genf offiziell vorgestellte Leichtbau-Ausführung M3 CSL, ein 360 PS starkes Basisfahrzeug für den Rennsport. Anfang 2005 erschien die fünfte Generation, hier differierte die Baureihenbezeichnung je nach Karosserieform: Der Touring figurierte als E91, die Limousine samt Ablegern wie Cabrio und Coupé als E90. Der Compact fiel aus dem Programm; Highlight war wiederum der M3, erstmals jetzt mit neuem 4,2-Liter-V8 und 420 PS; ab 2008 gab es für M3 und 335i auch optional ein Doppelkupplungsgetriebe. In der sechsten Generation (2012–2019) fächerten die Weißblauen ihr Dreier-Programm noch weiter auf und brachten neue Zahlen ins Spiel. Nur noch die Viertürer heißen noch Dreier, die entsprechenden zweitürigen Coupés und Cabriolets heißen Vierer. Mit weniger als 150 PS verlässt gegenwärtig kein Dreier mehr das Werk (und mit mehr als 450 PS kein Vierer). Natürlich ließen sich noch weitere Nischen finden, welche mit Dreier-Ablegern gefüllt werden konnten, die mal familientauglich als Gran Turismo, mal rundstreckensportlich als M4 etikettiert wurden. In jedem Fall aber schien der BMW-Baukasten eine schier unendliche Anzahl an Variationen herzugeben, und natürlich macht die grassierende SUV-Mode auch nicht vor den Toren der bayerischen Landeshauptstadt halt: Rollende Hochsitze trifft man neuerdings in jeder beliebigen Farbe, Form und Größe im BMW-Programm und finden ein weltweites Publikum. Das wiederum kann nicht jeder BMW von sich behaupten, tatsächlich gibt es eine beachtliche Strecke an Kleinserienfahrzeugen, die mitunter bei den Händlern standen wie Blei, doch heute ihr Gewicht in Gold wert sind.

Gestern Flop, heute top

Zu den bekanntesten Vertretern dieser Gattung gehören die 50er-Jahre-Ikonen 507 und 503. Der 1978 vorgestellte M1 war von Anfang an nur als Rennsportwagen mit Straßenzulassung in limitierter Stückzahl geplant gewesen, der 1987 gezeigte E30-Ableger Z1 lief dagegen deutlich besser als erwartet: 5000 waren geplant gewesen, 8000 Stück sind es dann geworden. Beim Z8 hingegen, dem von 2000 bis 2003 gebauten SL-Killer, lief's genau umgekehrt: 8000 geplant, mit Ach und Krach 5700 verkauft und die letzten 500 im Paket an Alpina abgegeben, damit die Buchloer den Roadster auf V8-Power und Handschaltung umbauen konnten. Letztlich ist auch noch nicht entschieden, in welche Richtung die Reise mit dem i8 gehen wird. Der Hybrid-Roadster mit 1,5-Liter-Dreizylinder-Motor (231 PS) sowie dem 105 kW starken Elektroantrieb steht seit 2014 im Programm, kostet schlappe 150.000 Euro und ist, BMW-typisch, ein

Der erste 3er war deutlich größer als der 02er. Die Modellreihe umfasste die Typen 316, 318, 320 und 323, der 315 (1981–1983) war ihr letzter Vertreter.
(Foto: BMW AG)

Den E30 gab es in zahlreichen Ausführungen, auch als Werks-(Voll-)Cabrio, hier als M3 mit 2,3-L-Sechszylinder. Heute extrem gesucht und sehr teuer.
(Foto: © BMW AG)

Auf zwei folgt drei: Die neue 3er-Reihe (Modellbezeichnung E21) erschien im Juli 1975 sowohl mit Sechs- als auch mit Vierzylinder-Motoren. Doppelscheinwerfer hatten nur die Modelle 320 und 323. Gepflegte 320er sind heutzutage rar.
(Foto: BMW AG)

Der BMW 835 sollte ursprünglich bei Lamborghini entstehen, als das nicht klappte, sprang Baur ein. Das Mittelmotor-Coupé ging Ende 1978 als BMW M1 in Serie. (Foto: BMW AG)

Die Fünfer-Reihe erschien 1972 und löste die »Neue Klasse« ab. Im Bild ein Exemplar der zweiten Generation von 1981 als Topmodell M5 mit 286 PS. (Foto: BMW AG)

Der Z1 wurde dann in 8012 Exemplaren zwischen 1988 und 1991 gebaut. Rote Z1 sind nicht ganz so gefragt, kosten aber immer noch ab € 35.000,– aufwärts.
(Foto: © BMW AG)

Die 8er-Reihe E31 löste die 6er-Coupés ab, war aber eine halbe Klasse höher angesiedelt. Der Luxusliner mit Klappscheinwerfern kam zunächst als 850i mit V12.
(Foto: © BMW AG)

Bayern 1: Der Heckantrieb bescherte dem Einser – und seinen Ablegern Coupé und Cabriolet – eine Sonderstellung unter den Kompakten. Die nächste Auflage hat aber den auch beim Ni zu findenden Frontantrieb.
(© BMW AG)

Der BMW Z8 sollte dem Mercedes-Benz SL Konkurrenz machen. Konzipiert als Imageträger unter Federführung von Chris Bangle, gehörte zu seinen Highlights die Aluminium-Spaceframe-Struktur. Für Vortrieb sorgte 5,0-Liter-V8 mit 400 PS, wie er auch im M5 Verwendung fand. (© BMW AG)

Mit den M-Modellen hat BMW die Hochleistungs-Limousine erfunden, mit dem M5 Touring – E34 – dann auch den Power-Kombi. (Foto: © BMW AG)

BMW M 5 in der Vorderansicht. Laut Werbung in 5,3 s von 0 auf 100 km/h. (Foto: © BMW AG)

Der i8 ist, so das Werk, der BMW mit dem tiefsten Schwerpunkt und daher perfekt ausbalanciert. (Foto: © BMW AG)

wunderbares Stück Ingenieurskunst für eine exklusive Klientel. Anders aber als in den Fünfzigern, als mit Barockengel und Isetta nur Autos für Generaldirektoren oder Tagelöhner im Programm standen, bedient BMW alle Käuferschichten, die dazwischen liegen.

Bayerische Zahlenspiele

Der Einstieg ins weißblaue Fahrvergnügen beginnt inzwischen mit der Einser-Reihe. Der Golf-Konkurrent war in den ersten Generationen der einzige Kompakte mit Hinterradantrieb, was ihm ein Alleinstellungsmerkmal bescherte. Weil die Motoren längs eingebaut waren, gehörte die Raumökonomie nie zu den Primär-tugenden. Doch über das mäßige Platzangebot schaute die Zielgruppe ebenso hinweg wie über die teuren Extras oder auch die sportlich-straffe Fahrwerksab-stimmung: Die Freude am Fahren, umso mehr in der 224-PS-Top-Motorisierung, ist serienmäßig mit an Bord, und BMW-Freunde beäugen vor diesem Hintergrund die Umstellung auf das Frontantriebslayout des Konzernbruders Mini in der neu-esten Einser-Auflage besonders argwöhnisch. Für Fünfer-Freunde indes ist die Welt noch in Ordnung. Besserverdiener mit Dienstwagenberechtigung müssen sich vorläufig nicht grämen: Hier bleibt's beim Heckantrieb.

Während der Einser ein Kind des neuen Jahrtausends ist und sich erst seinen Platz im Mittelklasse-Umfeld erobern musste, war der Fünfer schon längst etabliert: Diese Baureihe spülte bei BMW schon seit 1972 Geld in die Kassen. Ihre von Paul Bracq geformte neue Design-Linie war stilbildend geworden und schuf ein unverwechselbares Erscheinungsbild, das im Prinzip bis heute das Markengesicht prägt.

Der Fünfer stellte die erste BMW-Neuentwicklung der Siebziger dar. Innerhalb des Modellprogramms handelte es sich dabei um den Nachfolger der Neuen Klasse, daher stand er nur als Viertürer im Angebot – zunächst mit Vier-, dann auch mit Sechszylinder-Motoren. Gegenüber dem bisherigen BMW 2000 blieben Motor, Getriebe und Fahrwerk im Wesentlichen gleich, die Karosserie wirkte deutlich stattlicher, was sich zuerst auf der Waage, dann am Preis und schließlich am Temperament bemerkbar machte: Der 520 mit Vergasern war eher etwas für behäbigere Gemüter und der 520i mit Einspritzung zu teuer, daher schoben die Weißblauen für 1974 den 525 mit 2,5 Liter- und ab Februar 1975 den 528 mit 2,8-Liter-Sechszylinder-Motor aus dem BMW 2.8 L nach. Sie wurden beide zu einem durchschlagenden Erfolg, der freilich zu Lasten der großen BMW 2500/2800 ging. Auch der Basis-Fünfer geriet in die Klemme, der BMW 518 vom Juni 1974 mit 1,8-Liter-Motor wurde von der Fachpresse als zeitgemäße Antwort auf steigende Benzinpreise gelobt.

Das obere Ende der Modellpalette markierte ausgangs des Jahrzehnts dann der ab September 1979 lieferbare BMW M 535i mit dem 218 PS starken 3,5-Liter der Siebener-Baureihe: Eine sauschnelle, aber dennoch angesichts der Fahrleis-tungen – 0–100 km/h in 7,0 s, Spitze 228 km/h – mit knapp 44.000 Mark recht günstige Familienlimousine.

Weil die erste Fünfer-Generation so prima angekommen war und sich glänzend verkauft hatte, änderte BMW in der zweiten Generation zumindest optisch nicht viel, rüstete aber technisch kräftig auf. Größere, auch optische Änderungen folgten erst in der dritten Fünfer-Generation von 1987. Bei dieser, Kennung E34, erschien mit dem Kombi erstmals eine Alternative zum klassischen Stufenheck-Viertürer. Sehr gefällig gezeichnet und zuletzt auch mit Vierliter-V8-Motor wie auch mit Allradantrieb zu haben, war diese Modellreihe ausgesprochen robust und langlebig. Noch heute sind sie im Straßenbild allgegenwärtig. Während die Limousine bereits im Herbst 1995 ihre Weltpremiere feierte, wurden die Touring (die es als M5 ebenso gab wie auch in Erdgas-Ausführung) zuletzt als voll ausgestattete Editionsmodelle bis Spätjahr 1996 gebaut.

Die komplett neue 5er-Reihe E39 war zwar in allen Dimensionen gewachsen, aber dank der reichlichen Verwendung von Leichtmetall nicht schwerer geworden. Zur Einführung gab es drei Sechszylinder-Benziner sowie einen 2,5 l großen Wirbelkammerdiesel. Ein Jahr später führte BMW die V8-Modelle 535i sowie 540i (Letzterer serienmäßig mit 6-Gang-Schaltung) und den ersten Commonrail-Selbstzünder in der 5er-Reihe ein, den 530d. 1998 kam mit dem M5 der bis zu diesem Zeitpunkt stärkste Serien-5er ins Programm.

Im Sommer des Jahres 2003 erfolgte die Ablösung durch die E60-Fünfers, der unverkennbar die Handschrift des seinerzeitigen BMW-Chefstylisten Chris Bangle trug. Neben der Limousine gab es nach wie vor eine Kombi-Ausführung, die jetzt allerdings eine eigene Baureihen-Bezeichnung erhielt: Der ab 2007 verkaufte Touring lief als E61. Beide kamen mit dem neuartigen Bediensystem »iDrive«, das doch einige Gewöhnung erforderte. Der Vorderbau des Wagens bestand aus Aluminium, Fahrgastzelle und Hinterbau aus Stahl. Bei der Vorgängerbaureihe hatte eine Allrad-Variante gefehlt, jetzt gab es wieder eine. Am oberen Ende der Modellhierarchie stand wieder ein M5, diesmal mit einem 5,0-Liter-V10-Motor, als Limousine zu haben für 94.100 Euro. Produziert wurde der E60, wie gehabt, im ehemaligen Glas-Werk; darüber hinaus wurde er in Ägypten montiert und im Rahmen ein Joint Venture in der Volksrepublik China vom chinesischen Partner Brilliance Motors, dort auch in prestigeträchtiger Langversion. Die Markteinführung der neuen 5er-Limosuine (F10) erfolgte am 20. März 2010, die des Kombi-Modells F11 im Spätjahr. Der Wagen war um 40 mm länger als der Vorgänger und hatte 100 mm mehr zwischen den Achsen, wobei es für den chinesischen Markt wieder eine Langversion (F18) gab. Die Motorenpalette umfasste vier Benzin-Direkteinspritzer und zwei Dieselmotoren, beim Touring kamen vier Diesel und drei Benziner zum Einsatz. Als vorerst letzter Vertreter der Baureihe erschien zum Herbst 2011 der M5, zunächst nur als Limousine zu haben – mit neuem V8-Biturbo (412 kW/560 PS), Siebengang-Doppelkupplungsgetriebe und einem Preis, der die 100.000-Euro-Schwelle überschritten hat.

Die 2009 eingeführte Schrägheck-Variante Gran Turismo (F07) war zwar nominell ein Mitglied der Fünfer-Reihe, hatte aber zahlreiche Features der Siebener-Reihe, und an dem Modellmix hat sich auch in der seit Oktober 2016 verkauften Fünfer-Familie nichts geändert – mal abgesehen davon, dass der Fünfer GT nun »Sechser Gran Turismo« heißt.

A propos: Der Luxusliner, der Siebener, war ja in erster Auflage 1977 präsentiert und 1986 in Form des E32 erneuert wurde, ist inzwischen in der sechsten Generation lieferbar. Seit 2019 mit einem riesigen Kühlergrill versehen, vermag er nicht zum ersten Mal zu polarisieren. Das hat ja seit dem Bangle-Siebener (E 65/66, 2001–2008) durchaus Tradition und wird in Europa mit eher mit Kaufzurückhaltung bestraft, während man in den Hauptabsatzmärkten Asiens weniger Wert auf ein zurückhaltendes Auftreten legt: Klotzen, nicht Kleckern heißt dort die Devise, und daher zieht BMW auch alle technischen Register: Adaptives Fahrwerk mit optisch-elektronischer Fahrbahnerkennung, jede erdenkliche Art von elektronischen Helferlein, bei den Allradmodellen eine mitlenkende Hinterachse – happige Preise stellen absolut kein Hindernis mehr dar.

Mit dem BMW Zweier Active Tourer (2014, Facelift 2018) feierte BMW gleich zwei Premieren: Erstmals gab es einen BMW mit Frontantrieb und als Van. (© BMW AG)

Seit den 2000ern bietet BMW, wie die Konkurrenz, über die ganze Modellpalette hinweg auch entsprechende SUV-Ausführungen an. Weil Sportlichkeit aber zur Marken-DNA gehört entwickelte BMW außerdem noch die SUV-Coupés X4 und X6. Während man hierzulande noch immer über Form und Sinnhaftigkeit streitet, haben andernorts die Käufer längst schon entschieden: Die 2014 eingeführten X4 und X6 laufen inzwischen in zweiter Generation, der 2018 eingeführte X2 in erster. (© BMW AG)

Die dritte Z4-Generation (2019) wurde zusammen mit Toyota entwickelt. Bei BMW gibt es nur den Roadster, bei den Japanern das Coupé als »Supra«. (© BMW AG)

Verwechslung ausgeschlossen: Beim Siebener-Facelift 2019 vergrößerte BMW die weltberühmte Niere, was als Zugeständnis an die wichtigen asiatischen Märkte gilt. (© BMW AG)

MERCEDES-BENZ

Mit dem Zusammenschluss von Daimler und Benz 1926 begann der steile Aufstieg der Nobelwagen-Marke mit dem Stern. Ferdinand Porsche, seit 1924 Nachfolger von Paul Daimler in der Daimler-Motoren-Gesellschaft, entwickelte nach dem Zusammenschluss mit Benz eine elegante Sportwagenbaureihe mit Kompressor-Motoren, die »weißen Elefanten«, mit denen später u. a. der Rennfahrer Caracciola Siege feierte. Eher widerwillig kümmerte Porsche sich auch um den Bau von preiswerten Gebrauchswagen, die mithalfen, die Weltwirtschaftskrise zu meistern. Diese Alltagswagen vom Typ 170 V wurden die meistverkauften vor dem Zweiten Weltkrieg, doch Mercedes-Benz hatte sich lange vorher bereits von Porsche getrennt. Vor seinem Abgang hatte Porsche jedoch noch mit dem Mercedes-Benz »Nürburg« auf die unerwartete Konkurrenz in Form eines Achtzylinder-Horchs aus der Feder von Paul Daimler reagiert. Der Nachfolger mit der Bezeichnung Typ 500 wurde in drei gepanzerten Versionen auch an Hitler geliefert. Als eines der ersten serienmäßigen Diesel-Autos wurde 1936 der Mercedes-Benz Typ 260 D vorgestellt.

In den Dreißigern untermauerte der Autohersteller seinen Anspruch auf einen Platz in der automobilen Oberklasse mit dem Typ 770, der wegen seiner imposanten Größe bei Staatslenkern in der ganzen Welt als Repräsentationswagen gefragt war. Im Krieg fungierte Daimler als Rüstungszulieferer und baute unter anderem Panzer.

1946 lief in Stuttgart wieder ein erster Mercedes-Benz vom Band, es war das Vorkriegsmodell 170 V. 1949 erschien mit dem 170 D der erste Nachkriegsdiesel, und die Version 170 S wies den Weg in die Oberklasse, die über den 220 S (W 187) von 1951 zur heutigen S-Klasse führt. 1951 erschien auch der große Repräsentationswagen Typ 300, besser bekannt als »Adenauer«-Wagen. Besonders populär wurde der »Flügeltürer« 300 SL, der nach der Anregung des Mercedes-Benz-US-Importeurs Maxie Hoffman von 1954 bis 1957 gebaut wurde. Von 1958 bis 1963 kam der 300 SL mit neuentwickeltem Karosseriegerüst als Roadster-Version auf den Markt; die SL-Baureihe gehört bis heute zur Marken-DNA.

Insgesamt gesehen waren für den Stuttgarter Konzern die Fünfziger und Sechziger außerordentlich gute Jahre: Es gab praktisch kaum Konkurrenz, sie spielten in einer eigenen Liga. BMW stand am Abgrund, Opels Sechszylinder verloren an Boden, die Auto-Union hatte man aufgekauft, um sich zusätzliche Kapazitäten zu sichern, Ford ließ man links liegen, VW war als Ein-Modell-Fabrik sowieso kein Rivale und ausländische Konkurrenz war nicht in Sicht: Daimler-Benz mochte zwar von den Stückzahlen her nicht der größte Hersteller sein, war aber profitabel wie kein zweiter und verdiente sich mit seinen prächtig laufenden Lkws eine goldene Nase. Der Innovationsdruck war daher nicht allzu groß, zumal bei einer Klientel, die schon heftig protestiert hatte, als die Schwaben Anfang der 1950er beim neuen Spitzenmodell Typ 220 die Scheinwerfer in die Kotflügel integrierte, um etwas vom 30er-Jahre-Look wegzukommen: »Ist das noch ein echter Mercedes?«, fragten sich damals Käufer und Presse gleichermaßen, und diese Frage wurde bis in den 2000er hinein bei jedem neuen Typ diskutiert.

Daher teilten sich im Grunde genommen alle Fahrzeuge, den staatstragenden 600er mal beiseite gelassen, die gleiche technische Basis. Das war rationell, versprach maximalen Ertrag und genügte vollauf. In diesem Jahrzehnt reiften in schwäbischer Beschaulichkeit nicht mehr als vier neue Baureihen heran. Und jede von ihnen setzte Maßstäbe. Diese hatten auch die »Strich-Acht« gesetzt, nach ihrem Erscheinungsjahr 1968 so benannt, ersetzten sie die bisherigen

Der »Große Mercedes« W 07 löste 1930 den Typ 460 Nürburg ab. Diese Staatskarosse mit 7,7-Liter-Achtzylinder war wahlweise mit und ohne Kompressor zu haben. Der Wagen des japanischen Kaiser steht heute im Mercedes-Benz-Museum.
(Foto: © Daimler AG)

Der technisch auf der Ponton-Reihe basierende Roadster 190 SL kam 1955 zu den Händlern.　　Foto: © Daimler AG)

Mit dem Typ 170 begann bei Daimler-Benz nach 1945 wieder der Pkw-Bau. Dieser Prospekt erschien 1952, da waren die Zeiten schon besser: Man konnte sich Farbprospekte leisten.　　(Foto: © Daimler AG)

Dieses Bild ist um Jahrzehnte jünger als der Ponton-Mercedes, der hier vor einem »Rosinenbomber« parkt. Die Baureihe W 120 lief von 1953 bis 1962 in Sindelfingen vom Band. Neben den Vierzylinder Benzin- und Dieselmodellen gab es auch Sechszylinder-Typen, die aber eine etwas längere Schnauze hatten.　　(Foto: © Daimler AG)

Ein Jahr nach Vorstellung der Vierzylinder-Ponton-Baureihe erschienen 1954 die großen Ponton-Mercedes der Baureihe W 180 mit Sechszylinder-Motor. Im Bild das Cabrio, das bis 1961 gebaut wurde.
(Foto: © Auto-Medienportal.Net/Darin Schnabel, RM Sotheby's)

Der Nachfolger des Ponton-Mercedes der Fünfziger: die Heckflossen-Baureihe W 110, 1961–1968. Am beliebtesten sind die Sechszylinder, am behäbigsten die Diesel. Rosten tun sie beide gern, und der Restaurierungsaufwand ist hoch.
(Foto: © Daimler AG)

Der Pagoden-SL (Baureihe W 113, gebaut zwischen 1963 und 1971) gehört zu den begehrtesten Klassikern überhaupt. Spitzenexemplare erreichen inzwischen sechsstellige Bereiche, und das ist kein Wunder: Optik, Technik, Verarbeitung – stets vom Feinsten.
(Foto: © Daimler AG)

Das W 111 Coupé ist technisch gesehen eine Sechszylinder-Heckflosse mit eleganterer Karosserie. Technisch über jeden Zweifel erhaben, sind die Ersatzteile für Blech und Interieur empfindlich teuer. Noch mehr in's Geld gehen die Cabriolets.
(Foto: © Daimler AG)

Heckflossen-Modelle und setzten sich klar von den weiter gebauten Sechszylinder-Modellen mit der bisherigen Einheitskarosserie ab. Und obwohl die neue Mittelklasse-Baureihe – interner Jargon W 114 beziehungsweise W 115, je nach Motorisierung – deutlich kleiner war als zuvor, kam keiner auf die Idee, sie darob für schmächtig zu halten. Die ausgewachsene Mittelklasse-Limousine war bei Markeneinsteigern und insbesondere bei Taxibetrieben ungeheuer beliebt. Gewiss, die Zweiliter-Diesel mit ihren 55 PS hatten das Temperament einer Wanderdüne, und auch die 65 PS starken 240 D von 1973 gerieten nicht in den Verdacht überbordender Sportlichkeit, doch war Dynamik in den Siebzigern eine weit weniger hoch gehandelte Tugend als heutzutage: Wer einen Diesel fuhr, erwartete Knauserverbräuche und Dauer-Haltbarkeit, und die lieferten die Selbstzünder mit dem Stern. Und trotz des Interieurs mit der »hygienischen Abwaschbarkeit von Taxis und Linienomnibussen« verkauften sich diese Fahrzeuge hervorragend, denn in der Technik hatte Mercedes an nichts gespart und zum Beispiel neue Radaufhängungen spendiert. Auch die bestehenden Motoren zeigten sich so fein überarbeitet, dass bis auf Weiteres jede Veränderung als überflüssig galt.

1,8 Millionen Strich-Acht-Limousinen entstanden bis 1976, rund die Hälfte davon mit Otto-Motor, in verschiedenen Ausführungen mit vier und sechs Zylindern und Hubräumen von 2,2 bis 2,8 Litern. In punkto Karosserie war die Vielfalt weit weniger groß, ab Werk gab es die viertürige Limousine und das zweitürige, ziemlich seltsam anmutende Coupé mit der unförmigen C-Säule. Eleganz sieht anders aus.

Der (vor)letzte echte Mercedes

Dass die Stylisten das besser konnten, bewies das Coupé der nachfolgenden 123-Baureihe. Zwar blieb es bei einer breiten C-Säule, doch verkürzte man den Radstand um 85 mm und kam so zu vernünftigen Proportionen, »exklusivem Flair« und »gediegener Atmosphäre«. Dem Nussbaum-Furnier sei's gedankt: Im W 123 ging's gemütlich zu wie im »exklusiven Wohnzimmer«, so das Magazin DM. Diese heute so gesuchte Baureihe – die Zahl der Fahrzeuge, die inzwischen das begehrte H-Kennzeichen tragen, wächst ständig und ist höher als bei jedem anderen Typ – wurde vor ihrer Premiere 1976 ziemlich skeptisch beäugt, die Strichacht-Schuhe waren überaus groß. Wie man heute weiß: Es gelang ihr mühelos, diese auszufüllen. Sie war ja auch größer, trotz

Die Mercedes-Baureihe W 114/115 löste die Heckflosse ab. Solide, unverwüstlich und wirtschaftlich, ist die Ersatzteilversorgung erfreulich gut.

MERCEDES-BENZ

des im Grunde gleichen Fahrwerkkonzepts. Die Motoren kannte man ebenfalls von der Vorgängerreihe. Einsteigermodell unter den Benzinern war der 200er mit 94 PS, die Hubräume gingen hoch bis 2,8 Liter und 177 PS. Der W 123 lief zehn Jahre lang, bis 1985. Insgesamt wurden 2,4 Millionen Fahrzeuge ausgeliefert. Meistverkaufter Benziner der Baureihe war der 230 E, damals an jedem Taxistand anzutreffen der 240 D mit 65 PS starkem Vierzylinder. Größter Selbstzünder war der 300er, der dank Abgas-Turbolader auf 125 PS kam. Neben der Limousine gab es auch das schon erwähnte Coupé (das auch mit dem sehr laufruhigen neuen 2,3-Liter-Vierzylinder und 109 PS) sowie, ab 1977, einen viertürigen Kombi, das T-Modell.

»T« stand für »Touristik« und »Transport«, der Lademeister unter den Mercedes erfand quasi im Alleingang das Segment der Lifestyle-Kombis. Mit zum Erfolg trug auch die gelungene Form bei, denn eine Kombi-Variante war von Anfang an mit eingeplant gewesen. Andererseits war der Kombi so teuer – der 280er TE kostete fast 34.000 Mark –, dass kein Handwerker den Nobel-Benz im Alltag verschleißen wollte.

Da damals in den Markenbezeichnungen noch eine gewisse Logik erkennbar war, folgte 1984 auf den W 123 der W 124. An Diesel-Motoren standen Vier-, Fünf- und Sechszylinder zur Wahl, Benziner gab es als Vier- und Sechszylinder. Neben der vier- und sechstürigen Limousine standen bis 1997 auch noch fünftürige Kombis und zweitürige Coupés und Cabrios zum Kauf. Dann hieß die schwäbische Mittelklasse bereits schon seit drei Jahren E-Klasse, und unter diesem Kürzel firmiert sie auch heute noch.

Die erste Mercedes, die nie anders geheißen hatte, war die Generation von 1995. Sie hat den Mercedes-Ruf arg ramponiert. Mit »Vieraugengesicht« und Einarmwischer litt die neue Reihe W 210 trotz guter (meist aufpreispflichtiger) Ausstattung unter starkem Rostbefall: Die neuen wasserbasierten Lacke (beziehungsweise deren Verarbeitung) führten alsbald zu starken Unterrostungen. Da mochten die neuen CDI-Diesel noch so gut sein: Der Stern wurde matter, und weil die ab 2002 produzierte neue E-Klasse W 211 anfangs zahlreiche Zipperlein plagten, konnte auch die ihn nicht gerade ins Funkeln bringen. Die Leistung der Motorenpalette reichte von 102 bis 514 PS, verkauft hat sie sich dennoch prächtig. Bei der 2009er Auflage hingegen stimmten Technik und Rost-Resistenz, dafür polarisierte die Optik. Seit 2016 ist die je nach Ausstattung 150 bis 612 PS starke E-Klasse wieder so solide und stimmig, wie es der Markenruf verlangt und die gesalzenen Preise rechtfertigt. Die E-Klasse-Familie umfasst längst nicht mehr nur Viertürer und Kombis. Sie hat Coupé und Cabriolets ebenso zu bieten wie ein viertüriges Coupé und dessen Kombi-Ableger Shooting Brake.

Kennzeichen S

Preislich hatte sich ja Mercedes-Benz an die Gutverdiener gerichtet. Allerdings hat es schon immer auch Besserverdiener gegeben, und dieser Klientel stellte Daimler-Benz 1951 den Vorläufer der später so bezeichneten S-Klasse, den Mercedes-Benz 220 der Baureihe W 187, vor die Tür. Der war lediglich ein profanerer 170 S mit längerer Schnauze und trug, wie erwähnt, seine Scheinwerfer in der Karosserie (was die Kunden empörte). Statt eines Vierzylinder-Motors hat er aber einen 80-PS-Sechszylinder unter der Haube, was die Kunden dann mit dem neuen Design wieder versöhnte.

Weil es die sparsamen Schwaben stark mit kostengünstig zu produzierenden Baukastenmodellen hatten, sahen sich die Vier- und die Sechszylinder-Modelle

Die Baureihe W 123 löste 1976 die W114/115 ab. Technisch waren die Baureihen eng verwandt und gehören zu Deutschlands beliebtesten Youngtimern.
(Foto: © Daimler AG)

Das S-Klasse-Coupé der Baureihe W 126 wurde ausschließlich mit 8-Motor angeboten. Deren Haltbarkeit ist legendär, eine halbe Million Kilometer auf der Uhr muss kein ernsthaftes Kaufhindernis darstellen.
(Foto: © Daimler AG)

Schwäbische Luxus-Liner: SLC, SL, S und SEL auf der Versuchsbahn in Untertürkheim 1973. Die liegenden Breitbandscheinwerfer sollten für die Mercedes-Fahrzeuge der folgenden Jahrzehnte typisch werden. (Foto: © Daimler AG)

Evolution der Mittelklasse in drei Jahrzehnten: Das Strichacht-Coupé (oben) wirkt noch etwas ungelenk, der Zweitürer der Baureihe 123 schon wesentlich harmonischer, und das 124er Coupé verströmt zeitlose Eleganz. Gesucht sind sie alle drei, und empfehlenswert sowieso. (Foto: © Daimler AG)

Für einen Mercedes galt ein Baby-Benz der Baureihe W 201 als sportlich. Die Einsätze im Tourenwagensport haben mit dazu beigetragen. Mehr als die Hälfte aller 201er waren aber eher phlegmatische Diesel.   (Foto: © Daimler AG)

der Fünfziger ziemlich ähnlich, ob nun ohne (Ponton) oder mit Heckflosse: Wer nicht genau hinschaute, konnte Vier- und Sechszylinder-Modelle kaum voneinander unterscheiden, wobei die Coupés und Cabrios Sechszylinder waren. Jeder Verwechslung ausgeschlossen war aber bei den zwischen 1959 und 1968 gebauten Baureihen 111/112. Die Coupéausführung 220 SE besaß die erste Sicherheitskarosserie nach dem Patent von Béla Barényi. Die 2,2- und 2,3-Liter-Sechszylindermotoren leisteten 95 bzw. 120 PS. Mitte der 1960er-Jahre wurde mit der Baureihe 108 das Heckflossen-Design aufs Altenteil verbannt. Der neue Karosserieentwurf stammte von Paul Bracq und verzichtete auf modische Kinkerlitzchen. Die ausschließlich viertürige Limousine gab es erstmals auch als SEL-Langversion. Die Leistung der Motoren reichte von 130 PS im 250 S mit sechs Zylindern bis zu 250 PS im 300 SEL 6.3. Ihr folgte dann 1972, preislich ebenfalls jenseits von gut und böse angesiedelt, die erste S-Klasse, Typ W 116. Sie gilt heute mehr denn je als gestalterischer Meilenstein und prägte das Mercedes-Design der Siebziger. Sie debütierte als 280 S, 280 SE und 350 SE. Besonders der 2,8-Liter-Dohc-Sechszylinder war ein technischer Leckerbissen. Neu waren hier die Doppelquerlenker-Vorderachse und die fahraktivere, hintere Schräglenkerachse (wie im Strich-Acht). Das völlig befriedigende Vergasermodell blieb über die gesamte Laufzeit im Programm – anfangs kostete es 23.800 Mark, am Ende 34.200 Mark.

Serienmäßig war übrigens auch hier noch das Schaltgetriebe. Automatik und Niveauregulierung gab es nur optional. Der 280 SE übertraf den 280 S in der Stückzahl – vom Vergasermodell wurden rund 123.000 Exemplare ausgeliefert. 1975/76 erhielten die Motoren der SE/SEL-Modelle eine elektronisch geregelte D-Jetronic statt der bisherigen mechanisch gesteuerten K-Jetronic. Mit dem 450 SEL krönte Mercedes zunächst die S-Klasse-Baureihe. Seit 1973 wurden verlängerte Versionen mit zehn Zentimetern mehr Radstand angeboten – als 2,8-Liter, 3,5-Liter und 4,5-Liter. Der seidenweich laufende V8 stammte vom 3,5-Liter ab und hatte einen größeren Hub. Der Wagen mit den staatstragenden zehn Zentimetern mehr zwischen den Achsen war das ideale Chauffeursfahrzeug für Spitzenmanager oder Staatsdiener.

1978 war hier das welterste ABS-System verbaut. Alles in den Schatten stellte aber der Mitte 1975 präsentierte 450 SEL 6.9: Er hatte den aufgebohrten V8 des Mercedes 600 unter der Haube – und lief damit 225 km/h. Statt der bisherigen Luftfederung verfügte er bereits über eine hydropneumatische Federung. Und er hatte vielbestaunte Serien-Goodies wie die Scheinwerfer-Waschanlage, Zentralverriegelung und Klimaanlage. Er kostete allerdings über 70.000 Mark und damit rund 27.000 Mark mehr als ein 450 SEL.

Noch zeitloser im Design, aber auch schmuckloser und eher funktioneller erschien ab 1979 der Nachfolger W 126. Erstmals wurde in einem Serien-Pkw ein Airbag verbaut – wenn auch nur optional. Produziert wurde die Baureihe ganze zwölf Jahre, nämlich bis 1991. Die Baureihe W 140, eingeführt 1991, war anfangs wegen ihrer gewaltigen Ausmaße sehr umstritten. Technisch brillierte sie durch eine Reihe von Innovationen, darunter eine Einparkhilfe, ESP, Vernetzung von Steuergeräten und optionale Sprachsteuerung. Neben Sechs- und Achtzylindermotoren kam sogar ein Zwölfzylindermotor zur Anwendung, und zwar in den Modellen 600 SE (408 PS) und S 600 (394 PS).

Kleiner und leichtgewichtiger kam 1998 die W-220-Reihe in den Handel. Die

MERCEDES-BENZ

Reduzierung der Ausmaße und die Verbesserung der Luftwiderstandwerte
bescherten ihr wesentlich bessere Verbrauchswerte als der Vorgängerreihe. Zur
Ausstattung gehörten Innovationen wie ein Abstandsregler oder eine Klimatisie-
rungsautomatik. Zwischen 2005 und 2013 stand die Baureihe W 221 auf dem
Markt, und die S-Klasse anno 2013 war nochmal größer, innovativer, feiner, nob-
ler und teuer – was immer einem an Superlativen einfallen mag, auf die S-Klasse
werden sie zutreffen. Und wenn's denn immer noch nicht genug sein sollte: Nach
dem Ende von Maybach als eigenständige Marke steht dieser Name nun für die
höchste Ausstattungslinie der S-Klasse und kündet von Status, Reichtum und
Prestige.

Der Dauerbrenner: Mercedes-Benz SL

Kurz vor der neuen S-Klasse hatte Mercedes-Benz die Neuauflage seiner SL-
Klasse lanciert und blieb auch in dieser Beziehung seiner eher luxuriösen denn
sportlichen Linie treu. Schon der »Pagoden-SL« von 1963 war kein Nachfolger
für den 300 SL gewesen, sondern ersetzte in erster Linie den kleinen 190 SL.
Fahrwerk und Bodenanlage stammten von der bürgerlichen »Heckflosse« ab,
allerdings waren hier 14-Zoll-Räder statt der bis dahin üblichen 13-Zöller aufgezogen worden. Der Motor war eine hubraumgrößere Variante des M-127-Motors
aus dem 220 SEb (W 111).
Die Premiere erfolgte auf der IAA 1963. Zunächst einziges Modell war der
230 SL mit einer Leistung von 150 PS und einer Höchstgeschwindigkeit von
200 km/h. Der 230 SL wurde bis 1967 gebaut, gefolgt vom kurzlebigen 250
SL mit dem 2,5-Liter-Sechszylinder aus dem W 108 / W 111, der sich weder
optisch noch in der Leistung vom 230er unterschied. Die Abschlussausführung
bildete der bis Februar 1971 gebaute 280 SL mit dem in der Leistung auf 170
PS gesteigerten 2,8-Liter-Motor aus dem 280 SE. Dessen Ablösung in Gestalt
der Baureihe 107 sollte dann als der am längsten gebaute Mercedes in die
Firmengeschichte eingehen – mal abgesehen vom G-Modell, das ja heute noch
entsteht.
Der offene Zweisitzer entstand bis 1989. Er erschien zunächst als 350 SL mit
3,5-Liter-Achtzylinder und 200 PS, der den immerhin 1600 Kilogramm schweren
Zweisitzer von null auf 100 km/h in 9 Sekunden beschleunigte, die Höchst-
geschwindigkeit lag bei 210 km/h. Zu den technischen Features gehörten die
Doppelquerlenker-Vorderachse, Schräglenker-Pendelhinterachse, 70er-Reifen,
Vierspeichen-Sicherheitslenkrad und profilierte Rückleuchten, diese Technik fand
sich dann auch in der ersten S-Klasse W 116. Auf den 350 SL folgte 1973 der

Die G-Klasse, 1979 eingeführt, hat sich bis heute kaum verändert. Rost war
erst nach 1989 kein Thema mehr, die Auswahl an Motoren ist mit Vier- Fünf-,
Sechs- und Achtzylindern enorm. Die Nachfrage nach dem Geländekletterer hält
die Preise hoch. (Foto: © Daimler AG)

Der SL-Baureihe R 129 folgte 2001 die Reihe R 230. Sie stand bis 2011
im Programm, auch in AMG-Ausführung. Hier ein SL 55 AMG in der Ausführung bis 2006. (Foto: © Daimler AG)

Die Baureihe W 140 von 1991 galt anfangs als zu groß und zu schwer – der Peinlichkeitsfaktor war höher als bei jedem anderen Benz. (Foto: © Daimler AG)

Nahezu jeder Mercedes ist ein kommender Klassiker, so auch der SLK. Die erste Generation von 1996 hat jetzt in Sachen Preis den Tiefpunkt überwunden. (Foto: © Daimler AG)

Der SL der Baureihe 129, von 1989 bis 2001 gebaut, hatte als erster Mercedes eine in mehreren Stufen justierbare elektronische Dämpferverstellung. Rund 250.000 Fahrzeuge wurden produziert, der Bestand ist groß und die Ersatzteilsituation blendend. Da kann man kaum etwas falsch machen. (Foto: © Daimler AG)

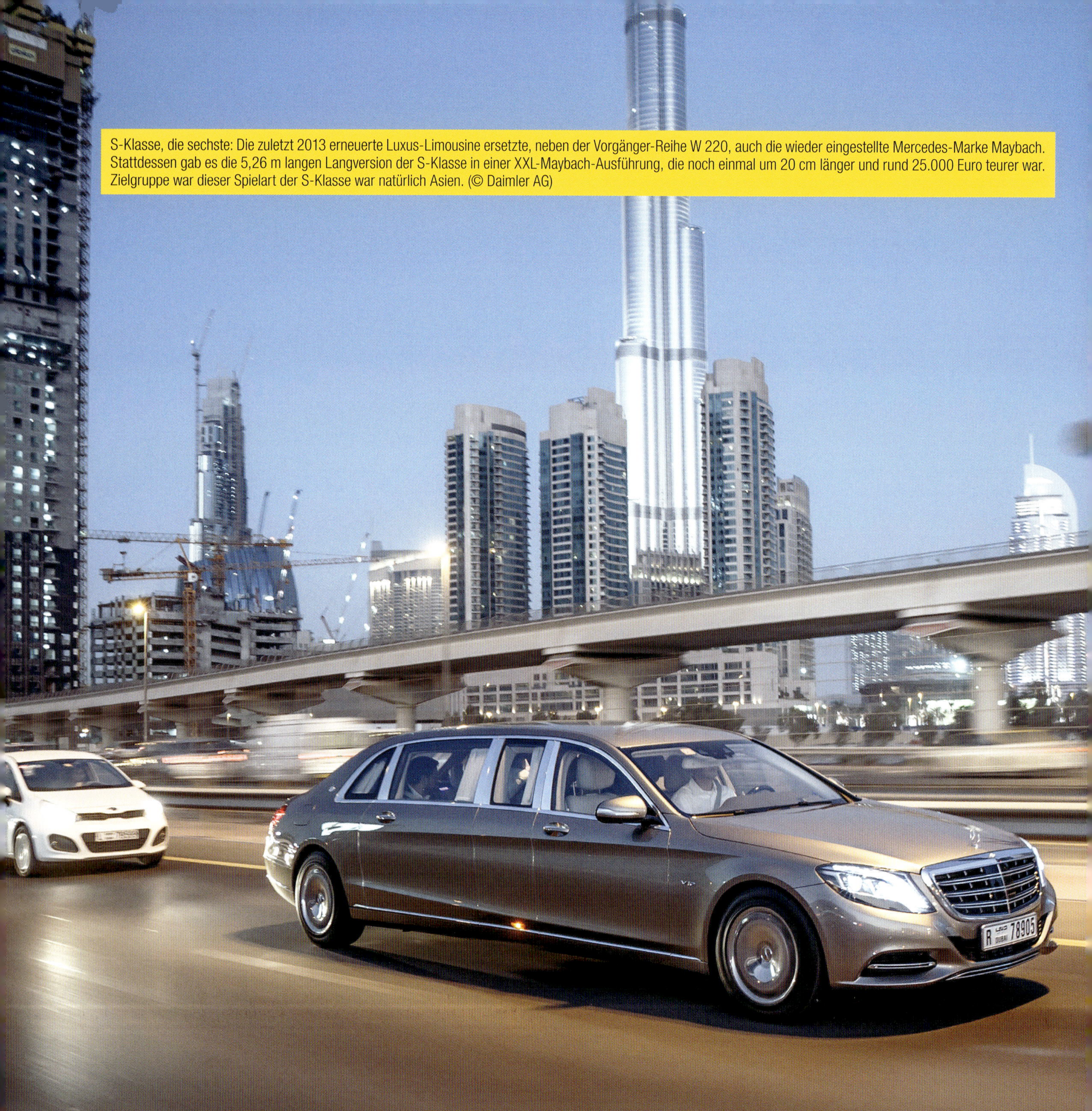

S-Klasse, die sechste: Die zuletzt 2013 erneuerte Luxus-Limousine ersetzte, neben der Vorgänger-Reihe W 220, auch die wieder eingestellte Mercedes-Marke Maybach. Stattdessen gab es die 5,26 m langen Langversion der S-Klasse in einer XXL-Maybach-Ausführung, die noch einmal um 20 cm länger und rund 25.000 Euro teurer war. Zielgruppe war dieser Spielart der S-Klasse war natürlich Asien. (© Daimler AG)

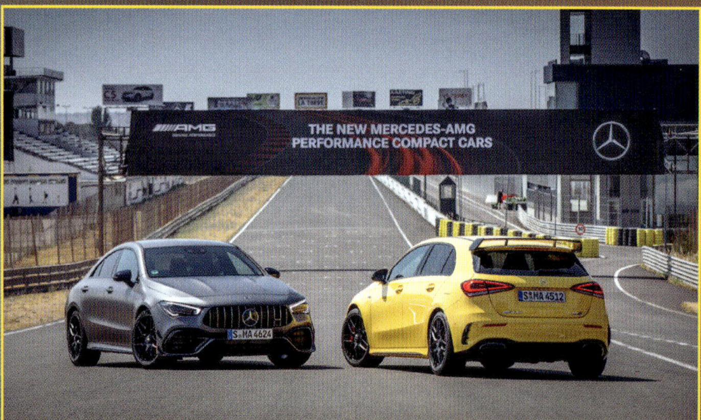

A-Klasse Nr. 4 wird seit 2018 in diversen Ausführungen verkauft. Grundmodell ist das viertürige Schrägheck (re., hier als 306 PS starker A35). Ein Stufenheck gibt es seit der dritten Generation. (© Daimler AG)

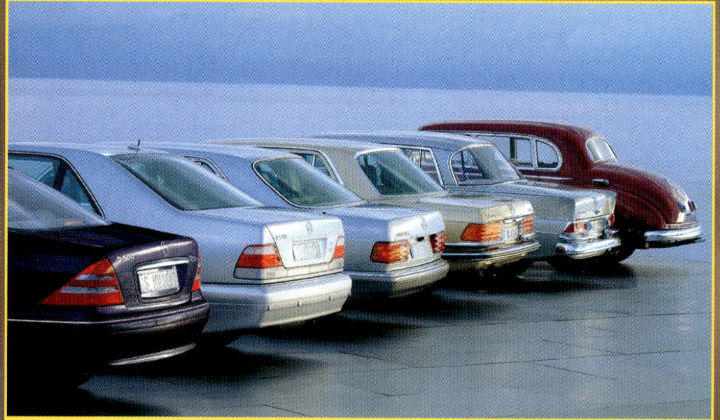

Staatstragend: Meist wurde die S-Klasse von Prominenz aus Politik und Wirtschaft gekauft. Ihre Karriere im Staatsdienst begann mit dem ganz hinten zu sehenden 300er, dem »Adenauer- Mercedes«. (© Daimler AG)

Für 2019 erweitert Mercedes-AMG die GT-Familie um einen Viertürer, der dem Porsche Panamera Konkurrenz machen soll. Nur auf den ersten Blick erinnert er an den CLS.

SUV sind schwer angesagt. Um das Interesse noch weiter anzufachen, wurden SUV-Coupés entwickelt: GLC 300 4MATIC AMG (C 253), ,2019. (Foto: © Daimler AG)

Die Bezeichnung »E-Klasse« führt die Mittelklasse Baureihe erst seit 1995, die W 124 (hinten rechts) wurden auf ihre alten Tage noch umbenannt. Links daneben die erste echte E-Klasse mit Vieraugengesicht samt Nachfolger. Im Mittelpunkt steht natürlich die Auflage von 2016.(© Daimler AG)

215 km/h schnelle 450er, im Juli 1974 kam dann – die Ölkrise ging auch an Oberklasse-Käufern nicht spurlos vorüber – der 185 PS starke 280 SL mit dem 2,8-Liter-Sechszylinder der »Strich-Acht«-Baureihe. Die Höchstgeschwindigkeit betrug 205 km/h, der Standardsprint war in 10,1 Sekunden abgehakt. Die Produktion der Baureihe R 107 endete im August 1989 nach insgesamt 237.287 Stück.

Mit einem sich elektrohydraulisch öffnenden Dach und erstmals mit Windschott trat die Baureihe R 129 ab 1989 die Nachfolge der R 107-Reihe an. Die Reihensechszylinder-Motoren wurden gegen Ende der 90er-Jahre durch V6-Motoren ersetzt. Auch die R-129-Reihe wurde immerhin zwölf Jahre lang produziert und 2001 abgelöst; der R 129 gilt – wie so ziemlich jeder Daimler, der vor 1995 entwickelt und gebaut wurde – noch als »echter« Mercedes. Längst nicht so erfolgreich agierte die Coupé-Baureihe mit dem Kürzel »C 107«. Der SL mit vier Sitzen und 36 cm längerem Radstand erschien ein halbes Jahr nach dem 350 SL und war bis zur A-Säule mit dem Roadster identisch. Auch die Technik entsprach der des Zweisitzers. Bis 1980 wurde den jeweiligen offenen SL eine entsprechende SLC-Variante zur Seite gestellt, nach der Modellpflege 1980 wurden aber nur noch der 380er mit dem Leichtmetall-Triebwerk als Nachfolger des bisherigen 350 und der 500 SLC weitergebaut. Allerdings endete auch deren Fertigung bereits im Jahr darauf. Es waren 62.888 Exemplare entstanden – darunter knapp 3000 Einheiten des Spitzenmodells 450 SLC 5.0 (241 PS, 225 km/h), der im September 1977 vorgestellt worden war. Motor- und Kofferraumhaube dieses Flaggschiffs der Modellreihe bestanden aus Aluminium, zudem hatte es serienmäßig Leichtmetallfelgen und einen Gummispoiler am Heck. Damit bestritten die Stuttgarter zwischen 1978 und 1980 einige Rallye-Veranstaltungen. Automatikgetriebe und Klimaanlage hatten die Stuttgarter Waldläufer mit an Bord. SL-Coupés gibt es übrigens bis heute nicht, der 2012er SL ist ein Klappdach-Cabriolert und damit voll ganzjahrestauglich. Und wenn in der dunklen Jahreszeit die Kapuze fest verschnürt bleibt, muss die SL-Besatzung (die noch immer nicht mehr als zwei Personen umfassen sollte) dennoch nicht auf Sonne verzichten: Gegen Aufpreis gibt's auch weiterhin ein Panoramadach, das als »Sky Control« bezeichnet wird und über 3000 Euro zusätzlich kostet.

Vom Baby-Benz zur E-Klasse

Um neue Zielgruppen anzusprechen, brauchten die Untertürkheimer etwas Volkstümlicheres im Angebot als die teuren SL und SLC. Und diese Ende der Siebziger beschlossene neue Ausrichtung bestimmte die Zielrichtung für den Rest des Jahrhunderts. Die Achtziger waren dann geprägt vom »Baby Benz«: Mercedes siedelte die neue Baureihe – interne Bezeichnung W 201 – unterhalb des W 123 an und brachte damit einen Rivalen zum Dreier-BMW auf den Markt. Anders als diesen, boten die Untertürkheimer ihr Küken aber nur als Viertürer an. Gipfel der Extravaganz stellten die geflügelten Evo-Modelle dar, als Wolf im Schafspelz entpuppten sich die Mercedes 190 E 2.3-16: 185 PS stark und über 230 km/h schnell. Jeder Baby-Benz ist wesentlich begehrter als die Nachfolgegeneration, die C-Klasse von 1993: Bei denen nämlich war Rost ein arges Problem. Über die Jahre hat sich das aber erheblich gebessert, gerade die die 2014 runderneuerte C-Klasse hat in diversen Langzeit- und Dauertests Steherqualitäten bewiesen, welche denen der legendären Baby-Benz-Modelle in nichts nachstehen.

In der Mittelklasse folgte auf die (namenlose) W-123-Generation die E-Klasse. So

MERCEDES-BENZ

hießen die W 124 aber erst nach der Modellpflege (»Mopf« im Mercedes-Jargon) 1993. Als die Reihe 1984 eingeführt wurde, diente, wie stets, der Hubraum als Identifikationsgröße. An Diesel-Motoren standen Vier-, Fünf- und Sechszylinder zur Wahl, Benziner gab es als Vier- und Sechszylinder. Neben den klassischen viertürigen Limousinen gab es die T-Kombis. Neu hinzu kamen im Laufe der Jahre zweitürige Coupés und Cabrios, bis auf viertürige Sparbrötchen sind alle 124er heute heiß begehrt. Die Nachfolgebaureihe W 210 mit dem Vieraugen-Gesicht gilt als Tiefpunkt in Sachen Verarbeitungsqualität, wobei gerne vergessen wird, dass auch der W 124, als er auf den Markt kam, wegen anfänglicher Qualitäts- und Verarbeitungsmängel den Zorn der Kunden, insbesondere der Taxifahrer, auf sich zog. Doch im Grundsatz gilt jeder ältere Mercedes als solide, ausgreift, zuverlässig und langlebig, wobei der Kult-Faktor natürlich maßgeblich mit dem Grad der Offenlegung zusammenhängt. Und da bietet der SLK – heute SLC – eine ganze Menge. Zeitweilig das meistverkaufte Cabriolet in Deutschland, hat Mercedes den Zweisitzer 1996 in Serie gehen lassen, wobei die Technik im Wesentlichen von der C-Klasse stammte. Völlig neu aber war das zweiteilige Stahldach, das vollständig im Kofferraum versenkt werden konnte. Bis 2004 wurde diese Baureihe R 170 gebaut, hauptsächlich mit Vierzylinder-Motoren. Sie sind heute auf dem Weg zum Klassiker, und bis deren Nachfolger – zwei weitere Generationen hat es gegeben, die letzte wurde 2016 von »SLK« in »SLC« umgetauft – diesen Status erreicht wird, wird noch viel Wasser den Neckar (oder besser: den Nesenbach, denn der fließt eigentlich durch Stuttgart) hinabfließen.

Die erste Auflage des CLS erschien 2004, die technische Basis stammte von der E-Klasse. Seit dem Modellwechsel 2018 gibt es aber keinen »Shooting Brake« mehr. (© Daimler AG)

Mercedes-Benz CLS 450 4MATIC unterwegs im Schnee, 2018.
(Foto: © Daimler AG)

Den Nachfolger des CL verkauft Mercedes-Benz seit 2014 als S-Klasse Coupé – ein sehr großer (5,05 m lang) Zweitürer, den es mit 6-, 8- und Zwölfzylindermotoren gibt und mit Motorleistungen von 367 und 630 PS. (© Daimler AG)

Das Ende der Zusammenarbeit von McLaren und Mercedes-Benz in der Fornmel 1 bedeutet auch das Ende für den gemeinsam entwickelten, aber in England gebauten SLR-McLaren. Den Part des Supersportlers im Mercedes-Programm übernahm der SLS von AMG. (© Daimler AG)

Der EQC vom Oktober 2019 ist der erste elektrische Allrad-SUV von Mercedes-Benz. Schon seit Frühjahr war er als »Edition 1886« bestellbar. Mit dem umfangreichen Extrapaket kostete er rund 85.000 Euro. 0-100 km/h in 5,1 s. Spitze 180 km/h, Batterieleistung 80 kWh, Reichweite 390 km. (© Daimler AG)

Der erste Porsche war ein Elektrofahrzeug mit Radnabenmotoren, 1899 entwickelt von Porsche und gebaut von der österreichischen Firma Lohner. Er hieß »Semper Vivus«, »der immer Lebendige«. (Foto: © Dr. Ing. h.c. F. Porsche AG)

Ob 356 A, B oder C: In der Regel kosten Cabriolets doppelt so viel wie entsprechende Coupés. Foto: © Dr. Ing. h.c. F. Porsche AG

Man hätte das gesamte Buch nur mit Porsche-Klassikern füllen können, denn praktisch jeder Porsche, der vom Band lief, war ein Liebhaberobjekt. Manchmal aber hat es etwas länger gedauert, bis sich das herumgesprochen hat: Porsche 356 B Super 90, 1962. (Foto: © Dr. Ing. h.c. F. Porsche AG)

Zu Porsches Rollendem Museum gehört dieser Typ 1600 S. Die tief sitzenden Scheinwerfer verraten: Das ist ein A-Typ, 1955–1959. (Foto: © Dr. Ing. h.c. F. Porsche AG)

Der berühmte Porsche Nr. 1 entstand im österreichischen Kärnten. Die Basis bildete der Volkswagen. (Foto: © Dr. Ing. h.c. F. Porsche AG)

Ferdinand Porsche war keineswegs neu im Automobilgeschäft, als er Ende 1930 ein eigenes Unternehmen gründete. Am 25. April 1931 wurde seine neue Firma »Dr. Ing. h.c. F. Porsche Gesellschaft mit beschränkter Haftung, Konstruktionen und Beratungen für Motoren- und Fahrzeugbau« in das Stuttgarter Handelsregister eingetragen. Schon 1932 trat auch sein Sohn Ferdinand (Ferry) Porsche in das Unternehmen ein, das 1938 nach Stuttgart-Zuffenhausen umzog. Die Arbeit war in den ersten Jahren vor allem von Fremdaufträgen bestimmt, unter anderem wurden so der legendäre Volkswagen und der berühmte Auto-Union-Rennwagen entwickelt. Im Herbst 1944 zog das Unternehmen wegen den alliierten Luftangriffen nach Gmünd in Kärnten. Dort entstand auch unter der Leitung von Ferry Porsche das erste Auto, das den Namen Porsche trug.

Dieser erste echte Porsche war ein Roadster mit Mittelmotor, trug die Chassis-Nummer 356 001 und wurde am 8. Juni 1948 in Österreich zum Straßenverkehr zugelassen. Der Wagen blieb aber ein Einzelstück. Zwar wurden in Gmünd noch weitere 52 Wagen (44 Coupes und 8 Cabriolets) mit Leichtmetall-Karosserien gebaut, doch ab dem 356 002 rückte der Motor ins Heck: Er wurde hinter der Hinterachse eingebaut, und dort ist er bei der berühmtesten aller Porsche-Modellreihen, beim 911, bis heute geblieben.

An Ostern 1949 – das Porsche-Werk in Zuffenhausen wurde von den Amerikanern als Reparaturwerk für Jeeps und Army-Lastwagen benutzt – rollte aus einer angemieteten Halle der gegenüberliegenden Karosseriebaufirma Reutter & Co. der erste 356 made in Germany. Im November des gleichen Jahres erhielt die Firma Reutter den Auftrag zum Bau von 500 weiteren Stahlkarosserien für den 356, und schon Anfang März 1951 war der 500. Porsche 356 fertiggestellt. Im März 1956 erschien zum 25-jährigen Firmenjubiläum auch der 10.000ste Porsche. Und die Produktionszahlen stiegen rapide: Schon zwei Jahre später waren 25.000 Porsche entstanden.

Im Jahr 1961 übernahm Ferdinand Alexander Porsche im Unternehmen die Leitung des Design-Studios. Er begann mit der Arbeit an der Gestaltung eines Nachfolgers für den 356, der auf der IAA in Frankfurt im Herbst 1963 als 901 der Öffentlichkeit vorgestellt wurde. Vom Band lief der erste 901 am 14. September 1964, es dauerte aber nicht lange, da wurde er umbenannt in 911, weil Peugeot sich lange zuvor die Rechte an Modellbezeichnungen gesichert hatte, die aus drei Ziffern bestehen, von denen die mittlere eine Null ist. Einige Monate wurde auch der 356 noch neben dem neuen 911 weiter produziert, der letzte Serien-356 rollte am 28. April 1965 vom Band.

Der 911 ist längst zu einer Legende unter den Sportwagen geworden. Seit bald 60 Jahren gebaut, wurde er ständig überarbeitet, erhielt ein Facelift nach dem anderen und kam in etwas größeren zeitlichen Abständen immer wieder als mehr oder weniger komplette Neukonstruktion auf den Markt, aber immer mit Sechszylinder-Boxermotor im Heck, inzwischen jedoch längst mit Wasserkühlung. In den ersten beiden Jahrzehnten war es der Porsche 356, im dritten Jahrzehnt dann der Porsche 911, die das Markenimage trugen, und mit den Gemeinschaftsentwicklungen mit Volkswagen stellte sich das Unternehmen dann sehr viel breiter auf – auch wenn diese Fahrzeuge gar nicht die typische Porsche-Form aufwiesen.

NEUE WEGE MIT DEM MITTELMOTOR

Der erste Vertreter dieser Generation – und neben dem 911 die zweite Modellreihe im Portfolio der Zuffenhausener – war der VW-Porsche 914. Wie der Name

PORSCHE

schon sagt: Dabei handelte es sich um das Ergebnis einer Gemeinschaftsent-
wicklung der beiden Hersteller, das erstmals 1969 auf der IAA zu sehen war.
Während die VW-Ausführung den 1,7-Liter-Motor des VW 412 erhielt, war die
Porsche-Ausgabe 914/6 mit dem Sechszylinder-Aggregat des 911 T die stärker
motorisierte und besser ausgestattete Variante dieses deutschlandweit ersten in
Serie produzierten Mittelmotor-Sportwagens.

Mit dem Mittelmotor-Konzept war hier ein handliches und kurvenschnelles Fahrzeug entwickelt worden: »Entwickelt ein Höchstmaß an Fahrsicherheit«, notierten
die Tester, bot »beeindruckende Geradeauslaufeigenschaften« und verkraftete
»mühelos Dauergeschwindigkeiten zwischen 180 und 200 km/h.« Kurzum: »Ein
Fahrinstrument reinsten Wassers.« Ein ziemlich teures allerdings, mit einem
Anschaffungspreis von 20.000 Mark war der VW-Porsche-Sechszylinder kaum
noch günstiger als der – ästhetisch weit weniger umstrittene – Porsche 911.
Immerhin: Dank der Mittelmotoranordnung verfügte der Wagen über zwei Koffer-
räume mit insgesamt 370 Litern Volumen, im hinteren konnte das herausnehm-
bare und nur 7,9 Kilogramm schwere Dach untergebracht werden. Äußerlich
war der 914 nur an den Vierlochfelgen vom 914/6 mit seinen Fünflochfelgen zu
unterscheiden.

DIE TRANSAXLE-BAUREIHEN

Unverwechselbar geriet auch der 914-Nachfolger vom Typ 924. Den hatte VW
bei Porsche entwickeln lassen, sich dann aber entschlossen, ihn doch nicht zu
übernehmen. So kaufte Porsche denn die eigene Konstruktion von VW wieder
zurück und ließ den 924 bei Audi in Neckarsulm fertigen. Als zweite Baureihe
unterhalb des Neunelfers angesiedelt, sollte er die Funktion des Einstiegsmodells
im Hause Porsche übernehmen. Erstmals bei einem Porsche saß der Motor im
924 vorn. Den aus dem Audi 100 stammenden Reihenvierzylinder aus dem Audi-
Baukasten – hier handelte es sich um den sogenannten C-Motor, der wiederum
auf den Reißbrettern bei Mercedes-Benz für die Auto Union entstand, dann
aber an VW verkauft wurde – hatte Porsche gründlich überarbeitet und in der
Leistung auf 125 PS gebracht. Die Kraftübertragung vom mitsamt der Kupplung
vorn liegenden Motor auf das an der Hinterachse montierte Viergang-Getriebe
erfolgte mittels Transaxle-System; in einem starren Tragrohr lief eine vierfach
gelagerte Antriebswelle: »Sparsam, mitreißen kann er aber nicht«, moserten die
Berufsnörgler und vermissten den »spezifischen Wohlklang, den Sportwagen-
Freunde so schätzen.« Im Modelljahr 1979 präsentierte Porsche mit dem 924
Turbo ein Modell, das dank Abgasturbolader über stolze 170 PS verfügte und damit leistungsmäßig genau in die Lücke zwischen 924 und 911 passte. Preislich
rückte er dem 911 näher als je zuvor, er war mit knapp 40.000 Mark nur 7000
Mark günstiger als ein normaler Elfer, aber in der Spitze mit fast 230 km/h gleich
schnell. Außerdem lief er besser geradeaus, war aber etwas zickig in schnell
gefahrenen Kurven. Verschiedentlich überarbeitet, lief die Transaxle-Baureihe,
die bis zuletzt wegen ihrer Vierzylinder-Motoren nie so recht als echte Porsche
galten, unter der Bezeichnung 968 letztlich 1995 aus. Die Youngtimer-Szene hat
sie erst in den letzten Jahren entdeckt.

Das Stigma, kein echter Porsche zu sein, haftete dagegen dem Typ 928 nie an,
dazu war er viel zu eindrucksvoll. Klar, er sah ein wenig aus wie ein aufgebla-
sener 924er, bei dem man die Kanten rund geschliffen hatte, und die offenlie-
genden Klappscheinwerfer erinnerten an »Spiegeleier auf der Fronthaube« (auto
motor und sport), doch was für ein Auto, was für ein Auftritt: Ein Luxuscoupé

Der VW-Porsche 914 ersetzte in der VW-Modellpalette den »Großen Karmann-
Ghia« Typ 34. Für Porsche bedeutete er das zweite Modell neben dem 911

Für 1974 erhielt der 911 mehr Hubraum und eine geänderte Karosserie. Der VW-Porsche 914 2.0 dagegen hatte seine besten Zeiten hinter sich.
(Foto: © Dr. Ing. h.c. F. Porsche AG)

Gesamtsieger der letzten Targa Florio 1973 wurden Herbert Müller und Gijs van Lennep im 911 Carrera RSR.
(Foto: © Dr. Ing. h.c. F. Porsche AG)

Die Preise für frühe Porsche 911 (bis 1973, auch als F-Modell bezeichnet) sind in den letzten Jahren förmlich explodiert. Allerdings ist bei frühen Modellen Rost ein großes Problem, und die Ersatzteilkosten liegen jenseits von gut und böse. Das hier ist ein 901-Zweiliter von 1964.
(Foto: © Dr. Ing. h.c. F. Porsche AG)

Jeder zweite der zwischen 1977 und 1995 verkauften Porsche hatte einen wassergekühlten Front- statt eines luftgekühlten Heckmotors.

Der Porsche 911 als G-Modell, gebaut 1974 bis 1989. Die späten mit 3,2-Liter-Motor galten als die besten. Die Preise sind hoch, die Nachfrage auch.

(Foto: © Dr. Ing. h.c. F. Porsche AG)

Der von 1981 bis 1991 angebotene 944 wurde nur widerwillig als »echter« Porsche anerkannt, denn im Grunde genommen war er ein modifizierter 924er mit dem halbiertem V8 des 928. Die Gebrauchtwagenpreise für die Transaxle-Porsche waren lange am Boden, die Ersatzteile dafür immer sündteuer.

(Foto: © Dr. Ing. h.c. F. Porsche AG)

1991 löste der 968 den 944 als Vierzylinder-Transaxle bei Porsche ab. Für Vortrieb sorgte der 3,0-Liter-Reihenvierzylinder aus dem 944 S2.
(Foto: © Dr. Ing. h.c. F. Porsche AG)

mit – zunächst – 4,5-Liter-V8 und 240 PS, das fahrdynamisch die Luxusliner von Mercedes, BMW, Jaguar und Co. alt aussehen ließ, was an der unglaublich aufwendigen Hinterachskonstruktion lag.

Diese »Weissach-Achse« konnte die im Fahrbetrieb auftretenden Vorspuränderungen ausgleichen, sie setzte Maßstäbe. Die Karosserie war beidseitig feuerverzinkt, Türen, Kotflügel vorn und Motorhaube bestanden aus Aluminium. Mit 55.000 Mark war der Gran Turismo teurer als ein 911 Carrera, aber günstiger als der 911 Turbo, in jedem Fall aber eine »reizvolle Alternative« mit »überdurchschnittlich guten Fahreigenschaften ... hohen Fahrleistungen und gutem Komfort.«

Auf Sicht gesehen sollte der 928 den Elfer ablösen, da der aber ein Eigenleben entwickelte, blieb letztlich der behäbigere Transaxle-GT auf der Strecke. Zuletzt mit 5,4 Liter Hubraum und 350 PS, fiel der letzte Vertreter der Baureihe 928 GTS 1995 aus dem Programm.

DREI ZIFFERN, MAGISCHE MOMENTE

Zu dem Zeitpunkt war der neue »Elfer« (Typ 993) gerademal zwei Jahre auf dem Markt. Seine Ursprünge reichen zurück bis ins Jahr 1963, wo er als 901 auf der IAA präsentiert wurde. Auf dem Papier waren die Unterschiede zum Vorgänger-Typ 356 gar nicht so groß, in der Realität dagegen gewaltig. Beim luftgekühlten Boxermotor im Heck handelte es sich um eine komplette Neukonstruktion mit nunmehr sechs Zylindern. Der 130 PS starke Motor besaß zwei obenliegende Nockenwellen und eine achtfach gelagerte Kurbelwelle. Ausgeliefert wurde der 911 zunächst ausschließlich mit einem Fünfgang-Getriebe, ab Modelljahr 1968 gab es den nunmehrigen 911 L optional auch mit Halbautomatik. Von Anfang an mit eingeplant war auch eine offene Variante, die dann zur IAA 1965 gezeigt wurde. Die Variante hieß 911 Targa, war ab dem Modelljahr 1967 zu haben und sollte mit ihrem Namen zum einen an die Targa Florio erinnern, zum anderen als italienische Bezeichnung für das deutsche Wort »Schild« die Schutzfunktion des Überrollbügels verdeutlichen. Das Dachmittelteil des Targa ließ sich herausnehmen und im Kofferraum verstauen, die Heckscheibe aus Kunststoff konnte weggeklappt werden. Im gleichen Modelljahr – 1967 – erschien der Porsche 911 S mit 160 PS und einer Höchstgeschwindigkeit von 225 km/h; er hatte innenbelüftete Scheibenbremsen rundum. Ein Jahr später folgte ein neues Basis-Modell namens 911 T mit 110 PS und Viergang-Handschaltung. Noch ein Jahr später erfolgte die Umstellung auf eine Bosch-Einspritzpumpe, außerdem wurde der Radstand um 57 mm verlängert, was das Fahrverhalten spürbar verbesserte. Für 1970 gab es größere Motoren mit 2,2 Litern Hubraum, das Leistungsspektrum reichte von 125 über 155 bis 180 PS im 911 S. 1972 erfolgte eine weitere Hubraumvergrößerung auf 2,4 Liter, für Furore indes sorgte der auf dem Pariser Automobilsalon als Basis-Fahrzeug für den Motorsport vorgestellte Porsche 911 Carrera RS 2.7. Der leistungsgesteigerte Sechszylinder-Boxer mit 210 PS beschleunigte den gewichtsreduzierten Hochleistungssportwagen in nur 6,3 Sekunden auf 100 km/h. Eine Höchstgeschwindigkeit von über 240 km/h machte ihn zum seinerzeit schnellsten deutschen Serienautomobil.

Front- und Heckspoiler – letzterer »Entenbürzel« genannt – sorgten in Verbindung mit den hinteren Kotflügelverbreiterungen für die entsprechende Fahrstabilität. Der Carrera RS war der erste Porsche, der hinten breitere Felgen hatte als vorn.

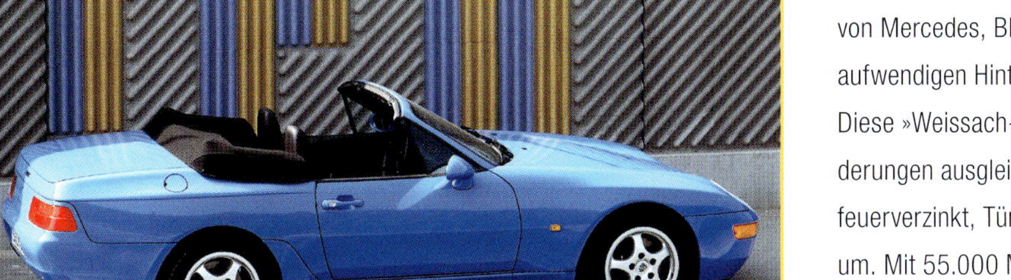

PORSCHE

Zum Modelljahr 1974 erfolgte dann eine umfangreiche (und auch optisch erkennbare) Modellpflege. Am auffälligsten waren wohl die Stoßfänger mit ihren Faltenbälgen, die einmal mehr neuen Bestimmungen in den USA zu verdanken waren. Zwischen den Rückleuchten fand sich jetzt eine rote Blende mit schwarzem Porsche-Schriftzug; das sogenannte G-Modell sollte sich zu der am längsten gebauten 911-Baureihe überhaupt entwickeln: Sie wurde 15 Jahre lang produziert und legte den Grundstock für die heutige Modellvielfalt. Nach und nach erweiterten die Zuffenhausener ihre Neunelfer-Modellpalette. Das neu geordnete Modellprogramm umfasste zunächst die Typen 911, 911 S (jeweils als Coupé und Targa) sowie das 911 Carrera Coupé, allesamt mit 2,7-Liter-Motor und einem Leistungsspektrum von 150 bis 210 PS.

Die eigentliche Sensation aus dem Hause Porsche aber war der 911 Turbo 3.0, der auf dem Pariser Salon 1974 debütierte und dann im Modelljahr 1975 in den Handel gelangte. Intern als 930 bezeichnet, imponierte der Wagen schon rein äußerlich durch seine breiten Kotflügel, seine überbreiten Reifen und den wuchtigen Heckspoiler. 260 PS und ein maximales Drehmoment von 343 Nm reichten dem turbogeladenen Dreiliter-Motor, um den Wagen auf eine Höchstgeschwindigkeit von 250 km/h zu katapultieren, gegen Ende der Laufzeit war der Turbo auf 3,3 Liter und 360 PS erstarkt. Der 911 Turbo war seinerzeit das schnellste Serienauto Deutschlands. Der 911 ist längst zu einer Legende unter den Sportwagen geworden. Seit über 50 Jahren gebaut, wurde er ständig überarbeitet, erhielt ein Facelift nach dem anderen und kam in etwas größeren zeitlichen Abständen immer wieder als mehr oder weniger komplette Neukonstruktion auf den Markt.

Mit dem Porsche 959 wurde im Herbst 1985 auf der IAA ein Supersportwagen vorgestellt und ab 1987 in limitierter Serie auch gebaut. Der Technologieträger, der alles in sich vereinte, was damals im Automobilbau technisch machbar war, kostete seinerzeit 420.000 Mark.

TURBULENTE ACHTZIGER

Eine auch noch so kurze Betrachtung der Porsche-Geschichte und -Geschicke in den letzten Jahrzehnten wäre unvollständig ohne eine Erwähnung der existenzbedrohenden Krise in den Achtzigern, die sich im Laufe des Jahrzehnts noch verstärkte. Mit Beginn des Jahres 1981 übernahm der Amerikaner Peter W. Schutz den Vorstandsvorsitz. Anfang der Achtziger – 1981, um genau zu sein – feierte Porsche sein 50-jähriges Jubiläum, den 100.000sten Porsche 924, den 200.000 Porsche 911 und den 300.000sten Porsche, ansonsten gab es in jenem Jahrzehnt eher weniger Grund zur Freude: Die Zuffenhausener fuhren komplett außerhalb der Spur. Der Boxster, der 1993 in Detroit noch als Studie der Weltöffentlichkeit präsentiert wurde und zum Modelljahr 1997 in Serie ging, galt – unterhalb des Elfer angesiedelt – fast schon als letzte Rettung für das Traditionshaus, für das Toyota eine Kaufofferte vorgelegt haben soll. Porsche-Patriarch Ferry hat diese angeblich mit den Worten: »Nur über meine Leiche« abgewiesen. Das Geld war dennoch knapp. Aus Kostengründen erhielten der Mittelmotor-Roadster und die neue Generation des Heckmotor-Sportwagens 911 (Baureihe 996) einen weitgehend identischen Vorderwagen. Die Nachfrage nach dem Boxster jedenfalls, der ab Herbst 1996 produziert wurde, überstieg alle Erwartungen, Porsche musste sogar Produktionskapazitäten in Finnland hinzukaufen. Im Herbst 2005 schloss der Cayman eine Lücke im Modellprogramm, die Porsche zwischen den Baureihen Boxster und 911 ausgemacht hatte. Der Cayman basierte auf dem so erfolgreichen Boxster, und in den Leistungswerten

Mit der ersten Boxster-Generation (1996–2004) fuhr Porsche aus der Krise. Der Vorderbau war identisch mit dem des 911. (Foto: © Dr. Ing. h.c. F. Porsche AG)

Porsche hatte lange Durststrecken zu überwinden. Der Elfer blieb aber das Herzstück der Marke. Hier ein Speedster der luftgekühlten Baureihe, Typ 964 (1989–1994).
(Foto: © Dr. Ing. h.c. F. Porsche AG)

Im 959 vereinte Porsche 1987 alles, was seinerzeit im Sportwagenbau machbar war. (Foto: © Dr. Ing. h.c. F. Porsche AG)

Aus Kostengründen erhielten die Typ 996-Elfer die Boxster-Front. Gebaut wurden sie von 1998 bis 2005. (Foto: © Dr. Ing. h.c. F. Porsche AG)

Bei jeder neuen Generation blieb das Konzept unverändert, doch die Technik hat zugelegt. (Foto: © Dr. Ing. h.c. F. Porsche AG)

Die Modellpflege 2016 bescherte der Boxster/Cayman-Baureihe nicht nur den neuen Vornamen »718«, sondern auch neue Vierzylinder-Boxermotoren mit mindestens 300 PS. Neuerdings kostet das Coupé weniger als der Roadster.
(© Porsche AG)(Foto: © Dr. Ing. h.c. F. Porsche AG)

Der Taycan ist Porsches Antwort auf den Tesla. Der Marktstart war für 2020 angekündigt, hinter den Kulissen war aber zu hören, dass die Entwicklung doch wesentlich länger dauerte als geplant, weil vor allem Reichweite und Ladezeiten noch nicht recht zufrieden stellten.
(Foto: © Dr. Ing. h.c. F. Porsche AG)

Der Panamera als Sport Turismo erschien 2017.
Das feine Heck birgt aber nur 20 Liter mehr Volumen. Beim V8-Hybrid liegt die
Systemleistung bei 680 PS. (Foto: © Dr. Ing. h.c. F. Porsche AG))

wie in den Fahrleistungen der Basismodelle der beiden Baureihen gab es denn auch keine Unterschiede: Porsche hatte die Wende geschafft und agierte so erfolgreich, dass es sogar versuchte, Volkswagen zu übernehmen. Das ging schief, Porsche wurde, auch wenn die Zuffenhausener ihre Selbständigkeit weitgehend behalten sollten, als zehnte Marke in den VW-Konzern integriert.

Mitgefangen, mitgehangen

Als solche teilt sie sich bei zahlreichen Modellen das Unterzeug der feinen Konzerngeschwister. Der Cayenne Nr. 3 zum Beispiel teilt sich die technische Basis mit VW Touareg, Audi Q7 und Bentley Bentayga und unter dem seit 2014 angebotene Porsche Macan steckt ein Audi Q5. Auch Motorentechnisch hat sich eine ganze Menge geändert. Die im Frühjahr gestartete Baureihe 718, bestehend aus Cayman und Boxster, gibt's jetzt nur mit Vierzylinder-Boxermotoren, und seit der siebeneinhalbten Generation der Sportwagen-Ikone 911 (die siebte kam 2012, das umfassende Facelift drei Jahre später) sind die Sechszylinder-Boxermotoren ausschließlich mit Turboaufladung zu haben, mal abgesehen vom 4,0-Liter-Sauger GT3, der aber sowieso ein ganz besonderer Elfer ist. Das hat die Entwickler in Weissach aber nicht daran gehindert, mit der Elfer-Baureihe 991 die Traditionsreihe auf ein neues Leistungslevel zu hieven, und die Generation 2019, Serie 992, vermochte diesbezüglich noch einmal nachzulegen.

In Sachen Sportwagen macht den Schwaben also keiner was vor. In Sachen Elektromobilität dagegen schon. Wie die gesamte deutsche Automobilindustrie quittierte man auch in Zuffenhausen das Aufkommen von Elektro-Pionier Tesla zunächst mit einem Achselzucken und wandte sich dem Tagesgeschäft zu, welches vornehmlich darin bestand, Panamera und Co. mit immer stärkeren und immer feineren Verbrennern zu bestücken. Aufgrund der engen Verflechtung mit Audi machte sich auch Porsche unter Eindruck des WLTP-Desasters auf die Strümpfe und entwickelte, gemeinsam mit Audi, eine E-Plattform.

Und diese PPE-Basis wird sowohl den neuen Elektro-Macan elektrisieren als auch den Spitzensportler Taycan. Der soll Bestwerte in Sachen Technik (800 Volt-Anlage), Reichweite (500 km) und Beschleunigung (10 Spurts ohne Leistungsverlust) setzen — und vermutlich auch in der Preisgestaltung. Immerhin verteuert der Antriebsstrang inklusive der Batterie (80 und 90 Kilowattstunden) jedes Fahrzeug um gut 10.000 Euro.

Seit 2014 ergänzt der Macan das Modellangebot. Die Technik teilt sich das Mittelklasse-SUV mit dem Audi Q5. Künftig wird Porsche in keiner Reihe mehr Diesel anbieten.
(Foto: © Dr. Ing. h.c. F. Porsche AG)

DIE SPORTLICHSTEN

Als das Automobil erfunden wurde, war jedes Auto ein Sportwagen. Die Maßstäbe änderten sich in rasantem Tempo, und das tun sie bis heute. Sportwagen von einst, die Legendenstatus genießen, werden in Motorleistung und Geschwindigkeit heute von Brot-und-Butter-Autos übertroffen. Aber was macht einen Sportwagen eigentlich aus? Darauf gab und gibt es viele Blech gewordene Antworten, von denen wir in diesem Kapitel einige zeigen. So unsinnig Sportwagen ihren Kritikern erscheinen mögen, waren sie oft die Entwicklungsträger für neue Technologien – und sind es auch heute mit Blick auf die voranschreitende Elektromobilität. Natürlich könnte dieser Abschnitt allein drei- oder fünfmal dicker sein, als er ist, wir mussten uns aber beschränken und haben versucht, hier einige besonders reizvolle Exoten zu präsentieren.

Gumpert Apollo-Hybrid Sportwagen. (Foto: © Gumpert GmbH)

GUMPERT

Roland Gumpert, der ehemalige Audi-Motorsportchef, erfüllte sich zum Beginn des neuen Jahrtausends den Traum vom eigenen Rennwagen mit Straßenzulassung. Sein eigener Name, »Gumpert«, diente als Marke. Dem muskelstrotzenden Supersportler, den er schuf, gab er keinen geringeren Namen als den des griechischen Gottes »Apollo«.

2004 wurde in Ingolstadt der erste Prototyp präsentiert. Bereits bei den ersten Presse- und Vorstellungsfahrten übertrieb es ein Herr der schreibenden Zunft und unterzog das kostbare Unikat einer heftigen Kaltverformung. Der Prototyp musste mühsam wieder zusammengeflickt werden. Immerhin: Ein zweiter Apollo näherte sich der Fertigstellung und wurde im März 2005 auf dem Hockenheimring bei einem Rennen Dritter. Damit war die Tauglichkeit des Konzeptes unter Beweis gestellt. Beim Genfer Salon 2006 feierte die Serienausführung Premiere.

Gumpert entbeinte den V8-Motor, wie er z. B. im Audi S6 zu finden war, und bestückte ihn mit hochfeinen Zutaten. In der Basisausführung brachte der Biturbo dann 650 PS. Innerhalb von drei Sekunden beschleunigte der nur knapp eine Tonne schwere Apollo auf Tempo 100, nach knapp neun Sekunden waren 200 km/h möglich, die Spitze lag bei rund 360 km/h, abgeregelt wurde nicht. In weiteren Ausbaustufen waren dem 4,2-Liter-Triebwerk sogar noch mehr Pferde zu entlocken: So brachte es der Apollo S auf 750 PS. Zudem zeigte Gumpert 2012 in Genf für die Rennstrecke den Apollo R mit 860 und für die Straße den auf drei Fahrzeuge limitierten Apollo Enraged mit 780 PS.

Wechselnde Geschicke

War Gumpert im Jahr 2010 noch knapp der Insolvenz entgangen, ließ sie sich 2012 nicht mehr abwenden. Auch ein neuer Investor, der 2013 den betrieb als »GSM Gumpert Sportwagenmanufaktur« weiterführen wollte, brachte das nötige Kapital nicht auf. Roland Gumpert zeigte dennoch auf dem Genfer Autosalon 2014 den »Explosion« mit 2,0 Liter TFSI-Audi-Motor und 420 PS. Das zweisitzige Coupé mit Gitterrohrrahmen sollte in drei Sekunden auf 100 km/h beschleunigen und eine Höchstgeschwindigkeit über 300 km/h erreichen. Allerdings lief die Produktion nie an.

Stattdessen kaufte Ende 2015 ein Investor aus Hong Kong die Rechte an der Sportwagenmanufaktur. Ein chinesisches Konsortium gründete »Apollo Automobil«. Damit verschwand die Marke Gumpert. Am Apollo Arrow, der 2016 in Genf gezeigt wurde, war Roland Gumpert noch beteiligt. Der 2017 vorgestellte Apollo IE hat außer dem Namen nicht mehr viel mit Gumperts Traum zu tun. Eine Straßenzulassung für den IE ist zunächst nicht vorgesehen. Der IE ist mit einem 6,3-Liter-V12-Ottomotor auf Ferrari-Basis ausgestattet, der 780 PS leistet. Er beschleunigt in 2,7 s auf 100 km/h und fährt 335 km/h Spitze.

Neustart mit Nathalie

Und Roland Gumpert? Der schmiedet bereits neue Pläne für den jungen Elektro-Autobauer Aiways: Der Elektro-Sportler RG Nathalie – benannt nach seinen Initialen und seiner Tochter – begeisterte als Studie bereits die Motorpresse: Vier 150 kW starke Elektromotoren peitschen das flotte Mädchen im Kleid des Gumpert Explosion in 2,5 Sekunden von null auf 100 km/h und bringen Nathalie auf über 300 km/h Spitze.

Die beiden frühen Prototypen des Gumpert Apollo vor einem Phantom-Kampfflugzeug. (Foto: Uli Jooss, © GLFD)

Ohne Beteiligung von Gumpert erstanden: der Apollo IE.(Foto: © Hersteller)

Im Jahr 2017 stellt Roland Gumpert erstmals den Gumpert RG Nathalie vor. Vier E-Motoren sollen für 300 km/h reichen. (Foto: © Hersteller)

Nach der Insolvenz 2011: Die neue chinesische Firma Apollo Automotive stellt 2017 den 780-PS-Apollo IE (»Intensa Emozione«) vor. (Foto: © Hersteller)

Der Fahlke Larea GT1 S7 weist beeindruckende Leistungswerte auf: mit seinen 550 PS kommt er in nur 3 Sekunden von 0 auf 100 km/h und erreicht eine Höchstge-schwindigkeit von 349 km/h.
(Foto: © Hersteller)

Stolze 348.000 Euro sind für den 720 PS starken Fahlke Larea GT1 S9 EVO zu berappen.
(Foto: © Hersteller)

Die Fahlke S12 Limited Edition mit 1260 PS wurde erstmals auf der Motor Show Essen im Dezember 2014 gezeigt.
(Foto: © Hersteller)

Mit verkleidetem Unterboden, Diffusor und einstellbarem Heck-Flügel passt der Fahlke auf jede Rundstrecke.
(Foto: © Hersteller)

In nur zweieinhalb Jahren entwickelte der Maschinenbau-Ingenieur Markus Fahlke den spektakulären Larea GT1
(Foto: © Hersteller)

Den Traum vom eigenen Sportwagen haben schon viele geträumt, aber so radikal umgesetzt kaum einer: Was der Maschinenbauer und vormalige Verkehrspilot Markus Fahlke in der norddeutschen Provinz auf die Räder stellt, sucht seinesgleichen: Dieser Supersportwagen mit vierstelliger PS-Leistung und Straßenzulassung setzt ein Glanzlicht in der deutschen Automobilszene. »Die Gedanken an ein eigenes Auto kamen 1997«, so Fahlke, »mich hat kein Sportwagen mehr gereizt.« Der Inhaber einer Firma für Automatisierungstechnik gründete daher in diesem Jahr ein Unternehmen für Kfz-Entwicklung und Prototypenbau, die M-racing-GmbH. 2004 begann die Entwicklung des Supersportwagens mit dem schönen Namen »Larea«, denn, so sein Schöpfer, »einen Frauennamen merkt »man(n)« sich einfach leichter.«

Bis der erste Larea GT1 tatsächlich Asphalt unter die Räder nahm, vergingen sechs weitere Jahre. Während Motor, Fahrwerkskomponenten und Antriebsstrang zugekauft werden, ist der Rahmen ein Eigengewächs aus 1,4 Millimeter starken Chrommolybdän-Vierkantprofilen. Rund 80 Kilogramm wiegt das hochfeste Gitterrohr-Gespinst, das mit einem Karbon-Monocoque fest verklebt wird über das sich dann eine im firmeneigenen Autoklaven gebackene Karbonkarosserie spannt.

Der Motor stammt aus den USA, ein hubraumgewaltiger 7,2-Liter-Chevrolet-V8, der bei Katech in Michigan oder Mast Motorsports zusammengebaut wird, und bereits den Le-Mans-Corvetten zu vielen Klassen-Siegen. Die Motoren bauen die Amerikaner nach Fahlkes Spezifikationen, »da ist nichts von der Stange«; auch die Kraftübertragung ist eine eigene Anfertigung. Seinen Larea GT1 bietet Fahlke in verschiedenen Leistungsstufen an. Einstiegsmodell ist der S7 mit 550 PS, es folgt der S9 mit 720 PS. Der S10 bringt 1004 PS und der S12 schickt gewaltige 1260 PS an die 335er Schlappen und entfesselt einen Drehmoment-Tsunami von 1600 Newtonmetern. Die Höchstgeschwindigkeit liegt, je nach Übersetzung, bei rund 430 km/h, wobei der Firmenchef seinen ganz persönlichen Wohlfühlbereich bei 360 km/h gefunden hat – mehr muss eigentlich nicht.

»Ein Porsche 911 GT3 ist eine Luxuslimousine dagegen«, so Fahlke, »ein Kunde, der Radio oder Klimaanlage will, ist bei uns fehl am Platze.« Im Larea dominiert rennsportliche Klarheit. Perfekt angepasste Karbonsitze, Glascockpit mit Rundenzeit- und Querbeschleunigungsanzeige, Kippschalter. »Ich habe bewusst die Nische der Rennwagen mit Straßenzulassung gewählt«, sagt Fahlke. Die Alltagstauglichkeit musste so weit wie möglich erhalten bleiben, doch Übersicht, Wendekreis, Gepäckmitnahme – das können andere besser. Aber Verarbeitung, Materialauswahl, Straßenlage? Da wird man lange suchen müssen. Und in puncto Fahrleistungen und möglichen Kurvengeschwindigkeiten – Querbeschleunigungen bis 3,5 g sind möglich – wird die Luft dann ganz dünn. Der S7 sprintet von null auf 100 km/h in 3,0 Sekunden, auf 200 km/h in 8,5 Sekunden, die Höchstgeschwindigkeit beträgt 349 km/h. Der 720 PS starke S9 ist mit 910 Kilogramm noch um 30 Kilogramm leichter und um 30 km/h schneller. Beim 980 kg schweren S10 belässt es der Hersteller bei den Angabe »über 400 km/h« und null auf 100 km/h in »unter 2,4 Sekunden«. Beim S12 stehen 430 km/h im Datenblatt und 2,0 Sekunden für den Sprint von null auf 100 km/h sowie 5,0 Sekunden von null auf 200 km/h.

Fahlke schreibt schwarze Zahlen, entwickelt stetig weiter, plant voraus und hat die Zukunft fest im Blick.

WEINECK

Nach über 30 Jahren im Motorbau wollte Weineck die Leistung seiner mit viel Know-how erstellten Motoren einmal so richtig austesten. Doch leider gab es keinen Wagen weit und breit, der das Leistungsvermögen der hochgezüchteten Aggregate voll hätte ausreizen können. Also stellte der Motorenbauer aus Bad Gandersheim kurzerhand ein maßgeschneidertes Fahrzeug selbst her – und wurde so zusätzlich zum Autobauer.

Die britischen Vorbilder

Weineck konstruierte nicht irgendein Fahrzeug um seinen Motor herum, nein, er nahm sich einen Rennwagenklassiker der 60er Jahre zum Vorbild – die Shelby Cobra, die ihrerseits wiederum auf dem britischen AC Ace basierte.
AC Cars Ltd. war ein alteingesessener englischer Hersteller von Kleinserienfahrzeugen, der zu Beginn der 50er Jahre mit dem AC Ace an seine Vorkriegs-Sportwagentradition anschließen wollte. Dieser offene Zweisitzer besaß eine Karosserie aus Aluminium. Sein Sechszylinder-Reihenmotor stammte von drei verschiedenen Lieferanten. Einer stammte aus AC Cars' eigener Entwicklung mit bis zu 104 PS, eine weitere Motorversion mit bis zu 130 PS wurde von Bristol bezogen, die dritte Variante mit 172 PS stammte von Ford.
Nachdem der Sportwagen von Privatleuten einige Jahre lang bei Rennen eingesetzt worden war, engagierte sich der britische Hersteller ab 1957 selbst im Rennsport, so etwa bei den 24 Stunden von Le Mans und Sebring. Dadurch wurde der ehemalige US-Rennfahrer Caroll Shelby auf den kleinen Flitzer aufmerksam. In der Folge machte Shelby den Briten zu Beginn der 60er Jahre Vorschläge für eine leistungsgesteigerte Version des AC Ace. Der Autobauer aus Thames Ditton war einverstanden, und so entstand ab 1962 die Shelby Cobra mit einem Ford-V8-Motor. Die Shelby Cobra kam erfolgreich bei vielen Rennen in den USA zum Einsatz.
In den folgenden Jahren entstanden mehrere Versionen des kleinen Renners, die bekannteste war das rundum erneuerte Modell »Typ 427«, dessen Sieben-Liter-Motor 425 PS leistete und es auf eine Höchstgeschwindigkeit von zirka 250 km/h brachte.

Unbändige Kraft im Oldtimerlook: die »Weineck Cobra«

Seit 1975 erarbeiteten sich Claus und sein Bruder Jens Weineck einen erstklassigen Ruf als Produzenten von hochwertigen, zuverlässigen und leistungsstarken Motoren,

Stammte aus den USA: der 1100 PS starke V8-Motor der Weineck Cobra.
(Foto: © Weineck)

Stammte aus den USA: der 1100 PS starke V8-Motor der Weineck Cobra.
(Foto: © Weineck)

Weineck Cobra 780cui Limited Edition (2006).   (Foto: © Weineck)

Diese 2005er Weineck-Cobra – das Sondermodell mit 780 CUI – ging im Oktober 2014 bei der RM-Auktion in Paris für schlappe 61.600 Euro weg – ein Schnäppchen angesichts der Fahrleistungen.
(Foto: © thesupermat / cc-by-sa)

Der Lotec Sirius ersetzte um die Jahrtausendwende sein Vorgängermodell Lotec C 1000. Im Gegensatz zu diesem war der Sirius noch leichter und leistungsstärker. Er sollte der schnellste Zweisitzer mit Straßenzulassung werden.
(Foto: © Hersteller)

Aus der geplanten Kleinserie wurde nichts. Bis heute existiert der Lotec Sirius nur als Unikat.
(Foto: © Hersteller)

Der Lotec Sirius mit aufgeklappten Scherentüren und offener Heckklappe (Foto: © Hersteller)

Der Zwölfzylinder-Mittelmotor leistet im Sirius 1000 bis 1200 PS; die Spitzengeschwindigkeit liegt bei knapp 400 km/h. Er beschleunigt in 3,8 Sekunden auf Tempo 100, doch auch sein Benzinverbrauch hat es in sich: auf 100 Kilometer genehmigt er sich 25 bis 30 Liter! (Foto: © Hersteller)

Kurt Lotterschmid, Kfz-Meister aus dem bayrischen Kolbermoor, war schon immer von schnellen Sportwagen fasziniert. Kein Wunder, dass er es nicht beim bloßen Tunen und Optimieren beließ, sondern selber Rennwagen entwickelte und sogar Rennen fuhr. Höhepunkte dieser Tätigkeiten waren zweifelsohne seine beiden Supersportwagen »Lotec C1000« und »Lotec Sirius«.

Zu Beginn der 60er Jahre gründete Lotterschmid seine eigene Auto-Werkstatt. Gegen Ende des Jahrzehnts begann er zusätzlich mit dem Bau von Rennwagen, nachdem er bereits zuvor eine zweite Karriere als Rennfahrer begonnen hatte. Neben Erfolgen bei Bergrennen gipfelte dieses Engagement im Gesamtsieg bei der Interserie 1979 und 1980 sowie dem Titelgewinn der Deutschen Rennsportmeisterschaft C2 im Jahr 1983.

Mitte der 70er Jahre begann Lotterschmid mit Karosserie-Umbauten von Porsche-Sportwagen. Zu Beginn der 80er Jahre kamen Mercedes-Umbauten hinzu. Später erweiterte die Herstellung von Turbomotoren für Mercedes- und Ferrari-Sportwagen das Programm. Im Auftrag stellte Lotec zudem weiterhin Rennfahrzeuge her.

Der Lotec C1000 verdankte seine Entstehung dem Wunsch eines arabischen Ölscheichs, das schnellste Auto der Welt zu besitzen. Der Scheich wandte sich an Mercedes. Der Hersteller wiederum zog Lotec hinzu. 1990 begann die Entwicklung des C1000. »C« stand für Carbon, denn das Chassis fertigte Lotec aus Vollkohlefaser, was zum geringen Gewicht von 1480 kg beitrug. »1000« bezog sich auf die annähernd 1000 Nm Drehmoment. Das Unikat hatte doppelte automatische Dreipunktgurte, eine Feuerlöschanlage, ein adaptives Dämpfersystem und einen Überrollkäfig. Fürs Bremsen zuständig war die 4-Kolben-AP-IMSA-Renn-Bremsanlage.

Den 5,6-Liter-V8-Motor lieferte Mercedes. In Zusammenarbeit mit der Lenz Motortechnik leistete das Aggregat bis zu 850 stufenlos regelbare Pferdestärken. Damit erreichte der Lotec C1000 eine Höchstgeschwindigkeit von 374 km/h und beschleunigte in 4,2 Sekunden von 0 auf 100 km/h. Zu mehr als einem Exemplar kam es allerdings nicht, und dieses verblieb auch nicht bei seinem Erstkäufer, dem arabischen Ölscheich, sondern wechselte im Laufe der Jahre mehrfach den Besitzer.

Den Plan für seinen zweiten Supersportwagen fasste Kurt Lotterschmid bereits 1992. Im selben Jahr fertigte er ein Holzmodell an und zog für den Entwurf einen Grafiker hinzu. Sein Ziel: den schnellsten Zweisitzer mit Straßenzulassung zu schaffen. Wieder wählte er für die Karosserie Kohlefaser und andere Leichtbaumaterialien über einem Rahmen aus Stahlrohr-Kohlefaserverbund, wodurch ein niedriges Leergewicht von 1280 kg erzielt werden konnte. Lotterschmid überarbeitete einen 6-Liter-V12-Motor aus dem Mercedes W 140 der S-Klasse und fügte zwei KKK-Turbolader mit zwei Ladeluftkühlern hinzu. Statt der ursprünglichen 408 PS leistete der Motor nun je nach Ladedruck 1000 bis 1200 PS, die dem Sirius eine Höchstgeschwindigkeit von 400 km/h sowie eine Beschleunigung von 0 auf 100 km/h in 3,8 Sekunden ermöglichten.

Nachdem der Prototyp des Wagens 1999 fertig geworden war, stand der Lotec Sirius seit dem Jahr 2000 zum Verkauf (den Entwicklungskosten von rund sieben Millionen Mark sollte bei Markteinführung ein Verkaufspreis von ungefähr 1,2 Millionen Mark gegenüberstehen) – eigentlich.

Denn die geplante Kleinserienauflage wurde nie verwirklicht. Zwar bot das Unternehmen eine Einzelfertigung nach Auftragseingang an, aber verschiedene Quellen berichten davon, dass der Sirius trotzdem ein Einzelstück blieb.

DIE UNVERGLEICHLICHEN

Auf den vorangegangenen Seiten haben wir versucht, einen Überblick über eine Vielzahl an Marken und Modellen zu geben und eine interessante Mischung zu finden aus bekannten und weniger bekannten Namen. Doch viele Meilensteine der Automobilgeschichte konnten da zwangsläufig nur ganz kurz oder überhaupt nicht vorgestellt werden. Das ist schade, doch wer seinen Liebling bisher vermisst hat, kommt jetzt vielleicht auf seine Kosten: Es folgen die – natürlich nur unserer Sicht nach – wichtigsten deutschen Modelle, quasi die Quintessenz der Automobilgeschichte. Natürlich lässt sich trefflich darüber streiten, warum denn der eine Typ erwähnt wurde und der andere gar nicht, und was denn bitteschön ein Ford Transit oder ein Ro 80 hier zu suchen hat. Die Antwort darauf ist ebenso einfach wie subjektiv:
Sie sind Kult.

Der C 111-II D war mit einem Dreiliter-Turbodiesel ausgestattet, der 190 PS leistete, und brach alle Geschwindigkeitsrekorde. (Foto: © Daimler AG)

BMW ISETTA

Zu Beginn der Fünfziger Jahre zeichnete sich erst einmal ein Boom für motorisierte Kleinfahrzeuge ab. Mit der deutlichen Verbesserung der Lebensbedingungen stiegen auch die Ansprüche an das Niveau der Fahrzeuge, und das Bedürfnis nach »Wetterschutz« wurde bei der bisherigen Zweirad-Klientel immer stärker. War man vor kurzem noch stolz Motorrad – eventuell mit Beiwagen – gefahren, so wollte man jetzt nicht mehr schwere, wetterfeste Kleidung tragen, sondern trocken und sauber von Ort zu Ort gelangen.

Der BMW Vorstand beschloss deshalb, ein gut verkäufliches Kleinst-Automobil in das Produktionsprogramm aufzunehmen. Ingenieure aus München machten sich auf den Weg zu diversen Automobilausstellungen, um nach einem Kleinstwagen zu suchen, der sich für eine Lizenzfertigung in München eignen würde. Dabei stießen sie 1954 in Turin auf die avantgardistische Isetta der Firma Iso in Mailand, ein auf den ersten Blick sehr ungewöhnlicher Zweisitzer mit Fronttür, seitlich angeordnetem Zweitakt-Mittelmotor und hinterer Schmalspur. Die Ingenieure erkannten jedoch sofort das Potenzial, das in diesem eiförmigen Kabinenmobil steckte.

Der laute und schwache Zweitakter ließ sich gut durch einen laufruhigen BMW Motorradmotor ersetzen, und die Passagiere saßen in diesem winzigen Gefährt zumindest nebeneinander wie in einem richtigen Auto. Besonders originell war die Fronttür, die sich zusammen mit dem Lenkrad und Armaturenbrett öffnete, so dass man quasi in das Fahrzeug hineingehen und Platz nehmen konnte. Als die erste BMW Isetta im Frühjahr 1955 am Tegernsee der Presse vorgestellt wurde, ist die Überraschung groß. Optisch und technisch war das italienische Original bei BMW in vielen Details modifiziert und verbessert worden. Andere Scheinwerfer und ein neuer Motordeckel verändern die Karosserie, dazu versprach der 12-PS-Motorradmotor mit 250 cm³ eine Höchstgeschwindigkeit knapp über 80 km/h. Von der Öffentlichkeit wurde die Isetta begeistert aufgenommen.

Die Zeiten waren günstig für unkonventionelle Fahrzeuge, und das italienische Flair trug während der ersten Reisewelle in den Süden – Indiz beginnenden Wohlstands – nicht wenig zum Erfolg der »Knutschkugel« bei. Der kleine Zweisitzer war schick, praktisch und von einer Qualität, die über der des Originals stand.

Schon 1955 verließen rund 13.000 Isettas die Fabrik in München. Während sich die Iso Isetta in Italien nur schleppend vermarkten ließ, stiegen die Verkaufszahlen in Deutschland im Spitzenjahr 1957 bis auf fast 40.000. Inzwischen gab es auch eine Variante mit 300 cm³ und 13 PS, eine modernisierte »Export«-Karosserie und Sondermodelle als Cabrio, Tropenversion und sogar als Kleinstlieferwagen mit einer kleinen Pritsche im Heck. Neben dem Goggomobil etablierte sich die Isetta als erfolgreichstes Fahrzeug dieser Art in Deutschland.

Die BMW Isetta kam 1955 auf den Markt und verkaufte sich besser als das italienische Original. (Foto: © BMW AG)

BMW hatte die italienische Isetta in vielen Details verbessert. Dazu zählte auch der 12-PS-Motor der »Knutschkugel«, die dem Kabinenroller eine Höchstgeschwindigkeit von 80 km/h bescherte. (Foto: © BMW AG)

Werbepräsentation der Isetta durch BMW. (Foto: © BMW AG)

Die Isetta verschaffte den kriselnden BMW in den 1950er Jahren einen Zeit- und Prestigegewinn.
(Foto: © BMW AG)

Besonders originell: Die samt Lenkrad sich nach vorne öffnende Fronttür.
(Foto: © BMW AG)

Eine Kugel zum Knutschen.
The lovable bubble car.

Die BMW Isetta gehört zu den originellsten Kleinwagen der Automobilgeschichte. [...]
beginnt mit ihr für viele Menschen eine erste hautnahe Begegnung mit BMW. [...]
zu den BMW Händlern rollen, träumen viele Motorradfahrer von dieser [...]
schutz. Sie bietet zwei Erwachsenen eine bequeme Sitzbank und genug [...]
[...]ck in Angriff zu nehmen. Nicht wenige Isetta-Fahrer landen so [...]
[...] Italien oder Frankreich und begründen mit ihren [...]
[...] Den Ingenieuren in München ist es gelungen, [...]
[...]che Lösung für die Basismotorisier[...]
[...] Jahre wird die BMW Isetta [...]

Der 3,2-Liter-Achtzylinder war in puncto Laufruhe und Elastizität unerreicht.

(Foto: © BMW AG)

Weder seine Schönheit noch seine herausragenden Qualitäten konnten sein tragisches Schicksal abwenden: Nur gut 250 Exemplare des Sport-Roadsters wurden gebaut.

(Foto: © BMW AG)

507

V8-Sportwagen sollten das Unternehmen aus der Krise führen, in das sie die Sechszylinder-Limousinen gebracht hatten. Der Versuch ging gründlich schief, führte aber zu dem vielleicht schönsten Auto aller Zeiten, dem BMW 507.

Zu Lebzeiten war der 507 eine große Enttäuschung: Nur 252 Stück wurden von ihm gebaut (eigentlich 254, doch zwei Prototypen wurden verschrottet), seine Väter, und insbesondere der Initiator Maxie Hoffman, hatten sich wesentlich mehr davon versprochen. Und das mit gutem Grund: Der BMW 507 hatte das Zeug zum Sportwagen des Jahrhunderts. Dieser schlichtweg atemberaubende Roadster war der deutsche Supersportwagen der 50er Jahre, höchstens noch zu vergleichen mit dem 300 SL.

Dabei galt seinerzeit der Achtzylinder-Sportwagen aus München als optisch wesentlich gelungenerer Wurf: lange Schnauze, kurzes Heck, schwungvolle Linien und eine niedrige Silhouette – der V8-BMW wirkte schon im Stand schnell, er war die Sensation der Automobilschau 1955: »Der Sportwagen Typ 507 ist eine Konstruktion von seltener Schönheit«, schwärmte die Frankfurter Neue Presse, andere sprachen »vom schönsten Auto, das je in Europa gebaut wurde«. Und alle hofften, dass es den Münchnern mit diesem sensationellen Sportwagen gelingen würde, an die Vorkriegs-Traditionen und -Erfolge anzuknüpfen.

Der Traumwagen aus München entstand in zwei Serien. Das erste Baulos umfasste 43 Fahrzeuge und wurde zwischen 1956 und 1957 gebaut, das zweite dann von 1957 bis 1959. Von dieser Ausführung gab es 209 Exemplare. Der offiziell letzte Wagen, Nummer 254, wurde am 14. August 1959 komplettiert. Bei der zweiten Serie war der 110-Liter-Tank, bisher quer im Rücken der Besatzung liegend und von einem Ablagefach gekrönt, auf 65 Liter verkleinert worden und unter den Kofferraumboden gewandert; damit einher ging eine neue Position des Tankeinfüllstutzens rechts seitlich hinten. Weitere Änderungen verhalfen dem Zweisitzer zu einer Ablagefläche hinter den Sitzen; der Raum konnte, so der Prospekt, aber auch für die Mitnahme einer dritten Person dienen. Die hätte dann allerdings keine Beine haben dürfen …

Der 3,2-Liter-Achtzylinder stammte aus dem Limousinenprogramm (»Barockengel«), war ganz aus Leichtmetall gefertigt und, um Baulänge zu sparen, in V-Form aufgebaut. Seine Leistung stieg während der Bauzeit von zunächst 120 auf zuletzt 150 PS – und dabei war der Motor in puncto Laufruhe und Elastizität unerreicht. Geholfen hat es ihm nicht, der BMW 507 gehört zu den tragischen Helden der Automobilgeschichte.

Der 507 mit Hardtop auf dem Münchener Flughafen. (Foto: © BMW AG)

Die erste Serie wartete noch mit einem 110-Liter-Tank auf, bei der zweiten fasste er nur noch 65 Liter.

FORD CAPRI

Am 5. Februar tauchte der flotte Kölner in den Ausstellungsräumen der Ford-Händler auf. Unter den fünf zur Markteinführung angebotenen Capri-Typen markierte der Sechszylinder-Capri 2300 GT mit 108 PS die Spitze. Dieser beschleunigte in 10,8 Sekunden auf 100 km/h und erreichte eine Spitzengeschwindigkeit von knapp 180 km/h. Im Herbst 1969 gesellte sich mit dem Capri 2300 GT/R ein Modell hinzu, das es mit »scharfer« Nockenwelle, Doppelrohrauspuff sowie diversen Modifikationen an Zündung und Vergaser auf 125 PS brachte. Zur Legende indes wurde der Capri durch den 1970 vorgestellten 2600 RS, das bis dato sportlichste Auto der Kölner überhaupt. Für 15.800 DM bekam man ein Fahrzeug an die Hand, dessen markantes Doppelscheinwerfer-Gesicht auf Augenhöhe der damaligen Porsche-Phalanx auftauchte. Eine Homologationsauflage von tausend Einheiten für den Motorsport legte denn auch den Grundstein für die Rennkarriere. Zum Modelljahr 1973 gab es ein Facelift mit diversen Verfeinerungen, der RS 2600 lief nun in der Spitze 210 km/h. Insgesamt 784.000 Einheiten waren von 1969 bis einschließlich 1973 in Deutschland gebaut worden, von denen 244.000 auf dem Heimatmarkt einen Abnehmer fanden. 1971 beteiligt sich Ford werksseitig sehr erfolgreich mit zwei solchen Fahrzeugen an der Tourenwagen-Europameisterschaft (Sieger: Dieter Glemser) und mit einem an der Deutschen Rundstrecken-Meisterschaft (Jochen Mass). Auch die Trophäenausbeute der Saison 1972 war u.a. dank Stuck und Mass beachtlich.

Der Ford Capri II (1974–1978) bot nur wenig Änderungen: Ein revidiertes Cockpit samt Innenraum mit bequemen Sitzen und umklappbarer Rücksitzlehne, mehr Glasflächen, eine heizbare Heckscheibe und eine serienmäßige Frontscheibenwaschanlage. Der Capri '78 unterschied sich durch eine neue Bugpartie mit Halogen-Doppelscheinwerfern, einen integrierten Frontspoiler und die neuen Stoßstangen vom Vorgänger. Topmodell war der Dreiliter-V6 mit 138 PS, zum neuen Spitzenmodell avancierte der Dreiliter-Capri S von 1979. Dieser lief 200 km/h – nicht schlecht, doch echtes Sportwagenfeeling kam erst im Januar 1981 mit dem 2,8 Injection auf, einer in Großbritannien entwickelten Power-Variante auf Capri-S-Basis. Hier kam ein neuer 2,8-Liter-V6-Einspritzmotor mit strammen 160 PS zum Einsatz, der echte 210 km/h lief und in rund acht Sekunden aus dem Stand auf 100 km/h beschleunigte. Er rollte auf 205/60 VR 13-Breitreifen auf Leichtmetall-Siebenzöllern und hatte ein Bremsdruck-Regelventil für die Hinterachse. Stilgerechte Design- und Ausstattungsdetails wie ein Spoilersatz, Zierstreifen und ein sportlich aufgemachtes Interieur rundeten den neuen Auftritt ab.

Im gleichen Jahr erschien auch in einer limitierten Stückzahl von 200 Einheiten der Capri Turbo. Unter dessen Haube kauerte der von einem KKK-Turbolader auf 188 PS aufgeblasene 2,8-Liter-Vergaser-V6 aus der Granada-Baureihe, auf Wunsch war ein Sperrdifferenzial lieferbar. Kotflügelverbreiterungen, 235er-Bereifung sowie üppiges Front- und Heckspoilerwerk sorgten für 215 km/h Spitze. 1984 schließlich leiteten die Modelle Super GT und Super Injection das Ende einer Ära ein. Im 18. Dezember 1986 rollte der letzte von 1.900.678 Ford Capri vom Band. Wie der Capri I kam auch der Capri III zu rennsportlichen Lorbeeren. 1978 indes stieg man mit dem Capri Turbo in die Zweiliter-Division der Deutschen Rennsport-Meisterschaft ein, 1979 holte der knapp 400 PS starke Turbo Capri vier Siege in der Division bis zwei Liter Hubraum. 1980 balgten sich die Kölner dann mit dem rund 580 PS starken »Super Capri« in der großen Division über zwei Liter Hubraum mit dem Porsche 935. Mit fünf Siegen avancierte Klaus Ludwig zum erfolgreichsten Fahrer der Meisterschaft. 1981 legte dann Klaus Ludwig auf dem Turbo Capri in der kleinen Zweiliter-Division mit zehn Siegen in dreizehn Läufen einen regelrechten Durchmarsch hin, während Manfred Winkelhock parallel dazu in der großen Division auf sechs Siege kam.

Der Capri 2600 RS erschien im März 1970 als Basis-Modell für den Tourenwagensport. Nur bei dem Leichtbau-Modell für den Werkseinsatz bestanden Hauben, Türen und Scheiben aus GfK. Hier in Le Mans, 1971. (Foto: © Ford)

Die Firma May bot für den Capri RS einen Turbo-Satz an. Der 2,3-l-Capri erstarkte damit von 108 auf 180 PS, der RS von 125 auf 207 PS. (Foto: © Schwab/Slg. Kh)

Ab Werk leistete der zwangsbeatmete 2,8-Liter-Turbo 188 PS. (Foto: © Ford)

Die bei Zakspeed aufgebauten Capri für die DRM gebauten Renn-Capri hatten nur noch entfernte Ähnlichkeit mit dem Ausgangsprodukt. (Foto: © Ford)

Kein echter Sportler, aber der Optik nach das Sportlichste, was Ford in den frühen Siebzigern zu bieten hatte. Der Capri II durfte sogar in einem Vergleichstest gegen Porsche 911 und BMW 3.0 CSL antreten. (Foto: © Schwab/Slg. Kuch)

Der neue Transit ersetzte nicht nur den Ford FK, sondern auch den britischen Thames-Transporter. Um allen Anforderungen gerecht zu werden, ging der Ford in 46 Modellen an den Start. Einen teil davon zeigt dieses Gruppenbild.
(Foto: © Ford-Werke AG)

Das Ford Westfalia Nugget Plus-Wohmobil erschien 2018 und setzte die beliebte Nugget-Reihe fort.
(Foto: © Ford)

FORD TRANSIT

So rollte das Wirtschaftswunder: Der Vater des VW Transporters entwickelte auch Fords »Eilfrachter« FK 1000. (Foto: © Ford-Werke AG)

Die erste Transit-Generation von 1965 wurde im Prinzip bis 1986 gebaut. Hier ein spätes Wohnmobil von 1981. (Foto: © Ford-Werke AG)

Der Kleinbus Ford Tourneo Custom ist ein Nachfolger des Ford Transit der 6. Generation. (Foto: © Ford)

Dr. Alfred Haesner, der schon für VW den Transporter entwickelt hatte, entwarf bei Ford den schärfsten Konkurrenten zum VW »Bulli«, den »Eilfrachter« (offiziell: FK 1000) mit 1000 Kilo Nutzlast. Beide Konstruktionen kamen auf einen Marktanteil von über 80 Prozent.

Der Eilfrachter machte seinem Namen alle Ehre, weil er mit einer Spitzengeschwindigkeit von bis zu 95 km/h die Konkurrenz klar überholte. Industrie und Handel hatten händeringend so einen schnellen und wendigen Transporter gesucht. Der FK 1000 besaß im Gegensatz zum VW-Transporter einen Frontmotor mit 38 PS und kam mit einer Vielzahl von Aufbauten. Seit 1953 entstanden so Feuerwehren, Krankenwagen, Polizeifahrzeuge, Abschleppwagen und Verkaufsmobile. Es gab ihn als Kasten, Kombi, Achtsitzer-Bus und Pritsche, später auch mit Leistungen bis zu 60 PS. Seine Ladefläche (5,4 m³) übertraf die des Mitbewerbers aus Wolfsburg. Unpraktischer war, dass seine Seitentür nicht wie bei VW zweiflügelig ausgefallen war.

1960 wurde der Eilfrachter umbenannt in »Ford Taunus Transit«, was nichts am umfangreichen Programm änderte: Zwei Taunus Transit 1,2 mit 1000 oder 1250 kg Nutzlast, vier Varianten vom TT 1000/1,5 und fünf TT 1250. Anfang der 1960er Jahre kam noch die Variante Taunus Transit 800 (1,5-I-Motor) sowie der Anderthalbtonner TT 1500 mit 17-M-Motor hinzu. Dieser Taunus Transit hielt sich bis Ende 1965 im Programm. An die Verkaufszahlen des VW Transporters konnte er dennoch nicht heranreichen.

Der Nachfolger »Ford Transit«, gebaut von 1965 an, war im Wesentlichen ein amerikanischer Entwurf und gelangte als Kurzhauber zu den Kunden. Die kurze Haube mit dem Motor vor dem Fahrerhaus, der Einstieg hinter der Vorderachse, ein geräumiger Laderaum, eine gute Zugänglichkeit von hinten – das alles war klar besser gelöst als beim VW Transporter. Nachteilig fielen sein Radaufhängungen auf. Seine Typenvielfalt hingegen war wieder vorbildlich. Grundmodell war der FT 600 (1,2-I-Motor), Topmodell der FT 1750 (1,7-I-Motor) mit langem Radstand. Der Löwenanteil entfiel auf die Typen FT 900 und 1100 mit 1500er-Motor. Die drei V4-Benzinmotoren im deutschen Transit leisteten 45, 60 und 65 PS. Der Transit-Kombi FT 125 war sogar 75 PS stark.

Nach 1,2 Millionen gebauten Exemplaren kam 1978 die Ablösung. Der neue Ford Transit war ein gründlich modernisierter und renovierter Lieferwagen mit neuer Technik und frischer Optik. Wichtigster Schritt auf dem Motorensektor war der Wechsel zum aktuellen Reihenvierzylinder aus dem Pkw-Programm. Allerdings setzte Ford immer noch auf Starrachsen vorne und hinten und ließ eine Servolenkung ebenso vermissen wie eine bessere Bremsanlage. Sieben Modellreihen bedienten die Nutzlasten von 0,8 bis 1,9 Tonnen und deckten jeden erdenklichen Einsatzzweck ab.

1986 entstand endlich ein grundlegend neuer Transit. Sechs Grundmodelle mit drei Radständen und Motoren standen zur Wahl (64 und 78 PS). Alle verfügten nun über eine zeitgemäße vordere Einzelradaufhängung. Die Servolenkung war weiterhin nur bei wenigen Modellen serienmäßig. Auf der Basis des Transit entwickelte Ford zahlreiche Freizeitfahrzeuge und Reisemobile. Die Vielfalt der angebotenen Varianten und Modelle überforderte jedoch mitunter selbst das Verkaufspersonal. Der Erfolg blieb nicht aus: Der Ford Transporter war in deutschen und europäischen Zulassungsstatistiken ganz vorne zu finden.

Den neuen Transit ab 2000 bot Ford sowohl mit Front- als auch mit Heckantrieb an. Als Motoren standen Turbodiesel-Direkteinspritzer der Duratorq DI-Baureihe zur Verfügung mit Leistungen zwischen 75 und 100 PS bei den Frontmotoren sowie 75 bis 120 PS bei den Heckmotoren. Die heckgetriebenen Modelle bedienten Nutzlasten bis 4,25 Tonnen, die frontgetriebenen bis 3 Tonnen. Insgesamt bot Ford werkseitig über 400 Grundvarianten des Ford Transit an, dazu kamen zahlreiche Ausstattungs- und Zubehöroptionen.

MERCEDES-BENZ

Vorkriegs-Sportwagen

Aus der Fülle der von der Daimler Motoren Gesellschaft DMG, der Firma Benz & Cie. und der 1926 daraus hervorgegangenen Firma Daimler-Benz gebauten Fahrzeuge gibt es einige wenige, die schon damals als echte Supersportwagen galten. Die DMG zum Beispiel hatte sich schon kurz nach Ende des Ersten Weltkriegs mit der Leistungssteigerung von Automotoren mittels Kompressoraufladung beschäftigt und entlockte dem neuen 2,6-Liter-Vierzylinder mit V-förmig hängenden Ventilen und obenliegender, via Königswelle betätigter Nockenwelle per Roots-Gebläse respektable 65 PS. Der so motorisierte Wagen hieß Mercedes 10/40/65 PS Sportwagen, wurde 1923/24 insgesamt 360-mal gebaut und lief stramme 120 km/h. Dem 1400 kg schweren Zweisitzer gebührt damit die Ehre, der erste Serien-Pkw mit Kompressoraufladung gewesen zu sein.

Auch Benz & Cie. beschäftigte sich mit dem Bau von Sportwagen, noch in allerbester Erinnerung ist der »Blitzen-Benz« von 1909–1911. Besonders bemerkenswert war der Benz RH Tropfenwagen von 1922, ein Lizenzbau des Rumpler-Tropfenwagens. Die Mannheimer entwickelten daraus einen offenen Rennwagen mit 80 PS starkem Zweiliter-Sechszylinder im Heck, der bis 1923 vier Mal gebaut wurde. Davon abgeleitet entstanden Ende 1924 auch einige zivile Sportversionen mit vier Sitzplätzen.

Zu den berühmtesten Modellen der Vorkriegszeit avancierten die nach der Fusion gebauten Kompressor-Sportwagen S, SS und SSK. Diese waren gleichermaßen Renn- als auch zivile Sportwagen für ambitionierte Herrenfahrer. »S« stand für »Sport« und bescherte dem zivileren 630 K ein neues Fahrgestell mit tieferem Schwerpunkt und eine günstigere Motor-Einbaulage. Dadurch verbesserte sich die Gewichtsverteilung. Erster S-Typ war der wegen seines Hubraums auch 680 S genannte Mercedes S von 1927 mit 6,8-Liter-Sechszylinder und Doppelzündung mit zwei Zündkerzen pro Zylinder, gefolgt vom 1928 erschienenen 710 SS mit auf 7,1 Liter aufgebohrtem Motor. »SS« stand für Super-Sport, und dieser Name war Programm. Dank höherer Verdichtung und anderer motorischer Maßnahmen (bis hin zur besseren Schwingungsdämpfung der Kurbelwelle) waren zwischen 140 und 160 PS im Normalfahrbetrieb drin. Schaltete man per Fußkick den Kompressor zu – was aber nur für einige Sekunden empfohlen wurde, um den Motor nicht zu überlasten –, waren 200 PS erreichbar. Auf besonderen Wunsch bekam man den SS mit einem leistungsgesteigerten, höher verdichteten Motor. 225 PS waren kurzzeitig abrufbar, die Bremsleistung indes stand nicht annähernd im Verhältnis zum ungestümen Vorwärtsdrang.

Vollends zur Legende wurden die Sportcabriolets durch den vom 710 SS abgeleiteten (und nur 29 Mal ausgelieferten) 720 SSK – das »K« wiederum stand für den »kurzen« Radstand von 2950 m statt der üblichen 3400 mm. Damit war der SSK nicht nur kürzer, sondern auch um gut 100 kg leichter. Die Motoren stammten im Wesentlichen vom 710 SS – sie leisteten maximal 200, 225 oder gar 250 PS. Ausschließlich für den Motorsport gebaut wurden 1931 vier gewichtsreduzierte SSKL-Rennwagen, die bis zu 300 PS leisteten.

Ohne rennsportliche Ambitionen, aber ungemein sportlich wirkten die atemberaubend schönen Spezial-Roadster auf Basis des 500 K und 540 K. Von den bis 1936 geschaffenen 343 Exemplaren der Baureihe 500 K waren ganze 25 derart gezeichnete Roadster, geschaffen im hauseigenen Karosseriewerk Sindelfingen. »K« stand nun nicht mehr für »Kurz«, sondern für »Kompressor«. Der 500 K brachte bis zu 160 PS, seine Nachfolge traten die 540-K-Modelle an, deren spektakulärster Vertreter der nur ein halbes Dutzend Mal gebaute Autobahn-Kurier war, der bis Februar 1937 gebaut wurde.

SSK und SSKL wurden zwischen 1928 und 1932 insgesamt 33-mal gebaut. Dies ist ein SSK von 1929 beim Tracktest 2010. (Foto: © Daimler AG)

Wahrhaft ein Traumwagen: Mercedes-Benz 500 K Spezial-Roadster aus dem Jahr 1936.
(Foto: © Daimler AG)

Der 540 K Stromlinienwagen, 1938 fertiggestellt, diente bei Dunlop zu Reifenversuchen. Der nach Originalplänen restaurierte Wagen erstrahlte 2014 wieder in neuem Glanz.
(Foto: © Daimler AG)

Mercedes SSK und 710 SS Rennsport bei den Mercedes-Benz Classic Days 2008 in Großbritannien.
(Foto: © Daimler AG)

Dieser Kompressor-SSK kam 2012 beim Großglockner-Grand-Prix zum Einsatz.
(Foto: © Daimler AG)

Messing in Bestform: Der Mercedes-Simplex 40 PS galt seinerzeit als Supersportwagen. Hier sitzt Rennlegende Jochen Mass am Steuer des 1902 gebauten Wagens.
(Foto: © Daimler AG)

Der 300 SL Roadster war in erster Linie für den US-Markt gedacht. Hier posiert er vor einer F-86D der 440. FIS auf in Erding. (Foto: © Daimler AG)

Der 300 S der Baureihe W 198 (links im Bild) basierte auf dem 300 SL Rennsportwagen W 194 von 1952, von dem hier rechts zwei Exemplare zu sehen sind. Das Bild entstand bei der Le Mans Classic 2012, 60 Jahre, nachdem Mercedes mit zwei 300-SL-Rennsportwagen in Le Mans einen Doppelsieg eingefahren hatte. (Foto: © Daimler AG)

Der zum Roadster umgebaute 300 SL der Baureihe W 198 II: ohne Flügeltüren, gebaut von 1957 bis 1963. (Foto: © Daimler AG)

DIE SL-FAMILIEN
BAUREIHE W 198

Die Entscheidung für den Serienbau des 300 SL fiel nach einer Anregung des US-Importeurs Maxie Hoffman: Er, der BMW wie auch Porsche vertrieb, forderte die Stuttgarter auf, endlich einen Supersportwagen anzubieten. Dieser debütierte 1954 zu einem Preis von 29.000 Mark – und verkaufte sich vor allem in den USA unter dem Spitznamen »Gullwing« (Mövenflügel) wesentlich besser als der BMW 507. Zum Markenzeichen des rund 1400-mal gebauten Sportcoupés wurden die nach oben öffnenden Türen, die kein Designgag, sondern technische Notwendigkeit waren: Die von Karl Wilfert und Friedrich Geiger geformte Stahlblech-Karosserie – es gab auch einige wenige Alu-Ausführungen – war eine Weiterentwicklung des nur für Rennzwecke gebauten 300 SL (W 194) von 1952 und basierte auf einem rund 50 Kilo leichten Gitterrohrrahmen. Das kniehohe Rohrgeflecht ließ keinen Platz, um konventionell öffnende Türen anzuschlagen, daher wurden die Scharniere ins Dach verlegt. Das Fahrwerk selbst stammt im Wesentlichen von der 300er-Limousine. Für Vortrieb sorgte ein Sechszylinder-Reihenmotor, die Kraftstoffversorgung übernahm eine Benzin-Direkteinspritzung von Bosch. 215 PS waren ein atemberaubender Wert angesichts des niedrigen Gewichts, bei entsprechender Hinterachsübersetzung waren 250 km/h und mehr möglich. Gebaut zwischen 1954 und 1957, folgte dann 1958 die schwäbische Antwort auf den atemberaubenden BMW 507, auch der ein Wunsch des rührigen US-Importeurs (der Import erfolgte inzwischen nicht mehr über Hoffman, sondern über das Studebaker-Netz). Der Umbau vom Flügeltürer zum Roadster erforderte weit mehr als den klugen Einsatz einer Trennscheibe, der 300 SL Roadster (Baureihe W 198 II) war nicht bloß ein »Gull« ohne »wing«: Der geänderte Aufbau mit konventionell öffnenden Türen erforderte ein neues Karosseriegerüst, wiewohl es bei dem separaten Rahmen blieb. Beibehalten wurde auch der Sechszylinder-Motor mit Benzin-Direkteinspritzer und Trockensumpfschmierung, die Leistungsausbeute fiel allerdings etwas geringer aus als beim geschlossenen Bruder. Am Ende der 300-SL-Laufzeit kam noch kurzfristig eine Leichtmetallausführung des Motors zum Einsatz. Novitäten waren die neue Eingelenk-Pendelachse sowie die ab 1961 verfügbaren Dunlop-Scheibenbremsen. Der Roadster kostete 32.500 Mark und wurde in insgesamt 1858 Exemplaren verkauft. Nach seinem Produktionsende hatte Daimler-Benz für Jahrzehnte keinen Supersportwagen mehr im Angebot.

Die Flügeltüren des Mercedes-Benz 300 SL sind ein einzigartiger Blickfang. (Foto: © Daimler AG)

MERCEDES-BENZ

BAUREIHE R/C 107

18 Jahre sollte dieses Auto im Programm bleiben – und wurde völlig zu Recht nie als Sportwagen vermarktet, eher als leistungsstarker Luxus-Zweisitzer. Doppelquerlenker-Vorderachse, Schräglenker-Pendelhinterachse, 70er-Reifen, Vierspeichen-Sicherheitslenkrad, profilierte Rückleuchten – all das teilte sich der neue SL mit der seinerzeit aktuellen S-Klasse (W 116).

Zunächst debütierte 1971 der 350 SL mit 3,5-Liter-Achtzylinder und 200 PS. Das auch in den Limousinen der Baureihen W 108, W 109 und W 111 verwendete Aggregat beschleunigte den immerhin 1600 Kilogramm schweren Zweisitzer von null auf 100 km/h in 9 Sekunden, die Höchstgeschwindigkeit lag bei 210 km/h. 1973 folgte der bislang nur in den USA angebotene 450 SL in der Europa-Ausführung mit 225 PS und einer Spitze von 215 km/h. Er absolvierte den Standardsprint von null auf 100 km/h in 8,8 Sekunden. Im Juli 1974 schließlich folgte als Einstiegsmotorisierung der 280 SL mit dem 2,8-Liter-Sechszylinder der »Strich-Acht«-Baureihe W 114/115 mit 185 PS. Die Höchstgeschwindigkeit betrug 205 km/h, der Standardsprint war in 10,1 Sekunden abgehakt.

Im Jahr 1980 ersetzte der 380 SL (218 PS, 215 km/h) den bisherigen 350er, gleichzeitig wich der 450er dem neuen 500 SL mit Fünfliter-Leichtmetall-V8 und 241 PS. Das neue Spitzenmodell beschleunigte in 7,8 Sekunden und lief 225 km/h. Beim 500er serienmäßig war eine Vierstufenautomatik. Der Verkaufspreis des 500ers in Deutschland startete bei 61.900 Mark und lag damit um fast 17.000 Mark über dem Basis-280er. Außerdem gab es Feinarbeit an Technik und Interieur, wobei die Technik wo immer möglich der S-Klasse (W 126) angeglichen wurde. In dieser Form liefen die Autos dann zunächst bis zum Facelift von 1985 – äußerlich kaum voneinander zu unterscheiden, nur der 500er hatte eine kleine, dezente Spoilerlippe am Heck.

Nach der umfassenden Modellpflege zur IAA 1985 umfasste die Modellreihe die Typen 300 SL, 420 SL, 500 SL sowie 560 SL, jeweils in zwei Leistungsstufen mit Abgaskatalysator und etwas geringerer Leistung sowie als sogenannte RÜF-Version (Rückrüstfahrzeug) ohne Katalysator zu haben. Das Leistungsspektrum der Kat-Modelle reichte von 180 bis 231 PS, die RÜF-SL brachten zwischen 190 und 245 PS auf die Straße. Die Produktion der Baureihe R 107 endet im August 1989 nach insgesamt 237.287 Stück.

Längst nicht so erfolgreich agierte die Coupé-Baureihe mit dem Kürzel »C 107«. Der SL mit vier Sitzen und 36 cm längerem Radstand erschien ein halbes Jahr nach dem Debüt des 350 SL und war bis zur A-Säule mit dem Roadster identisch, auch die Technik entsprach der des Zweisitzers. Bis 1980 wurde den jeweiligen offenen SL eine entsprechende SLC-Variante zur Seite gestellt, nach der Modellpflege 1980 wurden aber nur noch der 380er mit dem Leichtmetall-Triebwerk als Nachfolger des bisherigen 350 und der 500 SLC weitergebaut. Allerdings endete auch deren Fertigung bereits im Jahr darauf. Es waren 62.888 Exemplare entstanden – darunter knapp 3000 Einheiten des Spitzenmodells 450 SLC 5.0 (241 PS, 225 km/h), der im September 1977 vorgestellt worden war. Motor- und Kofferraumhaube diese Flaggschiffs der Modellreihe bestanden aus Aluminium, zudem hatte es serienmäßig Leichtmetallfelgen und einen Spoiler am Heck. Damit bestritten die Stuttgarter zwischen 1978 und 1980 einige Rallye-Veranstaltungen, wobei die Langstreckenwettbewerbe den schweren Coupés besonders lagen.

Mercedes-Benz 350 SL der Baureihe R 107 auf der Einfahrbahn in Untertürkheim.
(Foto: © Schwab / Slg. Kuch)

Der 3,5-Liter-Achtzylinder des 350 SL werkelte auch in den Limousinen der Baureihen W 108, W 109 und W 111.
(Foto: © Daimler AG)

Das Spitzenmodell Mercedes-Benz 560 SL nach der umfassenden Modellpflege von 1985.
(Foto: © Daimler AG)

Mercedes-Benz 350 SL der ersten Serie.
(Foto: © Daimler AG)

Der Mercedes-Benz 500 SL Rallye (R 107) wurde für die Saison 1981 aufgebaut, kam aber nicht zum Einsatz. Dieses Foto entstand 2012 am Ascari Racetrack, Spanien. Am Steuer sitzt Jochen Mass.
(Foto: © Daimler AG)

Die Hauptbauteile des innovativen Wankelmotors in Nahaufnahme: Mantel und Kreiskolben. (Foto: © Audi AG)

Der Ro 80 setzte von Anfang an kompromisslos auf den Wankelmotor. (Foto: © Audi AG)

Der Wankel-Spyder erschien 1963 als erstes Auto weltweit mit Wankelmotor. (Foto: © Audi AG)

Die Serienproduktion des Ro 80 startete im Oktober 1967 und endete zehn Jahre später. (Foto: © Audi AG)

1967 brachten die »NSU-Motorenwerke« mit dem technisch innovativen, richtungsweisenden und ungewöhnlich gestylten Ro 80 (Ro = Rotationskolben, 80 = Typenbezeichnung) ihre erste hochpreisige und mit Vorderradantrieb und Wankelmotor ausgestattete Limousine auf den Markt, die prompt für Aufsehen sorgte und als erster deutscher Wagen zum »Auto des Jahres« gewählt wurde.

Fünf Jahre Entwicklungszeit steckten in dem Fahrzeug. Ziel war es, den ersten richtigen Wankel-Wagen zu bauen. Dabei waren die Ingenieure durch keinerlei Vorschriften oder Rücksichtnahmen auf Traditionen in ihren Entwicklungsarbeiten eingeschränkt. Das Ergebnis sollte ein modernes, in die Zukunft weisendes Fahrzeug sein. Dass der Ro 80 den NSU-Wankel-Kreiskolbenmotor bekommen würde, war von Anfang an gesetzt. Auch das Äußere sollte sich vom Bisherigen abheben, und so entwarf Claus Luthe, Leiter des NSU-Design-Studios, die neue aerodynamische Karosserielinie, die ohne überflüssigen Schnickschnack auskommen sollte. Tatsächlich wies der Ro 80 einen sehr günstigen Luftwiderstandsbeiwert auf.

Ein besonderes Highlight war die fantastische Straßenlage des Autos. Hier konnten die NSU-Ingenieure ihre Erfahrungen aus dem Sport- und Rennfahrzeugbereich einfließen lassen. Dies hatte der Ro 80 der teuren Ausführung seiner Radführungs- und Federelemente zu verdanken. Zu dieser guten Straßenlage trug die Zahnstangenlenkung bei, die NSU verbaute. Auch bei den Bremsen setzte NSU auf das Beste und spendierte dem Ro 80 vier Scheibenbremsen.

Der Wankelmotor wurde vorne im Auto untergebracht, trieb die Vorderräder an und leistete 115 PS, wobei seine Reserven noch nicht einmal aufgebraucht waren. Man hätte noch mehr PS aus ihm herauskitzeln können, doch NSU war Sicherheit wichtiger als Geschwindigkeitsrekorde. Dank seiner aerodynamischen Karosserie ermöglichte dies dem Fahrzeug eine Höchstgeschwindigkeit von 180 km/h. Im Gegensatz zu anderen Motoren war der Wankelmotor sehr geräuscharm; je schneller gefahren wurde, um so ruhiger lief er. Serienmäßig besaß der Ro 80 eine Getriebeautomatik, die drei Fahrbereiche zur Verfügung stellte und bei der wahlweise auch von Hand geschaltet werden konnte.

Der NSU Ro 80 wurde im In- und Ausland enthusiastisch aufgenommen und mit Preisen eingedeckt. Zudem hatte er viele Verträge von weltweiten Lizenznehmern mit NSU zur Folge.

Der Ro 80 wurde von 1967 bis 1977 hergestellt. Dann wurde seine Produktion eingestellt. Schon bei den ersten Serienfahrzeugen war es wegen eines Konstruktionsfehlers zu Motorschäden gekommen. Doch auch danach führten Eigenarten seiner Konstruktion zu Problemen mit dem Motor, was nicht ohne Einfluss auf den Ruf des Fahrzeugs und seines Motors blieb. Letztlich wurden nicht mehr als um die 37.000 Exemplare des Autos gebaut. Der letzte in Serie hergestellte Ro 80 wurde dem Deutschen Museum gespendet.

Der Ro 80 wartete mit einem 115-PS-Zweiläufer-Kreiskolben-Wankelmotor auf, war frontgetrieben und wassergekühlt. (Foto: © Audi AG)

OPEL GT

»Nur Fliegen ist schöner« – dieser Slogan ist in die Werbegeschichte eingegangen. Auch der Beworbene ist zu einem Klassiker geworden: Im November 1968 rollte der erste Opel GT vom Band. Begonnen hatte die Karriere des ungewöhnlichsten Opel seit den Tagen des Vorkriegs-Raketenwagens indes bereits 1965 auf der IAA in Frankfurt: Dort präsentierten die Rüsselsheimer, noch ein wenig verschämt, ihren »Experimental-GT«. Die Konzeptstudie eines Zweisitzers mit flachem Bug und Klappscheinwerfern, bauchigen Kotflügeln und scharfer Abrisskante am Heck erinnerte ein wenig an die amerikanische Sportwagen-Ikone, den Chevrolet Corvette, und kam so gut an, dass GM grünes Licht für die Umsetzung in die Großserie gab. Die technische Basis stellte der Kadett B, die Hinterachse an Schraubenfedern war neu.

Aus Kapazitätsgründen übernahmen die französischen Karosseriebauer Chausson und Brissoneau & Lotz die Press- und Schweißarbeiten der Blechteile sowie Lackierung und Innenausstattung; die Bochumer Belegschaft montierte Fahrwerk und Motor. Letztere stammten wiederum aus dem Kadett-Ersatzteilregal. Basis-Motorisierung bildete der 1,1-Liter-Vierzylinder mit 60 PS, darüber angesiedelt war das 90 PS starke 1,9-Liter-Aggregat, das der sportlichen Optik entsprechende Fahrleistungen versprach. Der GT 1900 hatte eine Höchstgeschwindigkeit von 185 km/h und beschleunigte von 0 auf 100 in 10,8 Sekunden. Serienmäßig gelangte die Motorkraft über ein manuelles Viergang-Getriebe zur Hinterachse. Die optionale Dreigang-Automatik war vor allem in Übersee beliebt, GM bot den GT auch in den USA an. Der Einstiegspreis für den überraschend kompromisslosen Opel lag bei 10.767 Mark, der GT war allerdings im Ausland weit beliebter als hierzulande. Noch nicht einmal ein Fünftel der 103.463 gebauten Fahrzeuge blieb in Deutschland. Die Produktion endete im Juli 1973. Zu diesem Zeitpunkt wurde auch der Organspender Opel Kadett B vom Band genommen.

Der Opel GT ging, obwohl ursprünglich angeblich nicht geplant, 1968 in Serie.
(Foto: © GM Corp.)

Der Opel GT/J erschien im Jahr 1971. J stand für Junior. Die einzigen Unterschiede zum normalen GT bestanden in einer matt-schwarzen Ausführung aller ursprünglich verchromten Teile.
(Bild: © GM Corp.)

Auf einem Bild versammelt: Verschiedene Ausführungen des Opel GT.

(Foto: © GM Corp.)

War ab Herbst 1973 zu haben: Die GT/E-Version des Opel Manta A.

(Foto: © GM Corp.)

Mit dem Opel Ascona A besaß Opel ein erfolgreiches Rallye-Fahrzeug.

(Foto: © GM Corp.)

Manta A / Ascona A

Der 25. September 1970 war »Der Tag, an dem der Manta kommt«: Das sportliche Coupé, dessen Flügelrochen-Emblem nach Fotos des Meeresforschers Jacques Costeau entworfen wurde, verstand sich als Alternative für Individualisten, als Auto im Stil der populären Pony Cars aus den USA. Während aber der Ford Capri auf einer eigenständigen Plattform aufbaute, teilte sich der Manta Technik und Bodengruppe mit der einen Monat später vorgestellten Ascona-Reihe. Hier wie da kamen viele bewährte Komponenten aus Opels Technik-Baukasten zum Einsatz, insbesondere solche von Kadett und Rekord.

Damals noch durchaus üblich war die Kombination aus Einzelradaufhängung und Schraubenfedern vorn und starrer Hinterachse an Längslenkern mit Panhardstab. Das Topmodell der Baureihe, der Manta GT/E, feierte im Herbst 1973 seine Premiere auf der IAA in Frankfurt. Sein Vierzylinder-1,9-Liter-Einspritzmotor mit Bosch LE-Jetronic leistete 105 PS. Typisch für jene Zeit war der Verzicht auf jedweden Chromzierrat. Bis zur Ablösung durch den Manta B wurden 498.553 Manta A gebaut., vom Ascona A waren es 691.438 Einheiten.

Angeboten wurde der Ascona A als zwei- und viertürige Limousine in Normal- und Luxus-Ausführung mit zuerst nur einem 1,6-Liter-Vierzylinder und zunächst maximal 80 PS. Zur sportlichsten Serienausführung avancierte der zum Genfer Salon 1971 gezeigte Ascona SR mit 1,9-Liter-Aggregat und 90 PS, der dem Ascona frühen Rallye-Ruhm einbrachte: Mit dem auf über 200 PS getrimmten Askona A siegten Walter Röhrl und Jochen Berger 1974 bei sechs von acht Läufen und gewannen überlegen die Rallye-Europameisterschaft und 1975 mit der Rallye Akropolis den ersten Rallye-WM-Lauf für Opel überhaupt.

Manta B / Ascona B

Zum Modelljahr 1976 ersetzte Opel sein Erfolgsgespann Manta/Ascona durch eine neue Modellreihe, die sich zwar weniger technisch, dafür aber optisch von den Vorgängern unterschied. Die Motorenpalette reichte vom überforderten 1,2-Liter mit 60 PS bis zum Zweiliter-Einspritzer mit 110 PS. Sowohl vom Manta B als auch vom Ascona B gab es allerdings überaus heiße Ausführungen für den Motorsport. So gewannen mit dem Ascona B 400 Walter Röhrl und Jochen Berger 1982 erstmals die Rallye-WM für die Marke mit dem Blitz.

Irmscher war auch maßgeblich beteiligt am Manta 400. Das Herzstück bildete ein 2,4-Liter-Motor mit Querstromzylinderkopf mit 16 Ventilen und zwei obenliegenden Nockenwellen; die Kurbelwelle verfügte über acht Ausgleichsgewichte. Der mit einer Bosch-LE-Jetronic-Einspritzanlage ausgerüstete Vierzylinder leistete 144 PS. 1983 gab der Manta 400 sein Motorsport-Debüt bei der Korsika-Rallye. Erwin Weber und Copilot Gunter Wanger wurden auf Anhieb Deutscher Meister in der Gruppe A für seriennahe Fahrzeuge, in der über 250 PS starken Wettbewerbsvariante gewannen die Belgier Guy Colsoul und Alain Lopes 1984 bei der Rallye Paris–Dakar die Wertung ihrer Klasse. Bei seinem letzten Werkseinsatz, der Rallye Hongkong–Peking 1985, erzielte der Manta 400 nochmals einen Podiumsplatz.

Von 1981 bis 1984 baute Opel unter Beteiligung von Irmscher den Manta 400.
(Foto: © GM Corp.)

Auch ohne Rallye im Namen ersetzte ab 1973 der Opel Kadett C seinen Vorgänger im Motorsportbereich.
(Foto: © GM Corp.)

Walter Röhrl und Christian Geistdörfer gewannen mit dem Ascona B 400 im Jahr 1982 die Rallye-Weltmeisterschaft.
(Foto: © GM Corp.)

PORSCHE

356 B, 356 C

Zu Beginn des Modelljahrs 1960 wurde im Herbst 1959 der 356 B auf der IAA in Frankfurt vorgestellt. Die Karosserien für die Coupé- und die Cabriolet-Version des völlig überarbeiteten und intern als T 5 (Technisches Programm V) bezeichneten 356 wurden bei Reutter in Stuttgart gefertigt. Alle B-Modelle unterschieden sich von ihren Vorgängern unter anderem durch höher positionierte Stoßfänger und Scheinwerfer. Als Motoren standen zunächst die 1,6-Liter-Varianten mit 60 PS und der 1600 S mit 75 PS zur Verfügung. Spitzenmodell war der 1600 GS Carrera GT mit 115 PS, damit erreichte der Porsche die magische 200-km/h-Marke. Außerdem war der Carrera der erste 356 mit 12-Volt-Elektrik, und wer mochte, konnte ihn auch mit Scheibenbremsen haben. Um Gewicht zu sparen, bestanden Türen und Hauben aus Leichtmetall, für Heck- und Seitenscheiben wurde Plexiglas verwendet, und die Stoßstangenhörner schenkte man sich gleich ganz. Noch leichter war die 21-mal gebaute GTL-Variante (L für Leicht) für das Modelljahr 1960: Das Wettbewerbsmodell mit Aluminium-Karosserie von Abarth erreichte bereits ohne weitere Tuningmaßnahmen erstaunliche Fahrleistungen. Mit Sportauspuff leistete der Motor 128, mit Sebring-Auspuff sogar 135 PS. In der stärksten Variante war der GTL dann über 220 km/h schnell, für den Spurt von 0 auf 100 km/h brauchte er lediglich 8,8 Sekunden.

Im Frühjahr 1962 erschien der Carrera in Neuauflage mit auf 1996 cm³ vergrößertem Hubraum und 130 PS auf dem Markt, was zur Modellbezeichnung »Carrera 2« führte; Fahrwerk, Karosserie und Ausstattung waren ansonsten gleich geblieben. Auch die Leichtbau-Variante GS-GT kam in den Genuss des Zweiliter-Motors, es gab ihn mit 140 oder, bestückt mit einer Sport-Auspuffanlage, 155 PS. Von den anderen 356ern unterscheiden ließ sich der Carrera 2 vor allem durch das Fehlen der Stoßstangehörner und eine Motorhaube mit zwei Lüftungsgittern. Nur die allerersten Carrera 2 wurden noch mit Trommelbremsen ausgeliefert, ab April 1962 wurden Scheibenbremsen eingebaut.

Der 356 C vom Herbst 1963 – nur noch als Coupé und Cabriolet angeboten – unterschied sich von der B-Version durch das neue Rad-Design mit flacheren Radkappen. Und auch die Typenbezeichnungen auf der Motorhaube waren neu: Hier stand das schlichte C jetzt für den noch elastischer gewordenen 75-PS-Motor mit 1,6 Liter, das SC für den in der Leistung nochmals um 5 auf 95 PS angehobenen Motor. Das Fahrwerk der C-Modelle war neu abgestimmt worden, wie schon vom Carrera 2 wurden auch von den C-Modellen nur die allerersten noch mit Trommelbremsen ausgeliefert, schon kurz nach der Markteinführung wurden Scheibenbremsen von ATE verbaut. Dem 356 C Carrera 2 war im Porsche-Modellprogramm nur eine kurze Lebensdauer beschieden. Schon im Modelljahr 1965 wurde der Platz, den der Carrera 2 leistungsmäßig hier ausgefüllt hatte, vom neuen (und zudem preiswerteren) Modell 901 eingenommen, das dann bald 911 heißen sollte.

Porsche 356 B Super 90 Cabriolet. (Foto: Rundvald, © PD)

Beim Porsche 356 B 1600 Hardtop-Cabrio von 1960 war das Hardtop fest mit der Karosserie verschweißt. (Foto © Dr. Ing. h.c. F. Porsche AG)

Porsche 356 B Nahaufnahme des Blinkers. (Foto: © Dietmar Rabich / Wikimedia Commons / Dülmen, Oldtimertreffen, 2004, CC BY-SA 4.0)

Porsche 356 A Carrera Coupé.

(Foto: © Dr. Ing. h.c. F. Porsche AG)

Porsche 356 C Coupé von 1964.

(Foto: © Dr. Ing. h.c. F. Porsche AG)

Der Porsche 911 S kam 1967 auf den Markt und verfügte über seinerzeit sagenhafte 160 PS. (Foto: © Dr. Ing. h.c. F. Porsche AG)

Porsche 911 S 2.0 Targa aus dem Jahr 1969.(Foto: © Dr. Ing. h.c. F. Porsche AG)

Geburt einer Legende: Porsche 901 von 1963. Unter der Bezeichnung 901 wurden gerade einmal 82 Fahrzeuge in Serie gebaut, bevor das Modell seinen endgültigen Namen erhielt: Porsche 911. (Foto: © Dr. Ing. h.c. F. Porsche AG)

911

Das Auto, das einmal als »911« zum Inbegriff eines Sportwagens werden sollte, wurde erstmals 1963 als 901 auf der IAA präsentiert. Auf dem Papier waren die Unterschiede zum Vorgänger-Typ 356 gar nicht so groß, in der Realität dagegen gewaltig. Beim luftgekühlten Boxermotor im Heck handelte es sich um eine komplette Neukonstruktion mit nunmehr sechs Zylindern. Der 130 PS starke Motor besaß zwei obenliegende Nockenwellen und eine achtfach gelagerte Kurbelwelle. Ausgeliefert wurde der 911 zunächst ausschließlich mit einem Fünfgang-Getriebe, ab Modelljahr 1968 gab es den nunmehrigen 911 L optional auch mit Halbautomatik. Von Anfang an mit eingeplant war auch eine offene Variante, die dann zur IAA 1965 gezeigt wurde. Die Variante hieß 911 Targa, war ab dem Modelljahr 1967 zu haben und sollte mit ihrem Namen zum einen an die Targa Florio erinnern, zum anderen als italienische Bezeichnung für das deutsche Wort »Schild« die Schutzfunktion des Überrollbügels verdeutlichen.

Das Dachmittelteil des Targa ließ sich herausnehmen und im Kofferraum verstauen, die Heckscheibe aus Kunststoff konnte weggeklappt werden. Im gleichen Modelljahr – 1967 – erschien der Porsche 911 S mit 160 PS und einer Höchstgeschwindigkeit von 225 km/h; er hatte innenbelüftete Scheibenbremsen rundum. Ein Jahr später folgte ein neues Basis-Modell namens 911 T mit 110 PS und Viergang-Handschaltung. Noch ein Jahr später erfolgte die Umstellung auf eine Bosch-Einspritzpumpe, außerdem wurde der Radstand um 57 mm verlängert, was das Fahrverhalten spürbar verbesserte. Für 1970 gab es größere Motoren mit 2,2 Litern Hubraum, das Leistungsspektrum reichte von 125 über 155 bis 180 PS im 911 S. 1972 erfolgte ein weitere Hubraumvergrößerung auf 2,4 Liter, für Furore indes sorgte der auf dem Pariser Automobilsalon als Basis-Fahrzeug für den Motorsport vorgestellte Porsche 911 Carrera RS 2.7. Der leistungsgesteigerte Sechszylinder-Boxer mit 210 PS beschleunigte den gewichtsreduzierten Hochleistungssportwagen in nur 6,3 Sekunden auf 100 km/h. Eine Höchstgeschwindigkeit von über 240 km/h machte ihn zum seinerzeit schnellsten deutschen Serienautomobil. Front- und Heckspoiler – letzterer »Entenbürzel« genannt – sorgten in Verbindung mit den hinteren Kotflügelverbreiterungen für die entsprechende Fahrstabilität. Der Carrera RS war der erste Porsche, der hinten breitere Felgen hatte als vorn. In der leichtesten Version für den Kundensport war sein Gewicht nochmals deutlich auf 960 kg reduziert worden, der Wert für die Beschleunigung auf 100 km/h lag dann bei stolzen 5,8 Sekunden. Im Modelljahr 1974 entstand in einer Kleinserie der 911 Carrera RS 3.0.

Porsche 911 T 2.0, Modelljahr 1969.   (Foto: © Dr. Ing. h.c. F. Porsche AG)

Ein weiteres bedeutendes Kapitel in der Erfolgsgeschichte des 911 schrieb Porsche mit dem 911 Turbo, der erstmals 1975 angeboten wurde. (Foto © Schwab/Slg. Kuch)

PORSCHE

959, Carrera GT und 918

Den 959 mit den Genen des 911 SC hatte Porsche zunächst für den Rallyesport entwickelt. Er entsprach weitgehend dem Gruppe-B-Reglement, hatte einen elektronisch gesteuerten variablen Allradantrieb und markierte die Spitze des seinerzeit technisch Machbaren. Diesen Supersportwagen bot Porsche in den Modelljahren 1987 und 1988 auch in einer straßenzulassungsfähigen Ausführung an. Seine Karosserie war nicht nur besonders leicht und windschlüpfrig, sondern erzeugte auch selbst bei hoher Geschwindigkeit kaum Auftrieb. Das Fahrwerk verfügte über eine einstellbare und geschwindigkeitsabhängige Stoßdämpferregelung. Serienmäßig hatte der 959 eine Niveauregulierung an Bord, ein spezielles ABS steuerte im Bedarfsfall jedes Rad einzeln an. Der Sechszylinder-Boxer im Heck besaß wassergekühlte Zylinderköpfe und war mit zwei Turboladern bestückt, aus knapp 2,9 Litern Hubraum schöpfte er so 450 PS, die den allradgetriebenen Supersportwagen in nur 3,7 Sekunden auf Tempo 100 katapultierten. Die Spitze lag bei rund 315 km/h. Der Technologieträger kostete 420.000 Mark und wurde 292 Mal gebaut, 1992 folgte noch einmal eine Sonderserie von acht Exemplaren.

In die Kategorie der Supersportwagen gehörte auch der Carrera GT, Porsches Antwort auf den von Mercedes-Benz angekündigten SLR. Zu sehen war er erstmals auf dem Pariser Autosalon des Jahres 2000, wobei schon damals die Produktion einer Kleinserie für das Jahr 2003 angekündigt wurde. So kam es dann auch, der offene Zweisitzer versuchte den Spagat zwischen reinrassigem Rennfahrzeug und größtmöglicher Alltagstauglichkeit – was erklärt, warum hier Extras wie Navi, Klima oder Soundanlage serienmäßig mit an Bord waren. Sein vor der Hinterachse installierter V10-Saugmotor war direkt von einem für Le Mans konstruierten Aggregat abgeleitet worden und schöpfte aus 5,7 Litern Hubraum 612 PS sowie ein maximales Drehmoment von 590 Nm. Dank konsequenter Leichtbauweise erwuchsen daraus überragende Fahrleistungen. Der Carrera GT war das weltweit erste Fahrzeug, das serienmäßig mit einer Keramik-Kupplung (PCCC) ausgestattet war. Ebenfalls aus Keramik waren die Scheiben der weiterentwickelten Bremsanlage PCCB. Ohne Abstriche auf Dynamik ausgelegt war auch das Fahrwerk, ein Rennchassis mit Pushrod-Feder-Dämpfer-Einheiten, die Fahrzeugabstimmung nahm Walter Röhrl vor. Der Carrera GT kostete neu in Deutschland 452.400 Euro; alles in allem entstanden bis zur Produktionseinstellung im Mai 2006 1282 Fahrzeuge.

Auf diese Stückzahl muss es der Porsche 918 erst noch bringen. Der Mittelmotor-Sportler mit Hybridantrieb stand als Spyder im März 2010 auf dem Genfer Automobilsalon, die Markteinführung erfolgte Ende 2013. Der Grundpreis lag bei 768.026 Euro. Davon abgeleitet wurde der 918 RSR, ein Rennwagen mit Antriebstechnik aus dem Porsche 997 GT3 R Hybrid. Die Studie wurde 2011 in Nordamerika gezeigt.

War ursprünglich für den Rennsport gedacht: Porsche 959.
(Foto: © Dr. Ing. h.c. F. Porsche AG)

Porsche 959 Paris-Dakar. 1986 gewann der »Über-911« die bisher schwerste Rallye »Paris-Dakar« über eine Distanz von 13.800 Kilometer. 1986 gewann der Porsche 959 die bisher schwerste »Paris-Dakar«; die Rallye führte über eine Distanz von 13.800 Kilometern. (Foto: © Dr. Ing. h.c. F. Porsche AG)

Der Porsche Carrera GT wagte den Spagat zwischen Renn- und Straßenfahrzeug.
(Foto: © Dr. Ing. h.c. F. Porsche AG)

Zwei Elektromotoren sowie ein 612 PS starker V8-Motor treiben den Porsche 918 Spyder an.
(Foto: © Dr. Ing. h.c. F. Porsche AG)

Ganz auf Rennsport eingestellt: Porsche 918 RSR, eine ebenfalls mit Hybridantrieb ausgestattete Studie, die Porsche auf der Detroit Motorshow 2011 präsentierte.
(Foto: © Dr. Ing. h.c. F. Porsche AG)

Der VW Käfer »Herbie« machte erfolgreich Karriere in einer Reihe von Hollywood-Kinofilmen seit den End-Sechzigern. (Foto: © VW AG)

Der Karosseriehersteller Karmann fertigte von 1949 bis 1980 für Volkswagen den VW Käfer Cabrio. (Foto: © VW AG)

VW KÄFER

Den Käfer gab es zunächst als Standard- und als Export-Limousine, die sich durch die Ausstattung, nicht aber in Fahrverhalten und -leistungen unterschieden. Der Standard-Käfer kostete nach der Währungsreform 1948 5300 D-Mark. 8184 Volkswagen wurden in diesem Jahr ausgeliefert, nahezu ausschließlich für die Behörden bestimmt. Der Export-Käfer war ab Mitte 1949 für 5450 Mark erhältlich. Erst der Volkswagen-Jahrgang 1953 unterschied sich von seinen Vorgängern. Am 10. März 1953 rollte der Typ 1 ohne Mittelsteg im Heckfenster vom Band. Der Brezelkäfer gehörte nunmehr der Vergangenheit an. Das neue Fenster sah moderner aus und bot eine um 23 Prozent angewachsene Fensterfläche. Bei unverändertem Hub ergab sich bei erhöhter Zylinderbohrung nun ein Hubraum von 1192 Kubikzentimeter. Zusammen mit der auf 6,1 erhöhten Verdichtung mobilisierte der Wolfsburger Dauerläufer statt der bisherigen 25 nun 30 PS, die Spitzengeschwindigkeit stieg von 102 auf 110 km/h. 1955 wurden in der Bundesrepublik insgesamt 705.418 Personenwagen hergestellt, wobei allein 279.986 Einheiten von VW gebaut wurden. Die Untertürkheimer hatten 63.683 Personenwagen und rund 30.000 Nutzfahrzeuge hergestellt. Damit rückte VW zum viertgrößten PKW-Hersteller auf, hinter General Motors, Ford und Chrysler.

Als VW im August 1960 stolz den Modelljahrgang 1961 (VW 1200) mit zahlreichen Verbesserungen präsentierte, wurden diese Verbesserungen erstmals in Prospekten herausgestellt: Im neuen Modelljahr hatte sich für VW-Verhältnisse eine ganze Menge getan. Optisch auffällig waren die Blinkerwarzen auf den Kotflügeln anstelle der alten Winker an der B-Säule, die technischen Änderungen betrafen den Motor. Im Heck werkelte nun ein verbesserter Boxermotor mit 34 PS bei 3400/min. Insgesamt listeten die Wolfsburger 30 Verbesserungen auf, die den Nutzwert des Klassikers erhöhten.

Den altbekannten Standard-Käfer gab es nur noch bis zum November 1964, dann hieß er VW 1200 A. Ein Jahr später erhielt er den 34-PS-Motor, die Unterscheidung zwischen Export- und Standard-Modell verschwand aus den Prospekten. Der neue 1200 A – der das Fahrwerk des VW 1300 erhalten hatte – bildete die Basis-Motorisierung. Er kostete 4290 Mark. In die Rolle des bisherigen Export-Modells schlüpfte der VW 1300.

Der VW 1300 mit 40 PS segelte ab dem Modelljahr 1966 in der Käfer-Flotte und stellte den ehemaligen Standard-Käfer weit in den Schatten. Der 1300er war keine Neukonstruktion. Die Motorleistung stieg auf 40 PS bei 4000 Umdrehungen, die Verdichtung erhöhte sich auf 7,3. 23 Änderungen unterschied ihn vom 1200 A. Der VW 1300 kostete zuletzt 6330 Mark und verschwand im August 1973 aus dem Wolfsburger Produktionsprogramm.

Im August 1966 kam der VW 1500 mit 1,5 Liter-/44-PS-Motor auf den Markt. Seine Höchstgeschwindigkeit stieg auf rund 130 km/h, für den Sprint zur 100 km/h-Marke vergingen 22,5 Sekunden, rund zwei schneller als es ein 1300er vermochte und fast zehn Sekunden schneller im Vergleich zum VW 1200. An seinen Vorderachsen verzögerten nun Scheibenbremsen. Die größeren Rückleuchten waren Kennzeichen der Modelle, die nach den Werksferien 1967 vom Band liefen, dazu kam jede Menge Feinschliff im Detail.

Zum Herbst 1970 lancierte VW den 1302 mit längerem Vorderwagen, völlig neuer Vorderachse mit McPherson-Federbeinen und der vom Automatik-Käfer bekannten Schräglenker-Hinterachse. Der vordere Kofferraum wuchs nun von 140 auf 260 l. Entsprechend wurde die Fronthaube vergrößert und stärker gewölbt, auch die neuen Kotflügel trugen mit zum bulligeren Gesamteindruck bei. Der 1302 wog mit 870 kg gut 50 kg mehr als der alte VW 1300. Für den Einsatz im neuen Super-

Das von Prof. Ferdinand Porsche vor dem Zweiten Weltkrieg entwickelte KdF-Fahrzeug ging nach 1945 als VW Käfer in Serie. (Foto: © VW AG)

Exportmodell des VW 1100 Typ 1, 1949. (Foto: © VW AG)

Jubiläums-Käfer für die Deutsche Bundespost. (Foto: © VW AG)

VW SUPERKÄFER

käfer hatten die Techniker den bekannten 1,3 Liter überarbeitet, höher verdichtet und entlockten ihm nun 44 PS. Besonders überzeugend fielen die Fahrleistungen dennoch nicht aus: »Motor trotz Leistungserhöhung schwächlich, geräuschvoll, nicht sparsam, ...«. Doch immerhin: »Mit 125 km/h kann man sicher rechnen.« (mot) Wem das nicht genügte, legte zum Kaufpreis von 5745 Mark noch einmal 200 dazu und kam in den Genuss des 1302 mit dem verheißungsvollen Zusatz »S«: Den Käfer mit dem 50 PS starken 1,6-Liter-Motor im Heck, der den 1,5-Liter-Boxer abgelöst hatte. Das neue Aggregat stellte eine Weiterentwicklung des 1,3 Liters dar und stammte aus dem VW 1600/Typ 3.

Der 1303 mit Panorama-Windschutzscheibe war Höhe- und Endpunkt der Käfer-Entwicklung. Am Heck fielen die neuen, großen runden Schlussleuchten auf, die sofort ihren Spitznamen weg hatten: »Elefantenfüße« nannte man sie, leicht spöttisch. Sie erforderten neue Kotflügel. Mit der vorverlegten Windschutzscheibe wanderten das Dach nach vorne, bei der Gelegenheit wurde das Armaturenbrett renoviert. Das stärkste Stück im Käfer-Stall hörte auf die Bezeichnung 1303 LS, hatte den 1,6-Liter-Motor mit 50 PS und eine (für Käfer-Verhältnisse) ziemlich komplette Ausstattung. Das Modelljahr 1975 trug die vorderen Blinker in den Stoßfängern. Ebenfalls in diesem Modelljahr erfolgte die Einführung der Zahnstangenlenkung. Das Käfer-Handling änderte sich spürbar.

Ein richtig günstiges Auto war der 1303 nicht. Die Top-Version LS kostete nackt schon 6890 Mark. Vieles von dem, was empfehlenswert und bei der Konkurrenz teilweise längst Serie war, ließ sich Wolfsburg separat honorieren. Wer einen 50-PS-Käfer zügig bewegte, musste im Schnitt mit 12 Litern rechnen, bei Autobahn-Dauervollgas genehmigte sich der Boxer bis zu 14 Liter Normalbenzin. Gewiss, der 1303 war ohne Zweifel der beste Käfer, der je gebaut wurde, doch zeitgemäß war er eigentlich nicht mehr. Trotz der Einführung des neuen Super-Käfers sackten die Käfer-Neuzulassungen ab. Wolfsburg reagierte auf diesen Trend und strich die teuren 1303-Modelle zu m Modelljahr 1976 aus dem Programm. Wer jetzt noch Käfer fahren wollte, musste zum VW 1200 mit kurzem Vorderwagen greifen.

Am 30. Juli 2003 verlässt der letzte mexikanische VW Käfer das Werk.
(Foto: © VW

VW 1303 aus der Salzburger Rallyeschmiede.　　　(Foto: © Schwab/Kuch)

Ab August 1974 wandern die Blinker in die vorderen, nunmehr flacheren Stoßfänger. (Foto: © VW AG)

Dank des Käfer-Cabriolets – hier ein 1302 LS von 1970 – kannte jeder Karmann. Das Unternehmen fertigte aber auch für andere Hersteller.

(Foto: © Volkswagen AG)

VW T1

VW Transporter Typ 2/T 1 (1950–1967)

Auf einer Pressekonferenz am 12. November 1949 stellte VW-Chef Nordhoff der Öffentlichkeit die erste Generation des VW Transporters vor. Die Techniker und Konstrukteure bezeichneten ihre Neukonstruktion als die »Kombination eines selbsttragenden Kastenaufbaus mit den Hauptmerkmalen des Volkswagens«. In der Formgebung hatte man sich an »modernen Tendenzen« orientiert – allen voran am DKW-Transporter der Auto Union. Der DKW-Schnelllieferwagen war im August 1949 angekündigt und ab Oktober ausgeliefert worden. Er hatte eine Nutzlast von einer dreiviertel Tonne. Sein hubraumschwacher Zweizylinder-Zweitaktmotor, zunächst 20 PS stark, war stehend an der Wagenfront untergebracht und sehr gut zugänglich. Außerdem war der DKW bei einer Außenlänge von unter vier Metern und einem Laderaum von 4,2 Kubikmetern ein Muster an Raumökonomie. Doch auch die Wolfsburger hatten ihre Hausaufgaben glänzend gelöst, daran bestand nach Bekanntgabe der Eckwerte kein Zweifel: Laderaum 4,6 Kubikmeter, Gesamtlänge 4,15 Meter. Breite 1,66 m, Höhe 1,9 m. Im Heck polterte der bekannte VW-Boxermotor mit 1,1 Litern Hubraum und einer Leistung von 25 PS bei 3300/min. Der neue Transporter aus Wolfsburg bestach überdies durch niedriges Gewicht (Leergewicht 975 kg, fahrfertig mit vollem Tank, Werkzeug, Ersatzrad, Fahrer und Beifahrer) und eine Nutzlast von 750 kg. Das zulässige Gesamtgewicht lag bei 1725 kg. Deutliche Vorteile gegenüber der Konkurrenz von DKW und Co. konnte der VW in Fahrleistungen und Wirtschaftlichkeit für sich verbuchen. Der Kraftstoffverbrauch betrug vollbeladen rund 8 Liter auf 100 Kilometer, was den Aktionsradius mit einer Tankfüllung auf rund 500 Kilometer ausdehnte.

Im März 1950 begann die Serienfertigung mit zehn Exemplaren täglich. Zunächst gab es den Transporter nur als Kastenwagen für 5850 Mark. Dem Kastenwagen (Typ 21) folgte der Kombiwagen (Typ 23), der durch den Einbau zweier Sitzbänke zum Personen-Transporter umfunktioniert werden konnte. Im Mai 1950 schloss sich echte Kleinbus (Typ 22) an. Bis zum Jahresende war die Tagesproduktion von anfänglich zehn auf sechzig Einheiten angestiegen, damit waren schon im ersten Produktionsjahr mehr Transporter in Umlauf als von der Konkurrenz. Eine Luxus-Variante folgte im Juni 1951 mit dem Samba-Bus (»Sondermodell«, Typ 24).

Im Dezember 1951 kam der VW-Krankenwagen (Typ 27) auf den Markt, eine Gemeinschaftsentwicklung mit dem Roten Kreuz, die Umrüstung nahm die Firma Miesen vor. Im August 1952 ging der Pritschenwagen (Typ 26) mit seiner Ladefläche aus gewelltem Stahlblech und aufgesetzten Hartholzleisten. Die Bordwände konnten abgeklappt werden. Unter der Pritsche gab es einen zusätzlichen Laderaum. Der Benzintank lag unmittelbar über der Hinterachse, der Einfüllstutzen saß an der Seite. Das Reserverad war platzsparend hinter der Sitzbank untergebracht. Diese Anordnung wurde ab 1955 auch für die übrigen Transportermodelle übernommen. Den Pritschenwagen gab es auf Wunsch und gegen Aufpreis auch mit Plane und Spriegel. Bus und Kombimodell waren baugleich, beim Kombi ließen sich die Sitzbankreihen entfernen, so dass ein Kastenwagen mit Fenstern entstand. Ein weiterer Unterschied zwischen Kombi und Bus (abgesehen von der Dachrandverglasung): Der Kleinbus konnte als Pkw versteuert werden, ihn gab es als Sieben-, Acht- und sogar als Neunsitzer.

Das Votum der Käufer war eindeutig: Pro Tag spuckte das Transporter-Werk in Hannover 750 Lieferwagen aus (68.000 waren es 1966 gewesen, was einem Marktanteil von 79 Prozent entsprach), im Ford-Werk Genk waren es rund 220 Transit, während Hanomag mit rund 55 Wagen in Hamburg-Harburg deutlich kleinere Brötchen buk. An diesen Verhältnisse sollte sich auch in Zukunft nichts ändern, zumal VW die zweite Transporter-Generation schon in der Pipeline hatte.

Eine von vielen Varianten: VW T1 als Einsatzfahrzeug der deutschen Polizei. (Foto: © VW AG)

Dieser VW T1 Transporter Typ 2 ist als Pritschenwagen ausgelegt.
(Foto: © VW AG)

Der VW-Bus, genannt »Bulli«, war gleich von Start weg sensationell erfolgreich.
(Foto: © VW AG)

Der VW T1 »Samba«-Bus war ein Sondermodell. Im Bild zu sehen eine zweifarbenlackierte Version mit Faltdach. Gefertigt wurde es von 1951 bis 1967. (Foto: © VW AG)

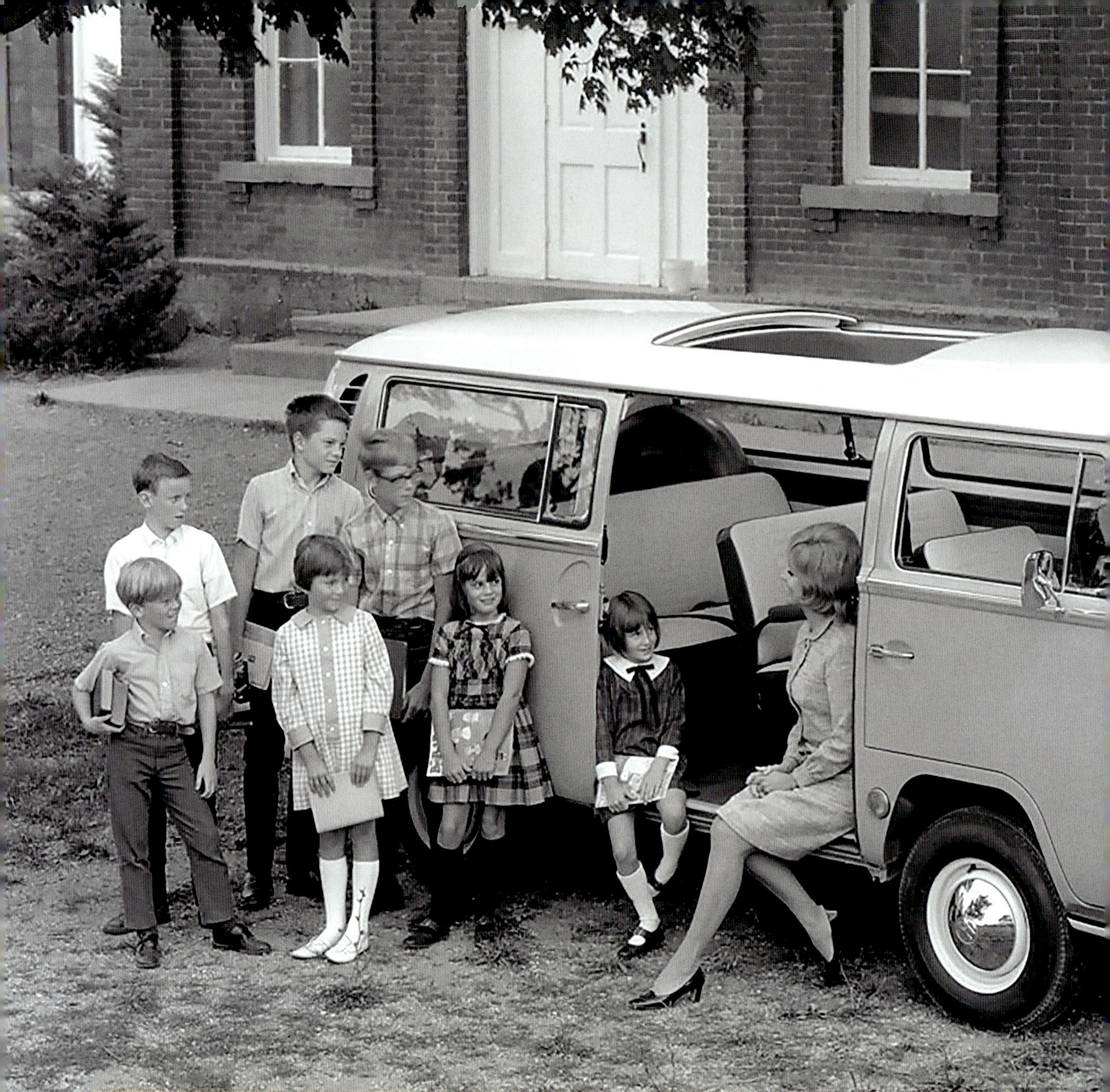

Erst nach 17 Produktionsjahren erschien mit dem T2 die Ablösung der ersten VW-Transporter-Reihe. Der Innenraum war größer geworden und dank einer Schiebetür leicht zugänglich. Dieses Modell bietet sogar ein Schiebedach. (Foto: © VW AG)

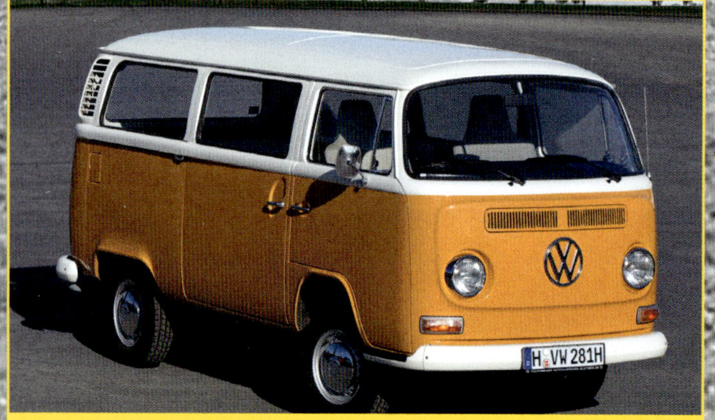

Optisch überarbeitet und modernisiert zeigte sich die neue Front des VW T2. (Foto: © VW AG)

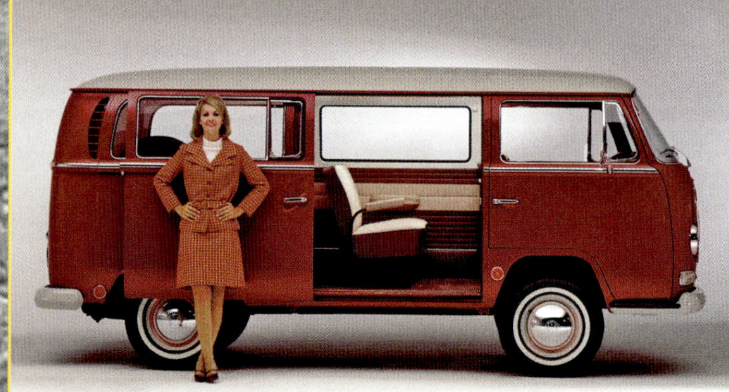

Dieses Foto lenkt von vorneherein die Aufmerksamkeit auf Schiebetür und Innenraum des T2. (Foto: © VW AG)

VW Transporter/Bus T 2 (1967–1979)

Nach den Werksferien 1967, nach 17 Produktionsjahren und rund 1,8 Millionen Exemplaren, änderte der Transporter sein Gesicht. Die Vorarbeiten am neuen Typ 2 hatten 1964 begonnen, die Konstruktionsabteilung um Gustav Mayer (»Transporter-Mayer«) hatte alle Hände voll zu tun, um die engen Terminvorgaben von Heinrich Nordhoff zu erfüllen. Sie schufen einen modernen Frontlenker mit sehr breiten Fenstern, neugestaltetem, runden Bug, einteiliger, stark gewölbter Frontscheibe und Lufteinlassschlitzen in den hinteren Dachholmen: Der intern T 2 genannte Transporter unterschied sich deutlich vom T 1. Gustav Mayer hatte es aber nicht nur bei einem simplen Facelift belassen, sondern auch eine geräumigere und steifere Blechhülle geschaffen. Vom Vorgänger übernommen hatte man den Radstand von 2400 mm, die zweite Transporter-Generation fiel aber mit 4420 mm um 160 mm länger aus als noch der Vorgänger. Für den Antrieb sorgte der schon aus dem Typ 3 bekannte Motor mit 1,6 Litern Hubraum und 47 PS bei 4000/min, das maximale Drehmoment von 103 Nm lag bei 2200 Umdrehungen an. Auch das Getriebe mit dem langen Schalthebel stammte aus der Limousine, lediglich die vierte Gangstufe war anders übersetzt. Überarbeitet hatten die Nutzfahrzeug-Techniker in Wolfsburg die Motoraufhängung, der Motorlärm pflanzte sich nun nicht mehr gar so ungeniert in den Innenraum fort. Den Gepäckraum zu beladen, war dank der großen Heckklappe relativ einfach. Die serienmäßige Verwendung einer 1050 mm breiten seitlichen Schiebetür erlaubte den bequemen Zugang zu den beiden hinteren Sitzbänken.

An der Modellpalette selbst hatte sich nicht viel geändert, es gab Kasten- und Pritschenwagen, Kombi und Bus sowie das Achtsitzer-Sondermodell, das zunächst als »Clipper L« in der Lieferliste stand. Allerdings hatten die Wolfsburger auch diesmal bei der Namenswahl kein Glück, die amerikanische Fluggesellschaft Pan Am legte Einspruch ein, denn diese Bezeichnung hatte man sich für seine Flugzeuge schützen lassen. Der Motor verbrauchte zwölf Liter auf 100 Kilometer, bei Dauervollgas sogar noch einen Liter mehr waren in Anbetracht der Spitzengeschwindigkeit von 114 km/h doch des Guten zuviel – auch wenn auf Gefällstrecken die Tachonadel 140 km/h und mehr anzeige. Zum Modelljahr 1971 verpassten die Wolfsburger Techniker ihm die Zylinderköpfe mit Doppeleinlasskanälen, was die Motorleistung auf 50 PS bei 4000/min anwachsen ließ. Im Jahr darauf stand mit dem neuen 1,7-Liter-Flachmotor erstmals eine Motor-Alternative zur Verfügung. Das 66 PS starke Aggregat aus dem Typ 4 wich zum Modelljahr 1974 dem 1,8-Liter-Motor und leistete nun 68 PS. Ab 1976 kam dann eine Zweiliter-Maschine zum Einsatz. Beim Transportermotor war die Leistung um 30 auf 70 Pferdestärken gedrosselt worden, an die Stelle der Einspritzanlage war eine Zweivergaser-Anlage von Solex getreten. Das maximale Drehmoment von 140 Nm lag nun bei 2800/min an. Der Bus war alles andere als sparsam, ein Schnitt von 110 km/h kostete 14 Liter auf 100 Kilometer, und wer ständig Vollgas fuhr, konnte gut und gerne noch einen Liter mehr rechnen. Bei der Premiere kostete der normale achtsitzige Clipper 7980 Mark, als L-Modell mit »2 Sonnenblenden, Scheibenwascher, Zeituhr, Heizung, Gürtelreifen« 8980 Mark. Die empfehlenswerte Standheizung kostete 350 Mark zusätzlich, ein Stahlkurbeldach verteuerte die Sache noch einmal um 450 Mark. Selbst der Bus in der 17.350 Mark teueren L-Ausführung mit 70 PS wurde ab Werk ohne »Selbstverständlichkeiten wie heizbare Heckscheibe, Rückfahrscheinwerfer, Verbundglas, Automatikgurte, Armaturenbrettpolsterung, abblendbare Innenspiegel sowie Schlösser für Tank- und Motordeckel« ausgeliefert, von Extras wie Schiebedach (DM 735,-) oder Standheizung (DM 1031,-) ganz zu schweigen.

Mit seinen acht Sitzen bot der T2 Platz für eine Familie und mehr. (Foto: © VW AG)

VW T3

VW Transporter T 3 (1979–1990)

Wer erwartet hatte, dass beim neuen Transporter die Pferde ganz zeitgemäß vorne zogen, sah sich getäuscht: Wie eh und je huldigte auch der neue Transporter dem alten Heckmotor. Was Mitte des Jahrzehnts – auch aus Mangel an geeigneten Frontmotoren – noch ganz logisch schien, erforderte zum Ende der Dekade, als das Unternehmen sehr wohl entsprechende Triebwerke im Angebot hatte, von den VW-Presseleuten eine ganze Menge Verbalakrobatik. Schließlich galt es, ein eigentlich schon ad acta gelegtes Antriebskonzept zu verteidigen. Und auch wenn es heute so wirkt, als ob VW aus der Not eine Tugend machen wollte: Die dritte Transporter-Generation, Entwicklungsauftrag (EA) 162 war zwar Endpunkt der Heckmotor-Entwicklung, aber keinesfalls veraltet. Bei der Gestaltung der Frontpartie hatten die Stylisten an den größeren VW LT-Modellen Maß genommen. Das neue Karosseriekleid war um 125 mm breiter geschnitten als noch beim T 2. Seine verbesserte Handlichkeit aufgrund des verkleinerten Wendekreises ging einerseits auf das Konto der neuen, sehr präzisen Zahnstangenlenkung, andererseits auf das des neuen Fahrwerks – vorne nun an Doppelquerlenkern, Federbeinen und Stabilisator, hinten an der bewährten Schräglenker-Hinterachse, verfeinert durch die sogenannten Miniblock-Schraubenfedern, die für ein besseres Ansprechverhalten sorgten. Dass der neue Bus satter auf der Straße lag, war nicht zuletzt auch ein Verdienst der vergrößerten Spurbreite, vorn von 1395 auf 1570 mm und hinten von 1455 auf 1570 mm gewachsen.

Verschwunden war im Innenraum das nüchtern-graue Zweckambiente, Armaturenbrett und Fahrerhausgestaltung erinnerten deutlich an Golf, Passat und Co: Vertraute Armaturen, übersichtlich angeordnet und ergonometrisch durchdacht.

Die Bremsanlage mit Festsattelscheibenbremsen an der Vorderachse und selbstnachstellenden Trommelbremsen hinten stammte dagegen noch vom Vorgänger, die 2-Liter-Modelle verfügten außerdem über einen Bremskraftverstärker. Die Bodengruppe des neuen Transporters war am Computer entstanden. Sie senkte – im Vergleich zum Vorgänger – die Einstiegshöhe um 100 mm ab und verzichtete auf die bisher gebräuchlichen Querträger. Das hielt den Fahrzeugschwerpunkt niedriger und half, Gewicht zu sparen; der Kastenwagen mit 1,6-Liter-Motor kam auf ein Leergewicht von 1365 kg. Bei einem zulässigen Gesamtgewicht von 2360 kg durften also knapp eine Tonne zugeladen werden. Mit 2-Liter-Maschine brachte der T 3 fahrfertig 30 kg mehr auf die Waage.

Wie eh und je werkelten im Fahrzeugheck luftgekühlte Vierzylinder-Vergasermotoren. Neben dem 1,6-Liter-Boxermotor mit 37 kW (50 PS) und einem maximalen Drehmoment von 104 Nm bei 2400/min stand auch die schon aus dem Vorgänger bekannte 2-Liter-Maschine mit 51 kW (70 PS) und einem maximalen Drehmoment von 140 Nm bei 3000/min im Programm. Sie kostete einen Aufpreis von 1125 Mark, wer die empfehlenswerte Getriebeautomatik orderte, musste noch einmal 1543 Mark zusätzlich berappen.

Beide Motoren waren im Prinzip alte Bekannte, neu an beiden die hydraulischen Ventilstößel (erstmals bei VW), eine elektronische Zündung und die digitale Leerlaufstabilisierung (DLS). Tiefere Eingriffe musste sich der 1,6 Liter-Motor gefallen lassen, bei ihm wurden, analog zu der seit 1972 lieferbaren 2-Liter-Maschine das Kühlluftgebläse an die Kurbelwelle gesetzt. Luftfilter, Drehstrom-Generator, Zündverteiler und Kraftstoffpumpe wurden ebenfalls versetzt und seitlich angeordnet. Dadurch fiel das Motorabteil deutlich niedriger aus, 200 mm konnten dem Gepäckraum zugeschlagen werden. Bei einer Achsübersetzung von 5,43 ging der Transporter mit 1,6-l-Motor laut Werksangaben 110 km/h, der mit 7,5 verdichtete Zweiliter-Boxer kam auf eine Höchstgeschwindigkeit von 127 km/h, mit Automatik 122 km/h.

Das Sondermodell TriStar war ein Viertürer mit Doppelkabine (DoKa) und Allradantrieb. (Foto: © VW AG)

VW Transporter T 3 Caravelle. (Foto: © VW AG)

Auch der VW T3 Transporter hatte immer noch einen Heckmotor verbaut. Im Bild zu sehen die Camper-Ausführung des T3 (hinten) und des T5 Ocean (vorne) mit Aufstell-dach.
(Foto: © VW AG)

Die dritte Generation des VW Transporters erschien 1979 und wurde bis 1990 produziert. Die im Bild zu sehende Last Limited Edition bezog aus seinem wassergekühlten Vierzylinder-Boxer 92 PS und stand zwei Jahr nach dem offiziellen Ende des T3, also 1992, zum Verkauf.
(Foto: © VW AG)

VW T6 Tristar Concept-Pritschenwagen, vorgestellt 2014 auf der IAA in Hannover. (Foto: © VW AG)

VW T4 California freestyle. Erst mit der T4-Reihe bekam der VW-Transporter einen Frontmotor (81–110 PS). (Foto: © VW AG)

VW-Camper der 6. Generation: bei der teuersten Version California Ocean lässt sich das Schlafdach per Knopfdruck ein- und ausklappen. Zudem enthält sie Klimaautomatik und Standheizung. (Foto: © VW AG)

VW T5 Caravelle. Die T5-Reihe leistete zwischen 115 und 204 PS.
(Foto: © VW AG)

Der VW T4 wurde 1990 eingeführt und unterschied sich grundlegend von den Vorgängern.
(Foto: © VW AG)

VW Transporter T4–T6

Der VW Transporter T4, der 1990 vorgestellt wurde, kam bei Volkswagen einer Revolution gleich, denn erstmals unterschied sich eine neue VW-Transportergeneration grundlegend von allen vorherigen. Hatte man noch beim T3 das traditionelle Heckmotorenkonzept bei VW eisern verteidigt, fiel die Kosten-Nutzen-Rechnung nun eindeutig dagegen aus. Im T4 saß deshalb von Anfang an ein quer eingebauter Vier-/Fünfzylinder-Reihen-Motor (81–110 PS) unter der vorderen Kurzhaube und ermöglichte auf diese Weise im hinteren Fahrzeugteil eine durchgehende Ladefläche bis zum Heck. Zudem war er frontangetrieben und kam mit einer Servolenkung. Seine Höchstgeschwindigkeit lag zwischen 128 und 161 km/h. Der T4 erschien mit zwei verschieden langen Radständen und in drei Nutzlastklassen. Zwischen 1996 und 2003 erfuhr der T4 eine große Produktaufwertung, u.a. durch einen 151-PS-Dieselmotor. Nach 1.873.033 verkauften Exemplaren war 2003 dann jedoch Schluss mit der Produktion des T4.

2003 brachte Volkswagen mit dem T5 eine Nachfolge-Transporterreihe auf den Markt. Gleich geblieben war das Konzept vom quer eingebauten Frontmotor mit Vorderradantrieb. Völlig neu dagegen war das Fahrwerk mit McPherson-Federbeinen an der Vorderachse und einer weiterentwickelten Schräglenkerachse hinten. Eine mehrschalige Unterbodenverkleidung diente der Senkung des Luftwiderstandes. Die Vier- und Sechszylinder-Benzin-Motoren bis zur ersten Modellpflege 2009 leisteten zwischen 115 und 235 PS, Letzterer mit einer erstmaligen Höchstgeschwindigkeit von 205 km/h, die Vier- und Fünfzylinder-Dieselmotoren leisteten 84 bis 174 PS. Die Wirtschaftskrise von 2009 ließ dennoch die Absatzzahlen um ein Drittel zurückgehen. Für das Facelift nach 2009 wurden die Motoren ausgetauscht: die neuen Vierzylinder-Benzinmotoren waren nun zwischen 115 und 204 PS, die Vierzylinder-Dieselmotoren zwischen 84 und 180 PS stark. Zu den T5-Modellvarianten Caravelle (Kleinbus), Multivan (Großraumlimousine) und California (Wohnmobil) gesellte sich 2010 der Pick-up Amarok als vierte Reihe hinzu mit Motorenleistungen von 122 bis 258 PS.

Mit der zweiten Überarbeitung im Jahr 2015 wurde der T5 zum T6 umbenannt. Auch bei den Dieselmotoren dieser sechsten VW-Transporter-Generation kommt der Zweiliter-TDI zum Einsatz, dessen Leistungen seitdem zwischen 84 und 204 PS liegen. Während die unteren Leistungsklassen weiterhin mit Fünfganggetriebe ausgeliefert werden, sind die stärker motorisierten Fahrzeuge mit einem Sechsganggetriebe oder einem DGS-Siebenganggetriebe versehen. Die neuen Motoren sollen angeblich den Spritverbrauch der T6-Transporter senken. Bei den Benzinmotoren bewegen sich die Leistungen zwischen 150 und ebenfalls 204 PS. Zur weiteren Ausstattung gehören eine Reihe von Assistenzsystemen, darunter ein Abstandsregeltempomat, ein Fernlichtassistent, eine adaptive Fahrwerksregelung und ein Bergabfahrassistent. Das Modellprogramm besteht mittlerweile aus Kastenwagen mit und ohne Doppelkabine, Caravelle, Kombi, Multivan und California. Eine weitere optische Überarbeitung im Jahr 2019 machte aus dem T6 den T6.1.

Trotz des Dieselskandals bei VW – von dem der T6 selber nicht betroffen war – verkauft sich die neue Transporterreihe sehr gut. Bei der Autoshow 2017 in Detroit konnte der Besucher zudem erahnen, wie eventuell eine zukünftige T7-Reihe aussehen könnte: Volkswagen präsentierte hier einen VW-Transporter mit Elektroantrieb und einer Reichweite von bis zu 600 km.